应用型本科信息大类专业"十三五"规划教材

U0370379

电子线路CAD实用教程
（第3版）

主　编　邓　奕

副主编　鲁世斌　韩　剑　李世涛　王妍玮

　　　　刘远聪　展　慧　张彦陟

华中科技大学出版社
http://www.hustp.com

中国·武汉

内 容 简 介

本书从初学者的角度出发,以全新的视角、合理的布局,系统地介绍了 Protel 99 SE 软件的各项功能和提高作图效率的使用技巧,并以具体的实例详细介绍了电路板设计及制作的流程。

本书共分十三章,循序渐进地介绍了 Protel 99 SE 软件的入门操作、电路原理图设计快速入门、原理图的绘制、原理图的检查和常用报表的生成、元件库的建立、电路原理图工程设计实例、PCB 编辑环境和基本操作、PCB 设计规则与信号分析、人工布线制作 PCB 板、自动布线制作 PCB 板、制作元件封装、制作 PCB 工程实例和电路仿真等内容。除了各章节的操作实例之外,本书还为读者精心挑选了"I/V 变换信号调理电路设计"及"小型调频发射机电路设计"两个工程实例,这两个实例均是在实际工程中经常使用的电路,读者可以自己在此基础上完成实际电路的设计和产品的制作。

为了方便教学,本书还配有电子课件等教学资源包,任课教师和学生可以登录"我们爱读书"网(www.ibook4us.com)注册并浏览,任课教师还可以发邮件至 hustpeiit@163.com 索取。

本书内容系统,实用性、专业性强,主要面向从事原理图和 PCB 设计的专业人员及对电路板设计感兴趣的电子爱好者。同时,本书也可作为学校或专业培训机构的教材。

图书在版编目(CIP)数据

电子线路 CAD 实用教程/邓奕主编. —3 版. —武汉:华中科技大学出版社,2018.2(2023.7 重印)
应用型本科信息大类专业"十三五"规划教材
ISBN 978-7-5680-3002-1

Ⅰ.①电… Ⅱ.①邓… Ⅲ.①电子电路-计算机辅助设计-AutoCAD 软件-高等学校-教材 Ⅳ.①TN702.2

中国版本图书馆 CIP 数据核字(2017)第 135134 号

电子线路 CAD 实用教程(第 3 版)
Dianzi Xianlu CAD Shiyong Jiaocheng

邓 奕 主编

策划编辑:康 序
责任编辑:康 序
责任监印:朱 玢

出版发行:华中科技大学出版社(中国·武汉)　　　电话:(027)81321913
　　　　　武汉市东湖新技术开发区华工科技园　　　邮编:430223
录　排:武汉正风天下文化发展有限公司
印　刷:武汉科源印刷设计有限公司
开　本:787mm×1092mm　1/16
印　张:16.5
字　数:426 千字
版　次:2012 年 4 月第 1 版　2014 年 9 月第 2 版　2023 年 7 月第 3 版第 4 次印刷
定　价:38.00 元

主编：邓奕

　　邓奕，女，1985年4月生，中共党员，博士，副教授，硕士生导师，汉口学院中青年骨干教师。汉口学院电子信息工程学院院长、党总支书记、湖北省过程控制与先进装备制造协同创新中心项目负责人、风光互补发电节能新技术研究所所长、汉口学院国际创新中心智能系统工程与装备制造研究所所长、武汉华晨紫睿电子科技有限公司CEO。

　　2017年7月，荣获教育部中南地区高等学校电子电气基础教学研究会优秀论文二等奖；2016年7月，获湖北省高校"优秀共产党员"荣誉称号。2015—2016年，累计指导学生46人次在全国"互联网+"大学生创新创业大赛、湖北省大学生电子设计大赛、湖北省"创青春·挑战杯"大学生创业大赛、湖北省大学生"创新、创意及创业"挑战赛等比赛中获得国家级或者省级大奖，指导3名本科生获得湖北省优秀学士学位论文。

　　近5年，发表论文15篇，SCI收录检索4篇，EI检索收录5篇；申请专利9项，授权8项；出版编著2本，教材7本。作为项目负责人，主持的科研项目有：风光互补发电实训设备的研制与产业化（湖北省"2011"协同创新计划）、民办本科高校协同创新办学机制的研究与探索（湖北省教育科学"十二五"规划2013年度重点课题）、太阳能光伏发电最大功率点跟踪技术的研究（湖北省教育厅2014年度科研项目）、2016年度湖北省普通本科高校"荆楚卓越人才"协同育人计划项目、动态无功功率快速补偿协调控制技术（武汉理工大学委托项目）等。

　　为了培养创新型人才，邓奕老师提出和创建了"教学改革－特色班级－学科竞赛－创新实践－协同育人"五位一体模式，并在汉口学院电子信息工程学院进行实践和应用，效果显著，仅2016年全院有73人次在全国"互联网+"大学生创新创业大赛、全国大学生电子设计大赛、湖北省大学生物理实验创新设计竞赛、湖北省"挑战杯"大学生课外学术科技作品竞赛等比赛中获得国家级或省级大奖。

随着电子、信息、汽车、计算机等各个行业的飞速发展,电子线路的设计也日趋复杂,传统的人工设计方式早已无法适应时代的发展,取而代之的是便捷和高效的计算机辅助设计方式,因此各种各样的电子设计自动化软件也应运而生。Protel 99 SE 就是这些软件中的典型代表。在众多计算机辅助设计软件云集的今天,Protel 软件也在不停地发展和升级,并且历经各种考验的 Protel 99 SE 软件以其稳定、易用、高效等优点赢得了众多电子设计者的青睐。

本书的第 1 版和第 2 版在全国十几所高校得到了试用,教师和学生反馈效果良好,因此该书于 2014 年 5 月被湖北省教育厅推荐参与评选"十二五"普通高等教育本科国家级规划教材。第 3 版主要是结合任课教师的建议,对部分章节进行调整或者合并,力争将本书打造成为一本精品教材。

本书以实例讲解为核心,既注重软件操作细节的介绍,也注重工程设计经验的讲解,因此可以使读者在学习时有的放矢,避免了空洞的理论说教,使学生从"学海无涯苦作舟"中解放出来。该书既适合 Protel 99 SE 软件的入门读者,也适合有一定工程经验的设计人员作为参考手册。

本书作者有着丰富的电路设计经验和 Protel 99 SE 软件的操作经验。在内容安排上:一方面全面、系统地介绍了 Protel 99 SE 中各类命令的功能、操作方法和使用技巧,同时通过简单的实例讲解其功能、方法和技巧,让读者对其有直观的了解;另一方面,以两个具体的工程实际电路为例,详细地介绍了印制电路板设计的过程,这对于初次涉及电路板设计的工程人员是十分有帮助的。同时,本书还增加了电路仿真章节和本书相关配套资源,一方面方便教师课堂教学,另一方面帮助学生快速掌握 Protel 99 SE 原理图与 PCB 设计及仿真的主要内容。

为了方便读者学习,本书编者在将近一年的时间里,对本书的相关配套资源进行了制作和整理,其主要内容包括以下几方面。

(1) 实例 本书实例所涉及的原始文件、实例结果文件,都按章进行整理,读者可以直接使用。

(2) 教学大纲和实验大纲 结合课程特点,以本书的内容为蓝本,编写了本书配套的教学大纲和实验大纲供教师参考。

（3）配套电子课件　制作了本书配套的电子课件，一方面方便教师课堂教学，另一方面方便学生快速了解和掌握本书的相关内容。

（4）配套实验指导书　根据课程的实验特点，结合作者多年的教学经验，编写了与本书相配套的实验指导书。

本书由汉口学院邓奕担任主编，由合肥师范学院鲁世斌、桂林电子科技大学信息科技学院韩剑、大连工业大学艺术与信息工程学院李世涛、哈尔滨石油学院王妍玮、西北师范大学知行学院刘远聪、武昌工学院展慧、闽南理工学院张彦陟担任副主编。其中，第1章由韩剑编写，第2、3章由鲁世斌编写，第4章由展慧编写，第5、6章由李世涛编写，第7、10章由刘远聪编写，第8、9、13章和附录由邓奕编写，第11章由王妍玮编写，第12章由张彦陟编写，李娟、向紫欣、毛玲、谢文亮、陶枫、汪潇、朱逢园、曾秀莲、李婵飞、陈静为本书的编写整理了大量的素材，最后由邓奕统稿。在撰写本书期间，得到了前辈、家人、同事、朋友的关心、支持和帮助，在此深表感谢。

为了方便教学，本书还配有电子课件等教学资源包，任课教师和学生可以登录"我们爱读书"网（www.ibook4us.com）注册并浏览，任课教师还可以发邮件至 hustpeiit@163.com 索取。

由于时间仓促，书中难免有疏漏之处，请读者谅解。

编　者
2019 年 5 月

第2版

前言

PREFACE

随着电子、信息、汽车、计算机等各个行业的飞速发展,电子线路的设计也日趋复杂,传统的人工设计的方式早已无法适应时代的发展,取而代之的是便捷和高效的计算机辅助设计方式,因此各种各样的电子设计自动化软件也应运而生。Protel 99 SE 软件就是这些软件中的典型代表。在众多计算机辅助设计软件云集的今天,Protel 软件也在不停地发展和升级,并且历经各种考验的 Protel 99 SE 软件,以其稳定、易用、高效等优点赢得了众多电子设计者的青睐。

本书的第 1 版在全国十几所高校得到了试用,教学效果良好,因此该书于2014 年 5 月被湖北省教育厅推荐参与评选"十二五"普通高等教育本科国家级规划教材。

本书以实例讲解为核心,既注重软件操作细节的介绍,也注重工程设计经验的讲解,因此可以使读者学习时有的放矢,避免了空洞的理论说教。该书既适合Protel 99 SE 软件的入门读者,也适合有一定工程经验的设计人员作为参考手册。

本书的作者有着丰富的电路设计经验和 Protel 99 SE 软件的操作经验。在内容安排上:一方面全面、系统地介绍了 Protel 99 SE 软件中的各类命令的功能、操作方法和使用技巧,同时通过简单的实例讲解其功能、方法和技巧,让读者对其有直观的了解;另一方面,以两个具体的工程实际电路为例,详细地介绍了印制电路板设计的过程,这对于初次涉及电路板设计的工程技术人员是十分有帮助的。

在撰写该书期间,得到了前辈、家人、同事、朋友的关心、支持和帮助,在此深表感谢。

由于时间仓促,书中难免有疏漏之处,也请读者不吝赐教。

编 者
2014 年 8 月

第1版 前言 PREFACE

随着电子、信息、汽车、计算机等各个行业的飞速发展，电子线路的设计也日趋复杂，传统的人工设计的方式早已无法适应时代的发展，取而代之的是便捷和高效的计算机辅助设计方式，因此各种各样的电子设计自动化软件也应运而生。Protel 99 SE软件就是这些软件中的典型代表。在众多计算机辅助设计软件云集的今天，虽然当前Protel软件也在不停地发展和升级，但是历经各种考验的Protel 99 SE软件，仍以其稳定、易用、高效等优点赢得了众多电子设计者的青睐。

本书以实例讲解为核心，既注重软件操作细节的介绍，也注重工程设计经验的讲解，因此可以使读者学习时有的放矢，避免了空洞的理论说教。该书既适合Protel 99 SE软件的入门读者，也适合有一定工程经验的设计人员作为参考手册。

本书的作者有着丰富的电路设计经验和Protel 99 SE软件的操作经验。在内容安排上，一方面全面、系统地介绍了Protel 99 SE软件中的各类命令的功能、操作方法和使用技巧，同时通过简单的实例讲解其功能、方法和技巧，让读者对其有直观的了解；另一方面，以两个具体的工程实际电路为例，详细地介绍了印制电路板设计的过程，这对于初次涉及电路板设计的工程技术人员是十分有帮助的。

由于时间仓促，书中难免有疏漏之处，也请读者不吝赐教。

编　者
2011 年 11 月

目录 CONTENTS

1

第❶章　概　述

本章将对 Protel 99 SE 软件和电路板的设计做一些概要性的介绍，以便读者对 Protel 软件的发展、特点、安装和运行有一个基本的了解，同时对电路原理图和印制电路板（PCB）的设计工作流程有一个整体的把握。

本章要点

- ● Protel 99 SE 的安装
- ● 电路板的设计步骤
- ● 电路原理图设计的工作流程
- ● 印制电路板设计的工作流程

1.1　电子线路 CAD 简介

在日新月异的当今社会，随着电子工业和计算机技术的飞速发展，以及新型的大规模和超大规模集成电路的不断出现，电路板的设计变得越来越复杂和精确，而传统的手工设计已经远远不能满足当今的设计需求了。

自 20 世纪 70 年代以来，计算机辅助设计——CAD（Computer Aided Design）逐渐运用到现代军事、工业、农业等各个领域，极大地提高了工程设计人员的效率，大幅度减轻了劳动强度。电子线路 CAD 是指使用计算机完成电子线路的设计，包括电路原理图的编辑、电路功能仿真、PCB 设计与检测等的技术。电子线路 CAD 软件还能快速生成各种各样的报表文件，如元件清单报表能为元件的采购及工程预算等提供依据和便利。

目前，电子线路 CAD 软件的种类繁多，如 AutoCAD、OrCAD PSpice、Protel 99 SE、Protel DXP、Altium Designer、Cadence 等。其中 Protel 99 SE 以其稳定、易用、高效等优点赢得了众多电子设计者的青睐。

1.1.1　Protel 的发展历史

首个应用于电子线路设计的软件包是由美国 ACCEL Technologies 公司 1988 年推出的 TANGO，它开创了电子设计自动化（electronic design automation，EDA）的先河。

由于电子行业的飞速发展，TANGO 已难以适应电子行业发展的需求，此时澳大利亚的 Protel Technology 公司（简称 Protel 公司）推出了 TANGO 的升级版本 Protel for DOS，从此 Protel 这个名字在电子设计领域开始崭露头角。

随着 Windows 操作系统的不断发展和日益流行，众多应用软件纷纷推出了支持该操作系统的版本。Protel 也适应形势的需要相继推出了 Protel for Windows 1.0、Protel for Windows 1.5 等版本，这些版本开始出现可视化功能，让电子设计者有一个视觉上的直观感受，给电子线路的设计带来了极大的方便。

20 世纪 90 年代中期，Protel 推出了基于 Windows 95 的 3.X 版本，它采用了新颖的主从式结构，但在自动布线方面却没有出众的表现，而且 3.X 版本是 16 位与 32 位的混合型软件，运行不太稳定。

1998 年，Protel 公司推出了 Protel 98，极大地增强了其自动布线的能力，从而获得了业内人士的一致好评。

1999 年，Protel 公司又推出了新一代的电子线路设计系统——Protel 99。Protel 99 是一个全面的、集成的、全 32 位的电路设计系统，具有强大的功能，可以完成从概念到电路板之间的所有工作，包括输入原理图设计、建立可编程逻辑器件、直接进行电路混合信号仿真、PCB 设计和布线、检查信号完整性、生成加工文件等。Protel 99 以其优异的性能奠定了 Protel 公司在电子设计行业的领先地位。

Protel 99 SE 是 Protel 99 的增强版本，在文件组织方面既可以采用传统的 Windows 文件格式，也可以采用 Access 数据库文件格式，能实现从电学概念设计到输出物理生产数据的管理，以及它们之间的所有分析、验证和设计数据的管理。因此今天的 Protel 99 SE 已不仅仅是单纯的 PCB 设计工具，而是一个系统工具，覆盖了以 PCB 为核心的整个物理设计。Protel 99 SE 软件可以读取 OrCad、PADS、Accel 等知名 EDA 公司设计软件生成的设计文件，方便用户的使用。此外，Protel 公司还不断推出 Protel 99 的升级包，对原有系统的问题加以修正和改良。

2001 年，Protel 公司更名为 Altium 公司，2002 年下半年 Altium 公司推出了 Protel DXP，该版本的开发耗时两年多，其性能主要在仿真与布线方面有了较大的提高。

2004 年 Altium 公司推出了 Protel DXP 2004，它是 Protel DXP 的升级版本。

2005 年年底，Altium 公司推出了 Altium Designer 6.0。Altium Designer 6.0 是业界首个将设计流程、集成化 PCB 设计、可编程器件（FPGA）设计和基于处理器设计的嵌入式软件开发功能整合在一起的产品，是一种可以同时进行 PCB 和 FPGA 设计及嵌入式设计的解决方案，具有将设计方案从概念转变为最终成品所需的全部功能。

2008 年 3 月，Altium 公司推出了 Altium Designer 6.9 版本。

2009 年，Altium 公司推出了 Altium Designer Summer 09 和 Altium Designer Winter 09 两个版本，其中 Altium Designer Summer 09 比较受用户的欢迎。

从 2010 年至今，Altium 公司几乎每年都会推出 Altium Designer 的升级版。例如：2016 年 1 月，Altium 公司推出了 Altium Designer 16；2016 年 11 月，Altium 公司推出了 Altium Designer 17。

尽管 Protel 软件的版本不停地升级和发展，但是历经各种考验的 Protel 99 SE 仍以其稳定、易用、高效等优点赢得了众多电子设计者的青睐。现在许多高校的电子类专业都专门开设了 Protel 相关的学习课程，而且几乎所有的电子公司都会使用到它，因此会使用 Protel 软件也成了许多公司招聘时对电子设计人才的要求之一。

1.1.2　Protel 99 SE 的组成

Protel 99 SE 是一个 Client/Server 型的应用程序。它提供了一个基本的框架窗口和相应的 Protel 99 SE 组件之间的用户接口，在文件组织方面既可以采用传统的 Windows 文件格式，也可以采用 Access 数据库文件格式。

Protel 99 SE 由五大模块组成：原理图设计模块、PCB 设计（包含信号完整性分析）模块、自动布线器、原理图混合信号仿真模块和可编程逻辑器件（PLD）设计模块。其中，原理图设计模块和 PCB 设计模块是一般电子设计的重点，而其他模块都是为这两个模块服务的。

1.原理图设计模块

原理图设计模块包括电路图编辑器、电路图元件库编辑器和各种文本编辑器，为用户提供了智能化的高速原理图编辑方法，能够准确地生成原理图设计输出文件，包含有自动化的连线工具，同时具有强大的电气规则检测（ERC）功能。其主要特点可归纳如下。

1)模块化的原理图设计

Protel 99 SE 支持自上而下或自下而上的模块化设计方法,用户可以将设计的系统按功能划分为几个子系统,每个子系统又可以划分为多个功能模块,从而实现分层设计。设计时可以先明确各个子系统或模块之间的关系,然后再分别对每个功能模块进行具体的电路设计;也可以先进行功能模块的设计,最后再根据它们之间的相互关系组合起来,形成一个完整的系统,如图 1-1 所示。Protel 99 SE 对设计的层数和原理图的张数没有限制,为用户提供了更加灵活方便的设计环境,使用户在遇到复杂的系统设计的时候仍然能够轻松把握设计思路,让设计变得游刃有余。

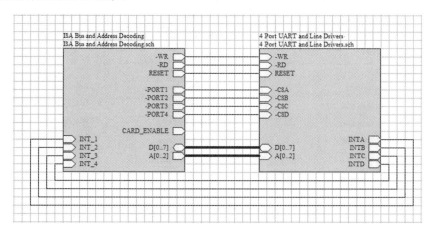

图 1-1 分层原理图的设计

2)原理图编辑功能

Protel 99 SE 的原理图编辑采用了标准的图形化编辑方式,用户能够非常直观地控制整个编辑过程。在原理图编辑器中,用户可以实现一些普通的编辑操作,如复制、粘贴、删除、撤销等。编辑器所带的电气栅格特性提供了自动连接功能,使得布线更为方便,如图 1-2 所示。

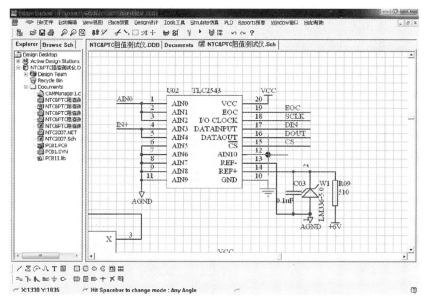

图 1-2 利用电气栅格放置导线

3

编辑器采用了交互式的编辑方法，编辑对象属性时，用户只需要在所需编辑的对象上双击，即可打开对象属性对话框，直接对其进行修改，非常直观、方便。此外，Protel 99 SE 还提供了全局编辑功能，能够对多个类似对象同时进行修改，可以通过设置多种匹配条件来选择需要进行编辑的对象和希望进行的修改操作（见图1-3），为复杂电路的设计带来了极大的便利。

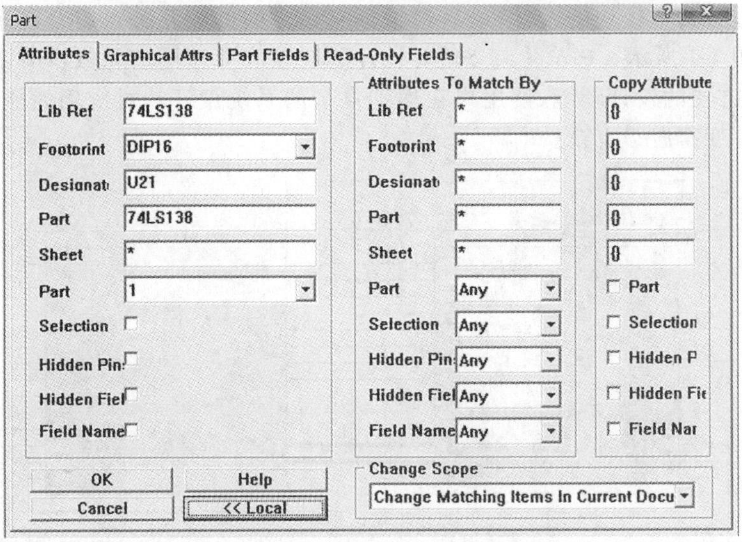

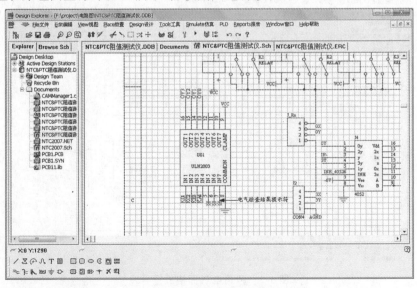

图 1-3　对象属性对话框和全局编辑功能

另外，Protel 99 SE 还提供了快捷键功能，用户可以使用系统默认的快捷键设置，也可以自定义快捷键，熟练使用一些快捷键能够让设计工作更加得心应手。

3）电气检测功能

电路原理图设计完成时，在进行 PCB 设计之前至少需要检查所设计的电路是否有电气连接错误，以避免一些不必要的返工和麻烦，这样才能提高电路设计的效率。Protel 99 SE 提供了强大的电气规则检查功能（ERC），能够迅速地对大型复杂电路进行电气检查，用户可以通过设置忽略电气检查点及修改电气规则等操作来对电气检查过程进行控制，检查结果会直接标注在原理图上，如图1-4所示，方便用户进行修改。

图 1-4　电气规则检查功能

4）完善的库元件编辑和管理功能

Protel 99 SE 具有完善的库元件编辑和管理功能。原理图设计器提供了丰富的元件库，一些著名厂商（如 Altera、Intel、Motorola 等）的电子产品常用元件都能够在这里找到定义。如果用户在这些元件库中没有找到自己所需要的元件定义，则可以使用元件库编辑器自行创建新的元件。如何创建元件的库文件，这将在本书的第 5 章进行详细的讲解。

5）同步设计功能

Protel 99 SE 具有原理图和 PCB 之间的同步设计功能，使得原理图和 PCB 之间的变换更为简单。元件标号可双向注释，既可以从原理图将修正信息传递到 PCB 中，也可以从 PCB 中将修正信息传递到原理图中，这保证了原理图和 PCB 之间的高度一致性。

2. PCB 设计模块

进行电路设计的最终目的是要设计出一个高质量的可加工的 PCB，这是一个电子产品和开发项目的基础。由于 Protel 99 SE 在 PCB 设计功能上面有突出的表现，因而深受用户的喜爱。

1）32 位高精度设计系统

Protel 99 SE 的 PCB 设计组件是 32 位的 EDA 设计系统，系统分辨率可达 0.000 5 mil（毫英寸，1 mil＝0.025 4 mm），线宽范围为 0.001～10 000 mil，字符串高度范围为 0.012～1 000 mil，如图 1-5 所示。能够设计 32 个工作层，最大板图尺寸为 2 540 mm×2 540 mm，管理的元件、网络及连接的数目仅受限于实际的物理内存，而且还能够提供各种形状的焊盘。

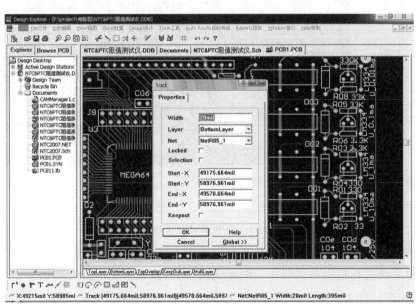

图 1-5 修改线宽

2）丰富而灵活的编辑功能

与原理图设计组件相似，Protel 99 SE 的 PCB 编辑器提供了丰富而灵活的编辑功能，用户可以很容易地实现元件的选取、移动、复制、粘贴、删除等操作，能够通过双击打开对象属性对话框进行修改，而且 PCB 编辑器提供了全局属性修改功能，方便用户操控。

3）功能完善的元件封装编辑和管理器

Protel 99 SE 提供了众多常见 PCB 元件封装定义，用户可以方便地加载这些库元件进行使用；同时具备完善的库元件管理功能，用户可以通过多种方式，如 Protel 99 SE 提供的模板或用户自定义等，方便快速地创建一个新的 PCB 元件封装定义，详细的制作过程将在本书的第 12 章进行详细的介绍。

4）强大的布线功能

强大的布线功能是 Protel 99 SE 的一个显著的亮点。

首先，该软件有一些极优秀和稳定的手动布线特性，能够自动地弯折线，绕开障碍物，并与设计规则完全一致。

其次，拖拉线时，能自动抓取实体电气网格特性和预测放线特性，从而能够合理地布出带有混合元件的复杂电路板。

再次，Protel 99 SE 的回路清除功能能够自动删除多余的连线，具有智能推挤布线功能，同时还提供了 45°、90°、45°带圆弧、90°带圆弧等多种放线方式，可以使用 Shift＋Space 组合键很方便地进行切换，如图 1-6 所示。

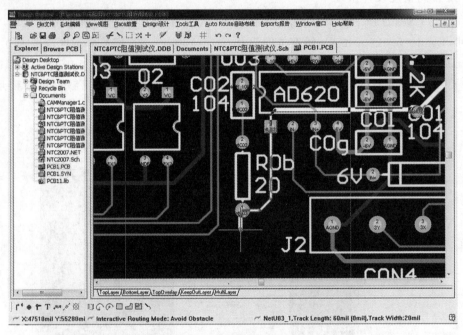

图 1-6　PCB 手动布线功能

最后，Protel 99 SE 还提供了功能强大的自动布线功能，在自动布线前，先设置设计规则，然后设定系统进行自动布线时采用的布线策略，能够实现设计的自动化。

5）完备的设计规则检查（DRC）功能

Protel 99 SE 支持在线 DRC 和批量 DRC。设计者可以通过设置选项打开在线 DRC，在设计过程中如果在布局、布线、线宽、孔径大小等方面出现了违规设计，系统就会自动提示错误，并以高亮显示，方便用户发现和修改。

3. 自动布线器

Protel 99 SE 的自动布线组件是通过 PCB 编辑器实现与用户交互的。其布局方法是基于人工智能,对 PCB 进行优化设计,采用拆线重组的多层迷宫布线算法,可以同时处理全部信号层的自动布线,并不断进行优化,如图 1-7 所示。

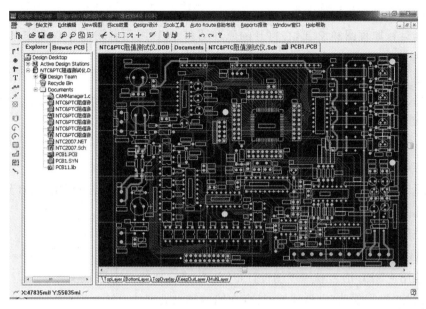

图 1-7　自动布线过程

Protel 99 SE 提供了丰富的设计规则,用户可以通过设置这些规则控制自动布线的过程,实现高质量的自动布线,减少后期的手动修改。此外,Protel 99 SE 还支持基于形状(shape-based)的布线算法,可以实现高难度、高精度的 PCB 自动布线。合理使用 Protel 99 SE 提供的自动布线功能能够提高 PCB 设计的效率,减少用户的设计工作量。

4.原理图混合信号仿真模块

Protel 99 SE 提供了优越的混合信号电路仿真引擎,全面支持含有模拟和数字元件的混合电路设计与仿真。同时还提供了大量的 Simulation 模型文件,每个模型文件都链接到标准的 Spice 模型中。用户进行信号仿真时操作十分简单,只需要选择所需元件即可。混合信号仿真是在原理图的环境下进行的功能仿真,设计时与普通原理图的设计方法一致,连接好原理图,加上激励源即可进行仿真。

5.可编程逻辑器件(PLD)设计模块

在 Protel 99 SE 嵌套的 PLD 99 的开发环境下,包含一个新的 SCH-to-PLD 符号库,设计时从 PLD 符号库中使用组件,再从唯一的元件库中选择目标元件,通过编译将原理图转换成 PLD 文件后,即可编译生成下载文件。此外,用户还可以使用 Protel 99 SE 的文本编辑器中易掌握且功能强大的硬件描述语言(HDL)直接编写 PLD 描述文件,然后选择目标元件进行编译。PLD 的设计可以直接面向用户的要求,自上而下地逐层完成相应的描述、综合、优化、仿真与验证,直到生成能够下载到元件的 JED 文件。为此,该方法结构严谨,易于操作,为数字电路系统的设计提供了非常方便的手段,为众多复杂的实际工程问题提供了灵活的解决方案,从而可大大缩短研发时间。

1.1.3　Protel 99 SE 的特点

下面介绍一些 Protel 99 SE 的新特性。

● 方便的查找功能,能轻松找到存储在设计数据库中的文件。

- 增强的选中功能,在原理图中选择一级元件,PCB 中同样的元件也将被选中。
- 可生成 30 多种格式的电气连接网络表。
- 强大的全局编辑功能。
- 同时运行原理图和 PCB,在打开的原理图和 PCB 图两者间允许双向交叉查找元件、引脚、网络标号。
- 库中元件管脚的热点捕捉,方便识别哪一端为电气连接端。
- 端口、图纸入口功能增加了垂直端口和图纸入口的顶部、底部放置方式。
- 丰富的输入、输出功能。
- Protel 99 SE PCB 可设计 32 个信号层,16 个内电层和 16 个机加工层,在层堆栈管理器用户可定义板层结构,可以看到层堆栈的立体效果。
- 既可以正向注释元件标号(由原理图到 PCB),也可以反向注释(由 PCB 到原理图),以保持电气原理图和 PCB 在设计上的一致性。
- 满足国际化设计要求(包括国标标题栏输出,GB/T 4728 国标元件库)。
- 方便易用的数模混合仿真(兼容 Spice 3f5)。
- 支持用 CUPL 语言和原理图设计 PLD,生成标准的 JED 下载文件。
- 强大的"规则驱动"设计环境,符合在线的和批处理的设计规则检查。
- 智能覆铜功能。
- 提供大量的工业化标准电路板作为设计模板。
- 放置汉字功能。
- 可以输入和输出 DXF、DWG 格式文件,实现和 AutoCAD 等软件的数据交换。
- 智能封装导航(对于建立复杂的 PGA、BGA 封装很有用)。
- 方便的打印预览功能,不用修改 PCB 文件就可以直接控制打印结果。
- 独特的 3D(三维)显示可以在制版之前看到装配事物的效果。
- 强大的 CAM 处理功能使您能够轻松实现输出 Gerber 文件、材料清单、钻孔文件、贴片机文件、测试点报告等。
- 经过充分验证的传输线特性和仿真精确计算的算法,并且信号完整性分析直接从 PCB 启动。
- 反射和串扰仿真的波形显示结果与便利的测量工具相结合。
- 专家导航能解决信号完整性问题。

 ## 1.2　Protel 99 SE 的安装

Protel 99 SE 的安装方法跟一般的应用软件基本上一致,打开安装包,按照里面的安装说明,逐一完成各个步骤。对于初学者,建议先安装汉化版,在学习使用的过程中能更快地掌握各个功能,熟悉该软件后再选择英文版。

1.2.1　Protel 99 SE 安装的系统需求

Protel 99 SE 对计算机配置的要求比较高,而且系统运行时占用的内存空间也较大,尤其是当设计任务比较庞大、内容比较复杂的时候,如果配置不足,则可能会发生死机的现象,导致 Protel 99 SE 运行失常。如果设计任务较复杂,那么自动布局、布线及仿真等操作最好在具有较高配置的计算机上进行。

1.硬件配置

基本配置:CPU　　　　　　　　　Pentium 1.8 GHz

　　　　　内存　　　　　　　　　1 GB

　　　　　硬盘　　　　　　　　　3.5 GB

　　　　　显示分辨率　　　　　　1280×1021

建议配置:CPU　　　　　　　　　英特尔酷睿 2、双核/四核 2.66 GHz 或更快的处理器

　　　　　内存　　　　　　　　　2 GB 以上

　　　　　硬盘　　　　　　　　　10 GB 以上

　　　　　显示分辨率　　　　　　1 680×1 050 或 1600×1200

2.操作系统

Microsoft Windows XP SP2 专业版(含中文版)。

1.2.2　Protel 99 SE 的版本及安装

Protel 99 SE 分为英文版和汉化版,鉴于读者中很多人对中文更熟悉,本书主要针对汉化版的 Protel 99 SE 进行讲解。该版本能兼容 Windows 的大小字体,由 Protel 99 SE 安装文件、升级包 Service Pack 6 和汉化包三部分组成。

Protel 99 SE 的安装过程很简单,与大多数 Windows 应用程序的安装方法类似,只需要按照安装向导的提示进行操作即可。

 ## 1.3　电路板的设计步骤

通常而言,设计电路板最基本的过程可以分为以下三大步骤。

1.电路原理图的设计

电路原理图的设计主要利用 Protel 99 SE 的原理图设计系统来绘制电路原理图。在这一过程中,充分利用 Protel 99 SE 所提供的各种原理图绘图工具和编辑功能,就可得到一张正确、精美的电路原理图。

2.产生网络表

网络表是电路原理图设计(SCH)与 PCB 设计之间的一座桥梁,它是电路板自动设计的灵魂。网络表可以从电路原理图中获得,也可从 PCB 中提取出来。

3.PCB 的设计

PCB 的设计对完成一块加工电路板是很关键的一个步骤。在设计 PCB 的过程中,我们通过 Protel 99 SE 提供的强大功能来实现电路板的版面设计、元件的布局和元件之间的电气连接等难度较大的工作。

 ## 1.4　电路原理图设计的工作流程

电路原理图一般按照以下工作流程进行设计。

1）设置图纸大小

打开 Protel 99 SE 原理图设计系统后，首先要构思和设计好图纸的大小。图纸大小是根据电路图的规模和复杂程度而定的，设置合适的图纸大小是设计原理图的第一步。

2）设置 Protel 99 SE 原理图设计的系统参数

设置 Protel 99 SE 原理图设计的系统参数，包括设置格点大小和类型、鼠标指针类型等，大多数参数可以使用系统默认值。

3）旋转零件

用户根据电路图的需要，将元件从元件库里取出放置到图纸上，并对放置元件的序号和封装进行定义和设定。

4）原理图布线

利用 Protel 99 SE 原理图设计系统提供的各种工具，将图纸上的元件用具有电气意义的导线、符号连接起来，构成一幅完整的原理图。

图 1-8 原理图设计流程

5）调整线路

将初步绘制好的电路图做进一步的调整、修改和美化，使得原理图更加合理和美观。

6）报表输出

通过 Protel 99 SE 原理图设计系统提供的各种报表工具生成各种报表，其中最重要的报表是网络表，网络表可为后续的电路板设计做好准备。

7）文件保存及打印输出

最后的步骤是文件保存及打印输出。

原理图的设计流程图如图 1-8 所示。

1.5 PCB 设计的工作流程

PCB 设计的流程包括绘制电路原理图、规划 PCB、元件封装、元件布局、自动布线、手工调整、保存输出等。下面介绍 PCB 的设计流程。

1）绘制电路原理图

这是电路板设计的基础，主要完成电路原理图的绘制，并生成网络表。

2）规划电路板

在绘制 PCB 之前，用户应对电路板进行初步规划，包括设置电路板的物理尺寸，采用几层电路板，元件的封装和安装位置等，这为后面 PCB 的设计确定框架。

3）设置参数

主要是设置元件的分布参数和布线参数等。通常这些参数选取系统的默认值即可，或者经过第一次设置后就无须修改。

4）元件封装

所谓元件封装就是元件的外形，每一个装入 PCB 的元件都应有相应的封装，这样才能保证电路板进行正常的布线。

5）元件布局

规划好电路板后,可以将元件放入电路板边框内,采用 Protel 99 SE 提供的自动布线功能,对元件进行自动布线。

6）自动布线

Protel 99 SE 提供了强大的自动布线功能,可以对布置好的元件进行自动布线,一般情况下,自动布线不会出错。

7）手工调整

自动布线完成后,用户可以再次对比较特殊的元件进行调整,以保证符合相应的规则,从而保证电路板的抗干扰能力达到标准。

8）保存输出

对元件布线完毕并进行正确的调整后,即完成了 PCB 的最终设计,然后保存图纸并打印输出。

本 章 小 结

本章对 Protel 软件的发展历史,Protel 99 SE 的组成和主要特点进行了简单介绍,并对 Protel 99 SE 的运行环境和安装方法做了详细说明,同时对电路板的设计步骤、电路原理图设计的工作流程和 PCB 设计的工作流程进行了介绍,让读者对电路板的设计有一个整体的了解,并希望读者能够通过这些介绍对 Protel 99 SE 软件和电路板的设计有一个基本的认识。

第2章 电路原理图设计快速入门

Protel 99 SE 软件安装完成后，本章开始 Protel 99 SE 软件的学习。

首先，详细讲解有关 Protel 99 SE 原理图设计系统的基本知识，让读者对其有初步认识；其次，结合一些实例，一步一步详细讲解，让读者能快速入门；最后，结合作者应用该软件时碰到的常见问题给出提示，让读者少走弯路。

本章中首先介绍 Protel 99 SE 参数设置和如何新建一个设计数据库（＊.ddb），然后介绍如何向新建的工程中添加原理图设计文档，以及原理图的一些基本的操作方法、技巧。

本章要点

- 设计数据库的建立
- 新建原理图设计文档
- 标题栏
- 设计文档的管理

本章案例

- 原理图的参数设置
- 设置标题栏

2.1 进入 Protel 99 SE 的绘图环境

Protel 99 SE 软件安装完成后，就可以开始启动 Protel 99 SE 软件，进入 Protel 99 SE 的绘图环境，开始学习原理图的绘制。

2.1.1 Protel 99 SE 的启动

与其他 Windows 程序类似，除直接在安装目录下双击可执行程序外，启动 Protel 99 SE 还有以下几种方式。

1）用"开始"菜单启动

单击任务栏上的"开始"按钮，选择"程序"→"Protel 99 SE"→"Protel 99 SE"命令，即可启动程序，如图 2-1 所示。

图 2-1 从"开始"菜单启动 Protel 99 SE

2）用桌面快捷方式启动

安装 Protel 99 SE 时，一般会在桌面上创建一个快捷方式，可以直接双击桌面上的快捷方式来启动,其方法与一般的应用软件从桌面快捷方式启动的方法一样。

3)用设计数据库文件启动

直接在工作目录中双击一个 Protel 99 SE 的设计数据库文件(. ddb 文件),也可以启动 Protel 99 SE 程序,同时所选择的设计数据库也会被打开,如图 2-2 所示。

图 2-2　通过设计数据库文件启动 Protel 99 SE

Protel 99 SE 启动后,屏幕上将出现如图 2-3 所示的启动画面,随后系统将进入 Protel 99 SE 的主程序界面,如图 2-4 所示。

图 2-3　Protel 99 SE 的启动界面

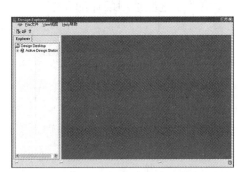

图 2-4　Protel 99 SE 的主程序界面

2.1.2　设置系统参数

第一次运行 Protel 99 SE 时可以打开系统参数对话框,对一些基本的系统参数进行设置,具体方法如下:单击"File 文件"菜单旁的 ➠ 按钮,弹出如图 2-5 所示的菜单命令,选择 "Preferences"命令,即可打开系统参数对话框,如图 2-6 所示。

图 2-5　选择"Preferences"命令

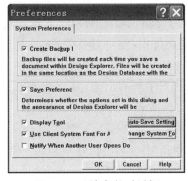

图 2-6　系统参数对话框

在如图 2-6 所示的系统参数对话框中有五个复选框,其作用分别如下。

● Create Backup Files:选中该复选框,系统会在每次保存设计文档时生成备份文件,保存在和原设计数据库文件相同的目录下,并以前缀"Backup of"和"Previous Backup of"加上原文件名来命名备份文件。

● Save Preference：选中该复选框，则关闭程序时系统会自动保存用户对设计环境参数所做的修改。

● Display Tool Tips：激活工具栏提示特性，选中此复选框后，当鼠标指针移动到工具按钮上时会显示工具描述。

● Use Client System Font For All Dialogs：选中此复选框，则所有对话框文字都会采用用户指定的系统字体，否则采用默认字体显示方式。

● Notify When Another User Opens Document：选中此复选框，则其他用户打开文档时显示提示。

此外还有一个"Auto-Save Settings"按钮，单击该按钮可以打开"自动保存"对话框，如图2-7所示。在此对话框中可以选择是否启用自动保存功能（"Enable"复选框），如启用，则可以设置备份文件数（"Number"，最大为10）、自动备份的时间间隔（"Time Interval"，单位为min）及设置备份文件夹用于存放备份文件（"User Back Folder"）。在右侧的"Information"选项组中有关于这些选项的详细介绍。

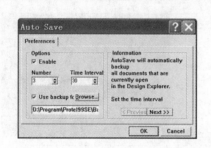

图 2-7 "自动保存"对话框

图 2-8 "新建设计数据库"对话框

2.1.3 新建一个设计数据库

下面开始新建一个设计数据库（＊.ddb），在图2-4所示的主界面中选择"File 文件"→"New 新建"命令，弹出"新建设计数据库"对话框，如图2-8所示。

Protel 99 SE 共支持两种新建设计数据存储方式，一种是以传统的 Windows 文件形式存储，另一种是以 Protel 99 SE 的数据库形式存储。Protel 99 SE 默认以其数据库的形式存储，它借用了 Microsoft Access 数据库的存取技术，将所有相关的文档资料都存放于"设计数据库"的文件中，统一进行管理，这是一种面向对象的管理方式。对用户来说，一个数据库就是一个工程项目，其中包括了原理图、PCB 等各种有关的文档，这种存储方式将让用户从一大堆文档当中解脱出来，从而能够对设计文档进行更有效的管理。图2-8所示对话框中，"Location"选项卡中的"Database File Name"文本框显示的是将要保存的设计数据库的文件名，可以对其进行修改。下面的"Database Location"一栏显示的则是数据库文件保存的路径。通过单击"Browse"按钮可以选择数据库文件保存的路径。

选择对话框中的"Password"选项卡，如图2-9所示。在这里可以设置密码，来对设计数据库进行保护。选中"Yes"单选钮，在"Password"文本框中输入设置的密码，在下面的"Confirm Password"文本框中再次输入密码进行确认，两次输入的必须一致，才能够正确设置密码。选中"No"单选钮，则可以取消密码的设置。单击"OK"按钮则完成设计任务的新建。设置密码成功后，下次再打开设计数据库时，将弹出如图2-10所示的对话框，那么只用在"Name"文本框中输入"admin"，在"Password"文本框中输入用户自己设置的密码，就可以

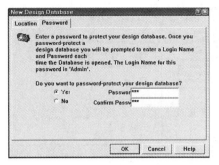

图 2-9　"Password"选项卡

图 2-10　密码保护提示对话框

打开设计数据库文件。

2.1.4　设计数据库的管理

新建一个设计数据库后,会弹出如图 2-11 所示的文档管理界面,该界面由标题栏、菜单栏、工具栏、设计管理器、工作区、状态栏及搜索等部分组成。

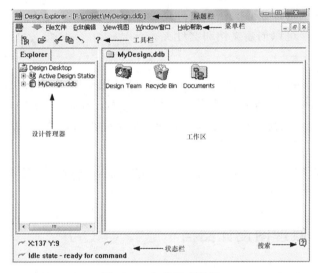

图 2-11　文档管理界面

在设计管理器中可以看到,一个设计数据库包含三个项目,分别是 Design Team(设计团队管理)、Recycle Bin(回收站)和 Documents(文件管理)。

1)Design Team

Protel 99 SE 通过"Design Team"来管理多用户使用相同的设计数据库,而且允许多个设计者同时安全地在相同的设计图上进行工作。应用"Design Team"可以设定设计小组成员,管理员能够管理每个成员的使用权限,拥有权限的成员还可以看到所有正在使用设计数据库的成员的使用信息。

双击"Design Team"图标,如图 2-12 所示。打开"Design Team"窗口,可以看到有三个图标,如图 2-13 所示。其中,"Members"用来管理设计团队的成员,"Permissions"用来设置设计成员的工作权限,而在"Sessions"中可以看到每个成员的工作范围。

双击"Members"图标,打开"Members"窗口,这里系统默认有两个成员,"Admin"和"Guest",可以通过快捷菜单来新加成员。

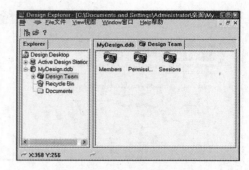

图 2-12　双击"Design Team"图标　　　　图 2-13　"Design Team"窗口

双击"Permissions"图标，打开"Permissions"窗口，可以设置每个成员的访问权限。在快捷菜单中选择"New Rule"命令，可增加规则设置，可以在"User Scope"下拉列表框中选择想要设置权限的用户，在"Document Scope"文本框中输入其可以操作的文件范围，而在其下面的复选框中可设置用户访问权限。在这里访问权限分为四种，分别如下。

- R(Read)——可以打开文件夹和文档。
- W(Write)——可以修改和存储文档。
- D(Delete)——可以删除文档和文件夹。
- C(Create)——可以创建文档和文件夹。

2）Recycle Bin

它相当于 Windows 系统中的回收站，所有在设计数据库中删除的文件，均保存在回收站中，可以从中找回由于误操作而删除的文件。与 Windows 系统中的一般操作相似，按 Shift＋Delete 组合键可以彻底删除文档而不会让其保存在回收站中，这一点需要注意。

3）Documents

它相当于一个数据库中的文件夹，设计文档都会保存在这个文件夹中。可以通过界面左侧的设计管理器很容易地对文档进行管理。

2.2　新建原理图设计文档

本小节将重点介绍如何新建原理图设计文档。在"Documents"界面下，选择"File 文件"→"New 新建文件"命令，如图 2-14 所示；或是直接右击，在弹出的快捷菜单中选择"New 新建文件"命令，就可以打开如图 2-15 所示的"新建文件"对话框。Protel 99 SE 中共提供 10 种文件类型，其文件类型与说明如表 2-1 所示。

图 2-14　"File 文件"菜单

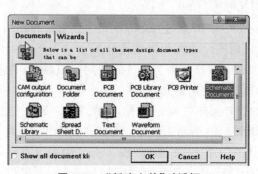

图 2-15　"新建文件"对话框

表 2-1　文件类型说明

类　型	功　能
CAM output configuration	生成 CAM 制造输出文件,可以连接电路板和电路板的生产制造各个环节
Document Folder	数据库文件夹
PCB Document	PCB 文件
PCB Library Document	元件封装库(PCB Lib)文件
PCB Printer	PCB 打印文件
Schematic Document	原理图设计(Sch)文件
Schematic Librar...	原理图元件库(Sch Lib)文件
Spread Sheet	数据表格文件
Text Document	文本文件
Waveform Document	仿真波形文件

在"新建文件"对话框中选择"Schematic Document"文件类型,单击"OK"按钮,创建一个新的原理图文件,如图 2-16 所示。可以先对文件名进行修改,然后双击打开,进入到如图2-17 所示的原理图设计界面。

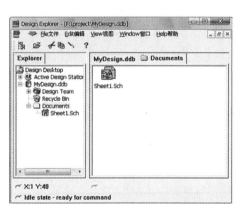

图 2-16　创建新的原理图文件

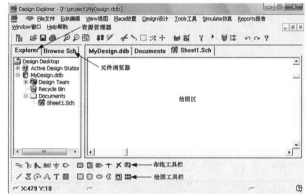

图 2-17　原理图设计界面

原理图设计界面的左侧是资源管理器和元件浏览器,右侧是绘图区,下面分别是布线工具栏(Wiring Tools)和绘图工具栏(Drawing Tools)。以上这些是在原理图设计过程中会经常使用的工具栏,其详细功能在后面的章节中会有详细介绍。

 ## 2.3　绘制原理图前的环境和参数设置

在绘制原理图之前,对 Protel 99 SE 的绘图环境和参数进行必要的设置,可以更加有效和方便地设计原理图。

2.3.1 设置图纸

当构思好零件图的规模后，最好先设置图纸的大小，为后面的原理图设计提供方便，系统默认的标准纸张类型为 B 图纸。

首先，进入 Protel 99 SE 原理图设计界面，如图 2-17 所示；然后选择"Design 设计"→"Options... 选项"命令，如图 2-18 所示，随即弹出如图 2-19 所示的"Document Options"对话框。该对话框主要可以对原理图的以下参数进行设置。

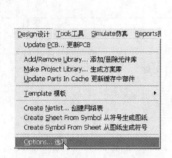

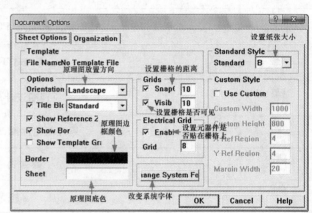

图 2-18 选择"Options...选项"命令　　　图 2-19 "Document Options"对话框

（1）设置纸张大小。

（2）设置原理图的放置方向。Landscape——图纸水平放置；Protrait——图纸垂直放置。

（3）原理图边框颜色的设置。

（4）原理图底色的设置。

（5）设置栅格的距离。

（6）设置栅格是否可见。

（7）设置元器件是否贴在栅格上。

（8）设置系统字体。

2.3.2 设置格点

选择"Tools 工具"→"Preferences... 优选项"命令，如图 2-20 所示，系统随即会弹出"Preferences"对话框，在"Graphical Editing"选项卡中，可以在"Cursor/Grid Options"区域"Visible"项的下拉菜单中选择所需的格点形状，如图 2-21 所示。

Protel 99 SE 提供两种不同形状的格点，即线状格点（Line Grid）和点状格点（Dot Grid）。线状格点如图 2-22 所示，点状格点的形状读者自己可以在软件中查看一下。要改变格点颜色，可以单击"Color Options"区域的"Grid"项后的色块进行颜色设置。

选择"Design 设计"→"Options... 选项"命令，系统随即会弹出"Document Options"对话框，在"Sheet Options"选项卡中的"Grids"区域还有"SnapOn"和"Visible"两个设置项，它们也与格点有关，如图 2-23 所示。

（1）鼠标指针移动间距设置（SnapOn）。这项设置可以改变鼠标指针的移动间距。选中此项，表示鼠标指针移动时以"SnapOn"右边的设置值为基本单位移动，系统默认值是 10；如果不选此项，则鼠标指针移动时以 10 像素为基本单位移动。

图 2-20 选择"Preferences...优选项"命令

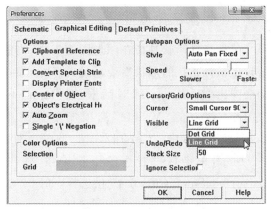

图 2-21 选择所需的格点形状

图 2-22 线状格点

图 2-23 "Document Options"对话框

（2）格点可视化设置（Visible）。选中此项，表示格点可见，可以在其右边的设置框内改变输入值来调整图纸格点间的距离，图 2-23 所示格点间的距离为 10 像素；如果不选此项，图纸上不显示格点。

如果将"SnapOn"和"Visible"设置成相同的值，那么鼠标指针每次移动一个格点；如果将"Visible"设置为 20，"SnapOn"设置为 10，那么鼠标指针每次移动半个格点。

在"Grid"区域下面有一个"Electrical Grid"区域，它与电气节点有关。如果选中此选项，则画导线时，系统会以"Grid Range"中的设置值为半径，以鼠标指针所在的位置为中心，向四周搜索电气节点。如果在搜索半径内有电气节点，就会将鼠标指针自动移到该节点上，并且在该节点上显示一个圆点；如果取消该项功能复选框，则无自动寻找电气节点的功能。

网格和电气栅格的可见性也可以通过选择"View 视图"→"Electrical Grid 电气网格"命令来设置，如图 2-24 所示。菜单中的每个命令具有开头特性，即执行一次命令为显示栅格，再执行一次该命令则为不显示栅格。以上功能选项中的选择操作为单击该项，其左边的复选框中出现"√"符号，表示选中该项。

图 2-24 "View 视图"菜单和"Electrical Grid 电气网格"选项

19

2.3.3　设置鼠标指针

鼠标指针形状是指在原理图编辑中，当放置元件、绘图或连接线路时鼠标指针的形状。要设定鼠标指针的形状需要通过选择"Tools 工具"→"Preferences... 优选项"命令，系统随即会弹出"Preferences"对话框，在"Graphical Editing"选项卡中，可以选择"Cursor/Grid Options"区域的"Visible"选项的下拉菜单，选择所需的鼠标指针形状，在"Graphical Editing"选项卡中，"Cursor/Grid Options"区域的"Cursor"栏设置鼠标指针的形状。如图2-25所示，单击该栏右边的下拉按钮，弹出三种鼠标指针形状：Large Cursor 90、Small Cursor 90、Small Cursor 45 供选择，如图 2-26 所示。

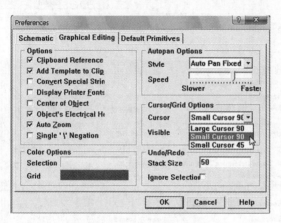

图 2-25　鼠标指针设置

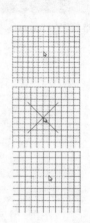

图 2-26　三种鼠标指针形状

2.3.4　调整图纸大小

调整图纸大小的方法有以下两种。

方法1　选择"View 视图"→"Fit All Objects 适合全部体"命令，将图纸上所有组件以最大比例显示在窗口中，保证原理图图纸有一个合适的视图。

方法2　使用键盘实现图纸的放大与缩小。当系统处于其他绘图命令时，如果设计者无法用鼠标使用方法 1 来调整视图，则可以通过以下方式调整。

（1）放大：按 Page Up 键，可以放大绘图区域。

（2）缩小：按 Page Down 键，可以缩小绘图区域。

（3）居中：按 Home 键，可以将视图从原来鼠标指针下的图纸位置移位到工作区中心位置显示。

（4）刷新：按 End 键，对图纸区的图形进行刷新，将其恢复到正确的现实状态。

2.3.5　实例 2-1——绘制原理图前的参数设置

设置图纸大小为"A4"，原理图的放置方向为"Landscape（水平）"，原理图的边框颜色为"3＃"，原理图底色为"5＃"，设置栅格的距离为"10"，设置栅格可见，设置元件贴在栅格上，设置格点为"Line Grid（线状格点）"，设置鼠标指针为"Small Cursor 90"。

参数设置完成后，其原理图如图 2-27 所示。

（1）选择"Design 设计"→"Options... 选项"命令，弹出如图 2-28 所示的"设置图纸"对话框。设置图纸大小为"A4"，原理图的放置方向为"Landscape"，原理图的边框颜色为"3#"，原理图底色为"5#"，设置栅格的距离为"10"，设置栅格可见，设置元件贴在栅格上。

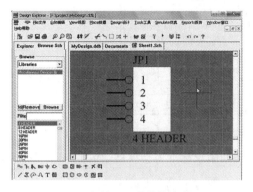

图 2-27 绘制原理图前的参数设置　　　图 2-28 "设置图纸"对话框

（2）选择"Tools 工具"→"Preferences... 优选项"命令，弹出"Preferences"对话框，在其中可以设置格点和鼠标指针的参数，如图 2-29 所示。在"Graphical Editing"选项卡中，可以选择"Cursor/Grid Options"区域，设置格点为"Line Grid（线状格点）"，设置鼠标指针为"Small Cursor 90"。

（3）通过上面的步骤，完成实例 2-1 的设置要求。在原理图上放置一个"4 HEADER"元件，这个图纸的效果如图 2-30 所示。

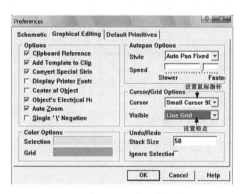

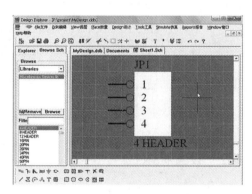

图 2-29 设置格点和鼠标指针的参数　　　图 2-30 设置完成后的界面

2.4 标题栏

标题栏的类型有 Standard 和 ANSI 两种。在标题栏中可以对制图者、公司、标题、日期等内容进行设置，方便设计者整理和归档设计文件。

2.4.1 两种标题栏

选择"Design 设计"→"Options... 选项"命令，弹出"Document Options"对话框。在"Sheet Options"选项卡中，单击"Title Block"项，单击"Title Block"右边的下拉按钮，出现一个下拉列表，如图 2-31 所示。下拉列表有两个选项：Standard 和 ANSI。

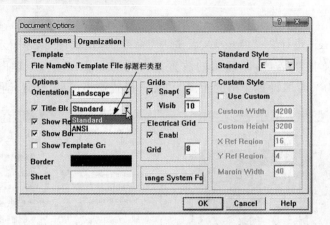

图 2-31　选择标题栏

Standard 为标准模式，如图 2-32 所示；ANSI 为美国国家标准协会模式，如图 2-33 所示。

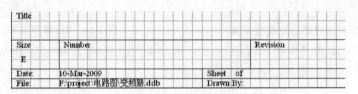

图 2-32　标准模式标题栏

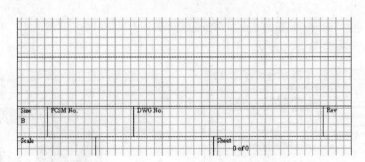

图 2-33　美国国家标准协会模式标题栏

2.4.2　设置标题栏

在图 2-34 所示"Document Options"对话框中，选择"Organization"选项卡，图纸标题栏中的内容可以在该选项卡中进行设置。在其中可以对以下内容进行设置。

1）特殊字符串

● .Organization：制图者、公司等。

● .Address 1：地址 1。

● .Address 2：地址 2。

● .Address 3：地址 3。

● .Address 4：地址 4。

● .Sheet Total：原理图总数。

● .Sheet No.：原理图号。

● .Document Title：文档标题。

● .Document No.：文档号。
● .Revision：版本。

2）特殊字符串内容的显示

选择"Tools 工具"→"Preferences...优选项"命令，弹出如图 2-35 所示的对话框，在
"Graphical Editing"选项卡中，如图 2-35 所示勾选选项，则显示特殊字符串的内容，否则不
显示特殊字符串的内容。

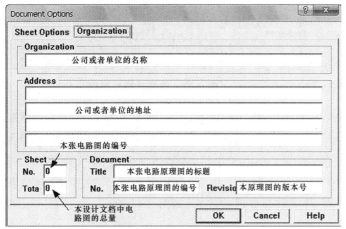

图 2-34　"Organization"选项卡

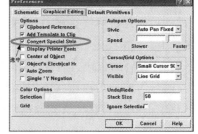

图 2-35　"Preferences"对话框

2.4.3　实例 2-2——设置标题栏

在标题栏类型中选择"Standard"，用特殊字符串设置制图者"邓奕"的字体，设置标题为
"变频器的设计"，设置字体为"华文隶书"，设置字体颜色为"227♯"，设置字体大小为"四
号"，设置文档编号为"2-1"，设置版本为"第二版"，显示含路径的原理图文件名。

该实例的最终结果如图 2-36 所示。

图 2-36　设置标题栏

操作步骤

（1）设置显示特殊字符串的内容。选择"Tools 工具"→"Preferences 优选项"命令，弹出
如图 2-37 所示的对话框，在"Graphical Editing"选项卡中，如图 2-37 所示勾选选项。

（2）设置标题栏类型为"Standard"。选择"Design 设计"→"Options...选项"命令，弹
出"Document Options"对话框，在"Document Options"对话框中的"Sheet Options"选项卡
中，勾选"Title Block"项，选择"Title Block"右边的下拉列表中的"Standard"，如图 2-38
所示。

（3）编辑标题栏内容。在"Document Options"对话框中，选择"Organization"选项卡，图
纸标题栏中的内容可以在其中进行设置，输入如图 2-39 所示的内容后，单击"OK"按钮。

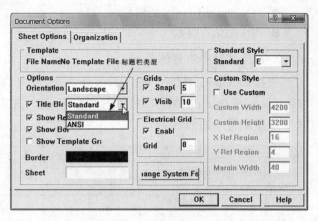

图 2-37 设置显示特殊字符串的内容　　　　图 2-38 设置标题栏类型

　　(4)设置特殊字符串,以放置"Title"为例说明。单击 **T** 图标,将弹出的**Text**文本框放在图纸上,双击**Text**,弹出如图 2-40 所示的对话框。在"Text 选项"后面输入". Title";单击"Color"项后的色块,选择"227#"颜色;单击"Change"按钮,将字体设置为"华文隶书",大小为"四号",完成后单击"OK"按钮。此时会在原理图上出现"变频器的设计"文本框,按住鼠标左键不放开,拖曳"变频器的设计"字符串放在合适的位置,如图 2-41 所示。

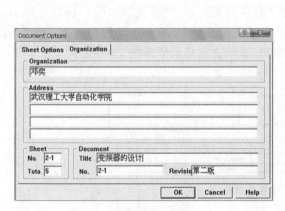

图 2-39 编辑标题栏内容　　　　图 2-40 设置标题栏标题的各项参数

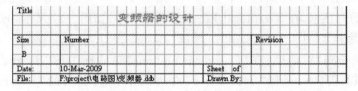

图 2-41 放置"变频器的设计"字符串

　　用同样的方法,可以完成其余特殊字符串的设置,包括制图者、版本和文档编号等,分别如图 2-42 至图 2-47 所示。

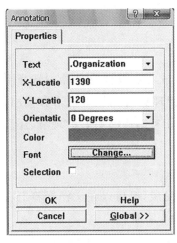
图 2-42 设置制图者名字文本框

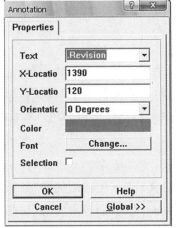
图 2-43 设置版本字符串

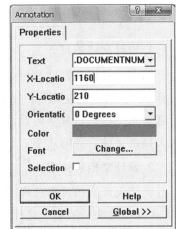
图 2-44 设置文档编号字符串

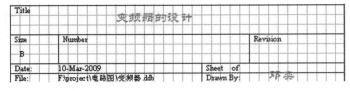
图 2-45 放置制图者姓名字符串

图 2-46 放置版本字符串

图 2-47 放置版本号字符串

2.5 Protel 99 SE 的文档管理

Protel 99 SE 的文档管理主要包括:保存文档,文档的打开、关闭、删除、恢复,文档的导入和导出等内容。

2.5.1 保存文档

在设计过程中,需要经常对所有设计的文档进行保存,文件的保存操作与很多 Windows 系统应用程序类似,有以下两种方法:①单击主工具栏的 🖫 图标;②选择"File 文件"→"Save All 全部保存"命令。

2.5.2　文档的打开、关闭、删除和恢复

1.设计文档的打开

前面已经提到设计文档可以通过直接双击文档图标打开，或者从设计管理器中选择要打开的文档来打开，如图 2-48 所示。当文档较多时使用设计管理器会比较方便，同时设计管理器与适当的目录结构设计相配合，不仅能帮助用户对设计任务结构有更好的理解，还能大大提高文件管理的效率。

2.设计文档的关闭

关闭设计文档可以选择"File 文件"→"Close 关闭"命令来完成，也可以在文档标签上右击，从弹出的快捷菜单中选择"Close 关闭"命令来实现，如图 2-49 所示。

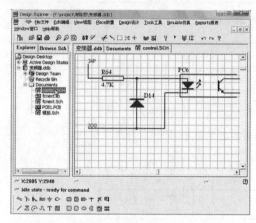
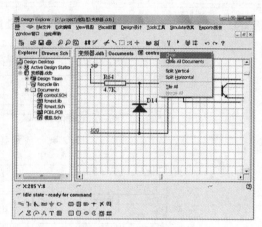

图 2-48　打开设计文档　　　　　　图 2-49　关闭设计文档

在快捷菜单中还有一项"Close All Documents"命令，选择该命令可以一次关闭所有已打开的文件。

3.设计文档的删除和恢复

删除设计文档前需要先将要删除的文档关闭。在"Documents"窗口中选择想要删除的文件，选择"Edit 编辑"→"Delete 删除"命令；或者右击，在弹出的快捷菜单中选择"Delete 删除"命令；或者直接使用键盘上的"Delete"键，在弹出的确认对话框中单击"Yes"按钮进行确认，即可将文档放入回收站，如图 2-50 所示。在开启设计管理器的情况下直接拖动文档图标到回收站也可以实现上述删除功能。

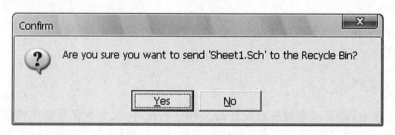

图 2-50　设计文档删除的确认界面

已经删除到回收站的文件是可以恢复的，其方法如下。打开回收站窗口，选择要恢复的

文档,右击,在弹出的快捷菜单中选择"Restore 恢复"命令,即可将所选文档恢复到原来的位置,如图 2-51 所示。

图 2-51　恢复已删除文档

　　若要彻底删除文档,则在回收站中选中要删除的设计文档,右击,在弹出的快捷菜单中选择"Delete 删除"命令,然后在弹出的确认对话框中单击"Yes"按钮进行确认就可以彻底删除。此外,在"Documents"窗口选中文件,按下 Shift＋Delete 键也可以直接彻底删除文档,这样删除的文档就不能再恢复了,因此使用时需注意。

2.5.3　文档的导入和导出

　　Protel 99 SE 提供设计文档的导入和导出操作。导入是指将其他文档引入到当前数据库文件中;导出则是指将当前数据库文件中的设计文档单独保存到其他位置,供其他软件调用或作其他用途。

　　要执行导入操作,应当打开需要导入文档的文件或文件夹,即导入文档的目的地,选择"File 文件"→"Import... 导入"命令;或者直接右击,从快捷菜单中选择"Import 导入"命令,如图 2-52 所示,打开"Import File"对话框。从其中选择需要导入的文件,单击"打开"按钮,就可将所选文件导入到当前文件或文件夹,如图 2-53 所示。

图 2-52　选择"Import"命令

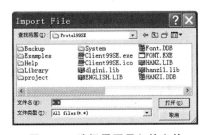

图 2-53　选择需要导入的文件

　　文档导出与导入的操作类似,选择需要导出的文档,选择"File 文件"→"Export... 导出"命令,或者直接右击,在弹出的快捷菜单中选择"Export... 导出"命令,如图 2-54 所示,打开"Export Document"对话框,选择导出的目的路径,确定所要保存的文件名,然后单击"保存"按钮,即可实现所选设计文档的导出,如图 2-55 所示。

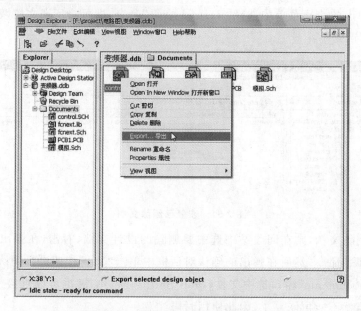

图 2-54 选择"Export...导出"命令

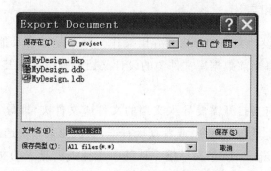

图 2-55 选择需要导出的文件

本 章 小 结

本章详细介绍了 Protel 99 SE 的启动方法及系统参数的设置方法，并介绍了设计任务的建立和管理方法，以及主要文档的创建方法和一些基本操作，旨在让读者对 Protel 99 SE 的操作方法有一个初步的认识。同时介绍了如何向新建的工程中添加原理图设计文档，以及原理图文档的一些基本的操作方法、技巧，让读者能快速入门。

第❸章　原理图的绘制

通过前面的学习,我们对电路原理图的设计有了一定的了解,本章主要学习如何加载元件库、元件的查找和放置、属性编辑等。同时,通过对布线工具的学习,学会一般电路原理图的绘制;通过对绘图工具的学习,学会绘制多边形、圆弧、贝赛尔曲线等,美化电路原理图。同时,读者通过实例会对布线工具和绘图工具有比较直观和深入的了解,读者可以高效率地设计出复杂、美观的电路原理图。

本章要点

- 载入元件库
- 元件的查找和属性编辑
- 元件的基本布局
- 布线工具的使用
- 绘图工具的使用
- 绘制简单的原理图

本章案例

- 排列和对齐元件
- 绘制总线和总线分支线
- 放置网络标号、电源、接地符号
- 绘制多边形、贝赛尔曲线、圆角矩形、椭圆形
- 绘制 555 振荡电路原理图
- 绘制共发射极放大电路原理图
- 绘制晶体测试电路原理图
- 绘制分频电路原理图

3.1　载入元件库

原理图编辑器的界面左侧是资源管理器和元件浏览器,通过元件浏览器可以添加各种元件库文件。

3.1.1　元件库管理面板

在"Design Explorer"界面中单击"元件浏览器" **Browse Sch** 选项卡,将弹出如图 3-1 所示的元件库管理面板,Protel 99 SE 自带的元件库文件是 Miscellaneous Devices. lib。

3.1.2　元件库的添加

添加元件库的操作步骤如下。

(1)单击元件管理器中的"Add/Remove"按钮,或者选择"Design 设计"→"Add/Remove

Library...添加/删除元件库"命令,会弹出如图 3-2 所示的"Change Library File List"对话框。

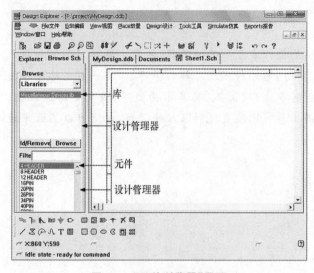

图 3-1　"元件浏览器"界面　　　图 3-2　"Change Library File List"对话框

(2)在"Design Explorer 99 SE\Library\Sch"中选择元件库文件"Protel DOS Schematic Libraries.ddb"后,双击或者单击"Add"按钮,元件库文件便出现在"Selected Files"中,如图 3-3 所示。

(3)用同样的方法可以添加或删除元件库文件,单击"OK"按钮,完成该元件的添加或删除操作,完成后的元件管理器如图 3-4 所示。

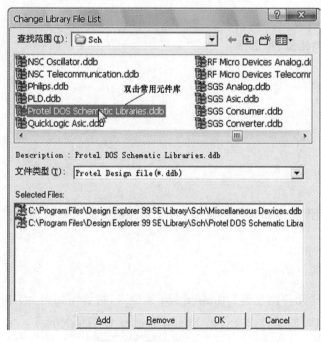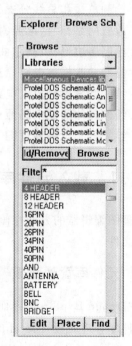

图 3-3　添加元件库文件　　　图 3-4　添加元件库文件后的元件管理器

3.2 元件的查找和常用元件

1.元件的查找和放置

(1)如果已经知道元件的名称,则直接在查找框 **Filte** [____] 中输入名称即可查找该元件。以"CAP"元件为例,在"Filte"方框中输入"CAP"(不分大小写)后,按一下回车键,再双击"CAP",屏幕上弹出该元件,如图 3-5 所示。

(2)取出元件后,元件跟随鼠标指针的移动。每按一次空格键,可以使元件按逆时针方向旋转 90°。取出元件的方法也有很多种,可以按照(1)中的方法,或者在元件管理器中选择元件,然后单击"Place"按钮,也可以取出元件,如图 3-6 所示。

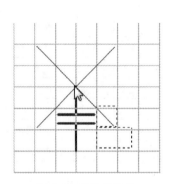

图 3-5 元件的查找

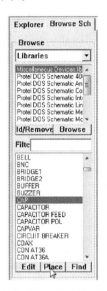

图 3-6 元件的取出和调用

> 在元件取出而未放置的状态下,按空格键、X 键、Y 键分别可以使元件逆时针旋转 90°、水平翻转、垂直翻转。

2.常用元件

表 3-1 所示的为常用元件。

表 3-1 常用元件名称

序 号	英 文 名 称	中 文 名 称
1	HEADER	插头
2	PIN	插针
3	ANTENNA	天线
4	BATTERY	电池
5	BELL	电铃
6	BNC	电气节点
7	BRIDGE	整流桥
8	BUFFER	缓冲器

续表

序　号	英文名称	中文名称
9	BUZZER	蜂鸣器
10	CAP	无极性电容
11	CAPACITOR	有极性电容
12	CAPACITOR FEED	穿心电容
13	CAPACITOR POL	电解电容
14	CAPVAR	可调电容
15	CON	连接器
16	CRYSTAL	晶振
17	DB9	串口
18	DIODE	普通二极管
19	DIODE VARACTOR	变容二极管
20	DPY	数码管
21	ELECTOR	电解电容
22	FUSE	保险丝
23	LED	发光二极管
24	LAMP	指示灯
25	MICROPHONE	麦克风
26	NPN	NPN 型三极管
27	PNP	PNP 型三极管
28	PHONEJACK	耳机插座
29	PHOTO	光电二极管
30	RES	电阻
31	RESPACK	排阻
32	SPEAKER	扬声器
33	SW-DIP	多位开关
34	SCR	晶闸管
35	TRAN	变压器
36	TRIAC	三端双向交流开关

3.3 编辑元件属性

32

编辑元件属性的步骤如下（以电容为例）。

（1）将鼠标指针放在所要编辑的元件上，按键盘上的 Page Up 键，将电路图放大到能够将所要编辑的元件看清楚为止，如图 3-7 所示。

（2）双击电容图形符号，弹出如图 3-8 所示的设置电容属性对话框。

（3）在属性对话框中，将电容的名称（Designator）改为"C1"，将电容的值（Part）改为"0.01u"，如图 3-9 所示。修改完成后，单击"OK"按钮即可。

图 3-7　放大电路图

图 3-8　设置电容属性对话框

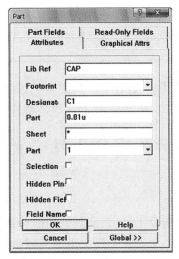

图 3-9　修改电容属性对话框

当单击的同时按 PageUp 或 PageDown 键时,电路图以鼠标指针为中心放大或缩小。

 ## 3.4　元件位置的调整

元件摆放在原理图上之后,需要采用一些方法将这些元件的位置进行调整,使它们布局合理,连线简单。

3.4.1　选取元件

元件的选取有很多方法,下面主要介绍三种。

方法1　　直接在原理图的图纸上拖出一个矩形框,框内的元件就全部被选中。

具体的方法为,在图纸的合适位置按住鼠标左键,鼠标指针变成十字形,如图 3-10 所示;拖动鼠标指针到适当的位置,松开鼠标左键,即可将矩形区域内所有的元件选中,如图 3-11所示。

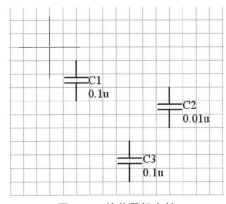

图 3-10　按住鼠标左键

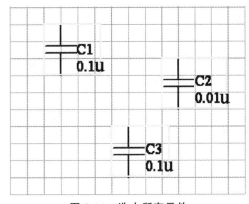

图 3-11　选中所有元件

注意：整个拖动鼠标指针的过程中，不可将鼠标左键松开，鼠标指针一直是十字形。

方法 2　通过主工具栏中的区域选取工具实现。在主工具栏里有三个选取工具，即区域选取工具、取消选取工具和移动被选元件工具，如图 3-12 所示。

区域选取　　　取消选取　　　移动被选元件

图 3-12　主工具栏中的区域选取工具

（1）区域选取工具：该工具的功能是选中区域里的元件，与前面介绍的方法 1 基本相同，唯一的区别是，单击主工具栏里的区域选取图标后，鼠标指针从开始就一直是十字形。

（2）取消选取工具：该工具的功能是取消图纸上所有的被选元件，单击该图标后，图纸上所有的被选对象全部取消被选状态，黄色框消失。

（3）移动被选元件工具：该工具的功能是移动图纸上被选取的元件，单击该图标后，鼠标指针变成十字形，单击任何一个带黄色框的被选中对象，移动鼠标指针，图纸上所有被选中的元件将随鼠标指针一起移动。

方法 3　在菜单中有几个关于选取的命令，如图 3-13 所示，这些命令可以实现对元件的选取。

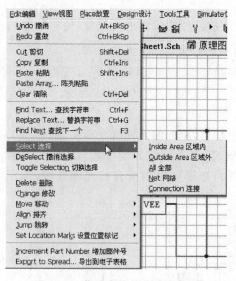

图 3-13　菜单中的相关选取命令

（1）Inside Area 区域内：区域内选取命令，用于选取区域内的元件，等同于主工具栏里的区域选取工具。

（2）Outside Area 区域外：区域外选取命令，用于选取区域外的元件，与"Inside Area"命令正好相反。

（3）All 全部：选取全部元件命令，用于选取图纸内的所有元件。

（4）Net 网络：选取网络命令，用于选取指定网络。使用这一命令，只要属于同一个网络名称的导线，不管在电路图上是否有连接线，都属于同一网络，都会被选中。启动该命令后，鼠标指针变成十字形，在某一导线上单击，不仅将该导线和与该导线连接的所有导线选中，而且和该导线具有相同网络名称的导线也一并被选中。

（5）Connection 连接：连接选取命令，用于选取指定连接的导线。使用这一命令，鼠标指针变成十字形，在某一导线上单击，便将该导线及与该导线相互连接的导线都被选中。

3.4.2　剪贴元件

剪贴元件包括元件的复制、剪切和粘贴操作。在主工具栏中有两个与剪贴相关的图标，如图 3-14 所示。

剪切　粘贴

图 3-14　主工具栏中的剪切相关图标

剪贴命令集中在"Edit 编辑"菜单中,如图 3-15 所示。

(1)"Cut 剪切"命令:该命令可以将选取的元件直接移入剪贴板中,同时电路图上选取的元件被删除。

(2)"Copy 复制"命令:该命令可以将选取的元件作为副本,放入剪贴板中。

(3)"Paste 粘贴"命令:该命令可以将剪贴板里的内容作为副本,放入电路图中。

3.4.3　删除元件

图 3-15 所示的"Edit 编辑"菜单中有两个删除命令,即"Clear 清除"和"Delete 删除"。

(1)"Clear 清除"命令:其功能是删除已选取的元件。因此,使用"Clear 清除"命令之前需要选取元件,使用"Clear 清除"命令后已选取的元件立即被删除。同时按 Ctrl＋Delete 快捷键也可以实现"Clear 清除"功能。

(2)"Delete 删除"命令:其功能是删除元件。启动"Delete 删除"命令后,鼠标指针变成十字形,将鼠标指针移到所要删除的元件上,然后单击,即可删除该元件。

图 3-15　"Edit 编辑"菜单中的剪切相关命令

3.4.4　排列和对齐元件

在使用排列和对齐命令之前,首先要选择需要排列和对齐的元件。选择"Edit 编辑"→"Align 排齐"→"Align Left 左排齐"命令,如图 3-16 所示。

(1)Align...排齐:选择该命令,弹出元件对齐设置对话框。

(2)Align Left 左排齐:将选取的元件与最左边的元件对齐。

(3)Align Right 右排齐:将选取的元件与最右边的元件对齐。

(4)Center Horizontal 水平对中:将选取的元件与最左边和最右边元件的中间位置对齐。

(5)Distribute Horizontally 水平均布:将选取的元件在最左边和最右边之间等间距放置。

(6)Align Top 顶端对齐:将选取的元件与最上面的元件对齐。

(7)Align Bottom 底部对齐:将选取的元件与最下面的元件对齐。

(8)Center Vertical 垂直对中:将选取的元件与最上面元件和最下面元件的中间位置对齐。

(9)Distribute Vertically 垂直均布:将选取的元件在最上面元件和最下面元件之间等间距放置。

| Edit编辑 | View视图 | Place放置 | Design设计 | Tools工具 | Simulate仿真 | Reports报告 | Window窗口 | Help帮助 |

Undo 撤消　　　　　　Alt+BkSp
Redo 重做　　　　　　Ctrl+BkSp

Cut 剪切　　　　　　Shift+Del
Copy 复制　　　　　　Ctrl+Ins
Paste 粘贴　　　　　Shift+Ins
Paste Array... 阵列粘贴
Clear 清除　　　　　　Ctrl+Del

Find Text... 查找字符串　　Ctrl+F
Replace Text... 替换字符串　Ctrl+G
Find Next 查找下一个　　F3

Select 选择
DeSelect 撤消选择
Toggle Selection 切换选择

Delete 删除
Change 修改
Move 移动
Align 排齐
Jump 跳转
Set Location Marks 设置位置标记

Increment Part Number 增加部件号
Export to Spread... 导出到电子表格

Find

Sheet1.Sch

Align... 排齐
Align Left 左排齐　　　　Ctrl+L
Align Right 右排齐　　　　Ctrl+R
Center Horizontal 水平对中　Ctrl+H
Distribute Horizontally 水平均布 Ctrl+Shift+H
Align Top 顶端对齐　　　Ctrl+T
Align Bottom 底部对齐　　Ctrl+B
Center Vertical 垂直对中　　Ctrl+V
Distribute Vertically 垂直均布 Ctrl+Shift+V

图 3-16　选择"Align Left 左排齐"命令

3.4.5　实例 3-1——排列和对齐元件

将排列比较分散的五个电容，以最左边的电容为参照物，排成一列，分别设置它们的属性。电容的名称（Designator）为 C1~C5，电容的值（Part）均为"0.01u"。

该实例的最终结果如图 3-17 所示。

操作步骤

（1）从元件库面板中，直接在查找框 Filter□ 中输入"CAP"，可以查找到电容的元件符号，双击该符号可以将电容放在原理图上，单击四次，可以放置另外四个电容，然后右击，可以取消元件的放置。

（2）将鼠标指针放在所要编辑的元件上，按 Page Up 键将电路图放大，直到能够看清楚所要编辑的元件为止，如图 3-18 所示。

（3）双击电容图标，将弹出如图 3-19 所示的设置电容属性对话框。

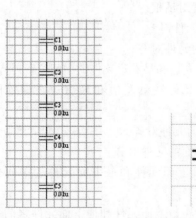

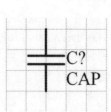

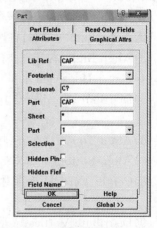

图 3-17　排齐元件示例　　　图 3-18　放大所要编辑的元件　　　图 3-19　设置电容属性对话框

(4)在属性对话框中,将电容的名称(Designator)改为 C1,将电容的值(Part)改为 0.01u,如图 3-20 所示。修改完成后,单击"OK"按钮即可。

(5)同理,可以完成其余四个电容属性的设置,设置后的电容如图 3-21 所示。

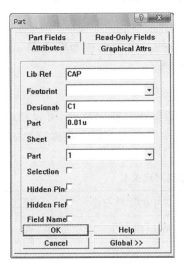

图 3-20 设置电容属性对话框

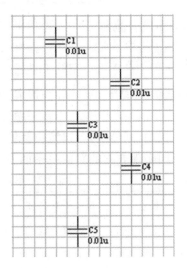

图 3-21 设置四个电容的属性

(6)将五个电容选中,选择"Edit 编辑"→"Align 排齐"→"Align Left 左排齐"命令,则开始比较分散的五个电容,以最左边的电容为参照物,排成一列,结果如图 3-17 所示。

 ## 3.5 元件的基本布局

电路原理图设计是整个电路设计的基础,电路原路图设计步骤中的一个重要环节就是对元件进行合理的布局,从而使得整个原理图显得简单、美观,同时便于查看原理图。

在整个元件布局中,应该遵循的一些规则如下。

(1)分布上尽量均匀。

(2)连线要精简,尽可能短,尽量少拐弯,力求线条简单明了。

(3)为了简化电路,可用总线来代表数条并行线。

(4)当连接线路较长,或线路比较复杂而使得走线比较困难时,可利用放置同样的网络标号代替实际的走线来简化电路。

(5)文字要求清楚,不应相互覆盖。

 ## 3.6 布线工具的使用

元件放置好以后,如何使用布线工具栏中的一些电气图形符号将它们组织和连接起来,使元件之间具有一定的电气连接关系,这将是本节主要讲述的内容。

3.6.1 布线工具栏

布线工具栏有 12 种绘制电路原理图的布线工具,同时 Protel 99 SE 提供了三种方法使用这 12 种布线工具绘制电路原理图。

1）布线工具栏图标

选择"View 视图"→"Toolbar 工具条"→"Wiring Tools 连线工具条"命令，打开布线工具栏，如图 3-22 所示。可以直接单击布线工具栏中的各种图标来选择合适的布线工具。

图 3-22　布线工具栏

2）菜单命令

选择"Place 放置"菜单的各命令选择布线工具，这些命令与布线工具栏的各种图标相对应。

3）快捷键

对于布线工具栏各种图标所对应的功能，可以利用快捷键的方式实现。例如，画导线，可以按快捷键 Alt＋P＋W，在原理图上将出现画导线的工具。

三种不同实现方式的对应关系如表 3-2 所示。

表 3-2　电路图三种布线方式对应关系

布线工具图标	布线工具名称	Place 放置中的菜单命令	键盘快捷键
≋	放置导线	Wire 线	Alt＋P＋W
⊤	放置总线	Bus 总线	Alt＋P＋B
⊩	放置总线分支线	Bus Entry 总线入口	Alt＋P＋U
Net1	放置网络名称	Net Label 网络标号	Alt＋P＋N
⏚	放置电源接地符号	Power Port 电源端口	Alt＋P＋O
⊅	放置元件	Part 元件	Alt＋P＋P
▭	放置电路方框图	Sheet Symbol 图纸符号	Alt＋P＋S
▷	放置方框图 I/O 接口	Sheet Entry 图纸入口	Alt＋P＋A
D1▷	放置 I/O 端口	Port 端口	Alt＋P＋R
⊤	放置节点	Junction 节点	Alt＋P＋J
✗	放置各种测试点	Directives/NO ERC 不做 ERC	Alt＋P＋I＋N
🄿	放置 PCB 布线指示	Directives/PCB Layout PCB 设计	Alt＋P＋I＋Enter

3.6.2　画导线

选择"Place 放置"→"Wire 线"命令，可以在电路图上绘制普通导线，它能将各个元件的引脚连接起来，并且该导线具有电气连接意义。

绘制导线有以下三种方法。

（1）选择"Place 放置"→"Wire 线"命令。

（2）单击"Wring Tools"工具栏的 ≋ 图标。

（3）使用快捷键 Alt＋P＋W。

设置导线属性对话框如图 3-23 所示。

（1）Wire(线宽)：线宽选项可对导线的宽度进行设置，单击打开下拉列表，列表中包含了四个选项：最小（Smallest），小（Small），中（Medium），大（Large），设计者根据自己的需求选择。

图 3-23　设置导线属性对话框

（2）Color（颜色）：颜色选项可对导线的颜色进行设置。单击该选项右边的色块，就会弹出提供 238 种预设颜色的色板。用户根据设计要求从其中选择所需的颜色，单击"OK"按钮，即可完成导线颜色的设计，也可以自定义颜色。

（3）Selection（选中）：选中功能是在绘制完导线后，设置该导线是否处于被选择状态。如果选中该复选框，那么绘制完导线后，该导线处于被选择状态，表现为黄色。

3.6.3　画总线、总线分支线

总线常常用于绘制连接元件的数据总线或地址总线，利用总线进行连线不仅可以减少图形中的导线，而且可以简化原理图，使之清晰直观。在原理图中，总线和总线分支线并没有任何的电气意义，只是为了符合人们绘图习惯才这样绘制。也就是说，总线不具有电气性质，必须由总线分支线与元件连接导线上的网络标号（Net Lab）来表示电气意义上的连接。

绘制总线有以下 3 种方法。

（1）选择"Place 放置"→"Bus 总线"命令。

（2）单击"Wring Tools"工具栏上的 ![icon] 图标。

（3）使用快捷键 Alt＋P＋B。

3.6.4　实例 3-2——绘制总线和总线分支线

在原理图中放置总线和总线分支线。该实例的最终结果如图 3-24 所示。

操作步骤

（1）在原理图上放置一个排电阻和一个 LED，如图 3-25 所示。左边是排电阻，右边是 LED。通常在电路设计中 LED 的管脚上要上拉一个电阻，采用总线的方式将排电阻与 LED 的管脚连接起来，并修改它们的元件名称和元件序号。

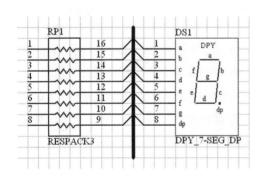

图 3-24　绘制总线和总线分支线

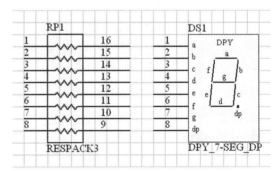

图 3-25　在原理图上放置元件

（2）选择放置总线命令，鼠标指针会变成十字形，并附带着一个跟随移动的实心点。移动鼠标指针到合适的位置，然后单击以确定总线的起点。

（3）确定总线的起点后，移动鼠标指针开始绘制总线。将鼠标指针拖动到合适的位置，单击确定该总线的终点或总线的转折点。

（4）右击或按 Esc 键，完成当前总线的绘制。此时右击或按 Esc 键，即可退出绘制导线的命令状态，这时十字形鼠标指针消失，结果如图 3-26 所示。

图 3-26　绘制总线　　　　　　　　　图 3-27　"Bus"对话框

（5）如果需要对绘制的总线属性进行修改，可以双击该总线，弹出如图 3-27 所示的"Bus"对话框。在这里可对总线的宽度、颜色等参数进行设置，其设置方法与导线的相似。

（6）总线与导线之间需要通过总线分支线来连接。单击绘制总线分支线图标 ↖，出现一条总线分支线随着鼠标指针移动。在该状态下按空格键，修改总线分支线的方向，每按一次空格键总线分支线逆时针旋转 90°。

（7）将鼠标指针移动到合适的位置，单击，放置总线分支线，如图 3-28 所示。

（8）总线分支线放置完毕后，右击或按 Esc 键，即可退出总线分支线绘制命令状态，这时十字形鼠标指针消失，最终结果如图 3-24 所示。

（9）如果需要对绘制的总线分支线的属性进行修改，则可以双击该总线分支线，弹出如图 3-29 所示的设置总线分支线属性对话框。

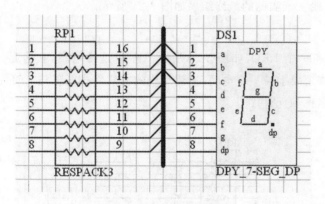

图 3-28　绘制总线分支线　　　　　图 3-29　设置总线分支线属性对话框

在总线分支线属性对话框中，宽度、颜色等属性的设置方法与导线的设置方法一样，下面对其他一些选项说明如下。

- X1-Location：X1 位置，设置总线分支线起点的 X 轴的坐标值。
- Y1-Location：Y1 位置，设置总线分支线起点的 Y 轴的坐标值。
- X2-Location：X2 位置，设置总线分支线终点的 X 轴的坐标值。
- Y2-Location：Y2 位置，设置总线分支线终点的 Y 轴的坐标值。

3.6.5　网络标号

除了采用布线工具的导线连接元件外，还可以采用放置网络标号，来使元件之间具有电气连接。网络标号具有实际的电气意义，放置同样网络标号的元件管脚，代表它们之间具有电气连接。

网络标号主要使用在以下场合。

(1)简化电路图:当连接线路比较长或线路比较复杂而使得走线较困难时,如果采用放置导线的方法来连接两管脚,就会严重影响整个电路的效果。这时,可利用放置同样的网络标号代替实际的走线。

(2)层次电路或者多重式电路各个模块之间的连接。

3.6.6 实例 3-3——放置网络标号

在原理图中放置网络标号,通过网络标号将排电阻与 LED 对应的管脚连接起来。该实例的最终结果如图 3-30 所示。

操作步骤

(1)在放置网络标号之前,将排电阻和 LED 管脚通过绘制导线的方式延长。

(2)通过下列方法之一放置网络标号。

● 选择"Place 放置"→"Net 网络标号"命令。

● 单击"Wring Tools"工具栏的 图标。

● 使用快捷键 Alt+P+N。

(3)选择"Net 网络标号"命令,鼠标指针会变成十字形,并同时出现一个随着鼠标指针移动的虚线方框,如图 3-31 所示,这是网络标号边缘的虚线框,其长度是按照读者上一次使用的字符串的长度来确定的。

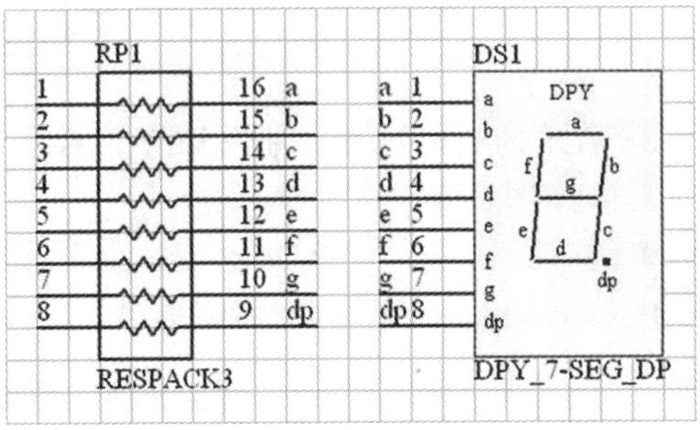

图 3-30　用网络标号来连接元件的管脚 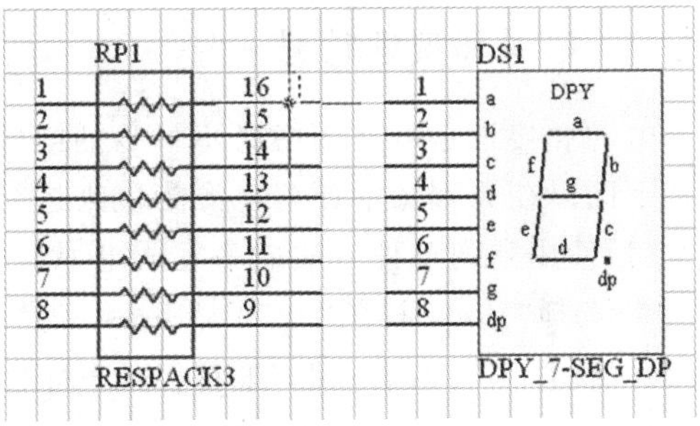　　　图 3-31　放置网络标号

(4)按 Tab 键,弹出如图 3-32 所示的设置网络标号属性对话框。

网络标号属性对话框各个选项的功能说明如下。

● Net(网络):设置网络标号的名称。

● X-Location(X 向位置):设置网络标号放置的 X 轴的坐标值。

● Y-Location(Y 向位置):设置网络标号放置的 Y 轴的坐标值。

● Orientation(方向):设置网络标号的方向。单击打开下拉列表,在四个选项中选择合适的角度。一般情况下,不在对话框中对网络标号的角度进行设置,而是在放置网络标号的状态下,按空格键来旋转标号,以选择合适的位置。

● Color(颜色):设置网络标号的颜色。

● Font(字体):设置网络标号的字体。单击"Change"按钮,在弹出的"字体"对话框中对字体进行选择,如图 3-33 所示。

图 3-32　设置网络标号
属性对话框

图 3-33 "字体"对话框

● Selection（选择）：设置网络标号是否处于被选择状态。

（5）设置完成后，单击"确定"按钮，移动鼠标在合适的位置放置网络标号。

（6）放置一个网络标号后，该命令并没有结束，用户可以接着放置网络标号。每放置一个网络标号时，按一下键盘上的 Tab 键，就可以快速打开如图 3-32 所示的设置网络标号属性对话框，对网络标号的名称进行修改，请读者用同样的方法放置其余的网络标号。

（7）右击或按 Esc 键，结束放置网络标号，最后的结果如图 3-30 所示。

3.6.7 电源和接地符号

电源和接地是电路图中必不可少的组件，图 3-34 所示的为电源和接地符号的工具栏。下面以在原理图中放置电源为例来进行介绍，具体操作步骤如下。

（1）使用下列三种方法之一完成电源符号的放置。

● 选择"View 视图"→"Toolbars 工具条"→"Power Objects 电源实体"命令。

● 单击"Wiring Tools"工具栏的 ⏚ 图标。

● 使用快捷键 Alt＋P＋O。

（2）单击布线工具栏上的 ⏚ 图标，出现一个随十字形鼠标指针移动的符号，在该命令状态下，按一下 Tab 键，弹出如图 3-35 所示的设置电源端口属性对话框，在 Net 一栏中输入 VCC。

图 3-34 电源和接地符号工具栏   图 3-35 设置电源端口属性对话框

电源端口属性对话框中的各项功能说明如下。

● Net(网络):设置网络标号的名称,用来表示所放置对象(电源或者接地)的电气连接关系。

● Style(样式):单击样式右侧的下拉列表,共有七个选项,包括 Circle(圆圈)、Arrow(箭头)、Bar(横条)、Wave(波形)、Power Ground(电源地)、Signal Ground(信号地)、Earth(接地)等。

● X-Location(X 向位置):设置对象放置的 X 轴的坐标值,一般不设置。

● Y-Location(Y 向位置):设置对象放置的 Y 轴的坐标值,一般不设置。

● Orientation(方向):设置网络标号的方向。单击下拉列表,在四个选项中选择合适的角度。一般情况下,不在对话框中对网络标号的角度进行设置,而是在放置网络标号的状态下,按空格键旋转它来设置网络标号的方向。

● Color(颜色):对网络标号的颜色进行选择。

● Selection(选中):设置电源或接地符号是否处于被选择状态。

(3)确定电源的属性后,单击"OK"按钮,然后关闭属性对话框。此时,对象随着十字形鼠标指针移动,在合适的位置单击,就完成了一个电源符号的放置。如果还需要放置相同属性的电源符号,则继续单击。如果需要放置不同属性的电源符号,则按 Tab 键,在弹出的电源属性对话框中对其属性进行修改。

(4)放置完电源符号后,右击或按 Esc 键退出。

(5)运用同样的方法放置接地符号,最终原理图如图 3-36 所示。

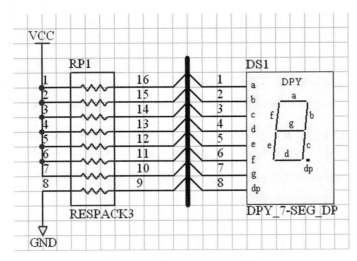

图 3-36 放置电源和接地符号

补充说明:电源和接地符号最重要的属性是网络名称,而与其符号的样式和外观没有关系。

3.6.8 放置电路方块图及其 I/O 接口

电路方块图是层次电路设计中必不可少的组件,电路方块图就是设计者通过组合简单的元件构造的一个复杂元件。这样在当前的电路中它就相当于一个元件,它有自己的引脚、元件名、元件描述等。而方块图的 I/O 接口就是这个复杂元件的引脚。对于内部结构,普通用户很少去关注。

运行电路方块图命令有以下几种方法。

● 直接单击绘图工具栏的 █ 图标。

● 在原理图设置系统下选择"Place 放置"→"Sheet Symbol 图纸符号"命令。

● 使用快捷键 Alt＋P＋S。

运行电路方块图 I/O 接口命令有以下几种方法。

● 直接单击绘图工具栏的 ▷ 图标。

● 在原理图设置系统下选择"Place 放置"→"Sheet Entry 图纸入口"命令。

● 使用快捷键 Alt＋P＋A。

一般来讲,绘制电路方块图、放置方框图 I/O 接口的具体操作步骤如下。

(1)用上述三种方法之一运行绘制电路方块图命令。

(2)运行该命令后,鼠标指针变成如图 3-37 所示的形状。在该命令的状态下,按 Tab 键,弹出如图 3-38 所示的设置电路方框图属性对话框,属性对话框的各项说明如下。

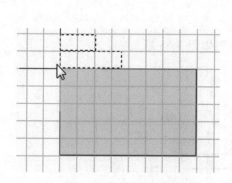

图 3-37　放置电路方框图

图 3-38　设置电路方框图属性对话框

● X-Location(X 向位置):设置电路方框图的左下方 X 轴的坐标值,一般不设置。

● Y-Location(Y 向位置):设置电路方框图的左下方 Y 轴的坐标值,一般不设置。

● X-Size(X 向尺寸):设置电路方框图的宽度。

● Y-Size(Y 向尺寸):设置电路方框图的高度。

● Border Width(边界宽度):设计电路方框图的边界宽度,该软件为用户提供四种宽度,包括最好、小、中、大。

● Border Color(边界颜色):对电路方框图的边界颜色进行设置。

● Fill Color(填充颜色):对电路方框图填充颜色进行设置。

● File name(文件名称):电路方框图文件的名字。

● Name(名称):电路方框图的名字。

(3)确定电路方框图的属性后,单击"OK"按钮,关闭属性对话框,鼠标指针变成十字形。

(4)移动鼠标指针到合适位置,单击,即可确定电路方框图的左上方顶点,将鼠标指针往右下方拖动,确定一个矩形区域后,再次单击,确定右下方顶点。

(5)放置完所有的电路方框图后,右击或按 Esc 键退出。

(6)用上述三种方法之一运行绘制电路方块图 I/O 接口命令。

(7)运行该命令后,在该命令的状态下,在长方形区域中单击,再按 Tab 键,弹出如图3-39所示的设置电路方块图 I/O 接口属性对话框,对电路方块图 I/O 接口的属性进行设置,属性对话框的各项说明如下。

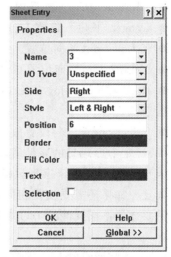

图 3-39 设置电路方块图 I/O 接口属性对话框

● Name(名称):设置端口名称。

● I/O Type:设置端口类型,包括未指定、输入、输出、双向四种。

● Side(边):设置当前 I/O 放置的方位,包括左、右、顶、底。

● Style(格式):设置当前 I/O 接口的图示类型。单击下拉列表框,在列表框中选择合适的格式。

● Border Width(边界宽度):设计电路方框图 I/O 接口的边界宽度,该软件为用户提供四种宽度,包括最好、小、中、大。

● Border(边界颜色):对电路方框图 I/O 接口的边界颜色进行设置。

● Fill Color(填充颜色):对电路方框图 I/O 接口填充颜色进行设置。

● Text(文本颜色):对电路方框图 I/O 接口文本颜色进行设置。

(8)确定电路方框图的属性后,单击"OK"按钮,关闭属性对话框,鼠标指针变成十字形。

(9)移动鼠标指针到合适位置,单击,即可确定电路方框图 I/O 接口位置。

(10)放置完所有的电路方框图后,右击或按 Esc 键退出。

3.6.9 放置 I/O 端口

放置 I/O 端口功能可以实现两个网络的连接,它与前面所述的网络标号一样,具有相同名字的 I/O 端口,它们在电气意义上是连接的。

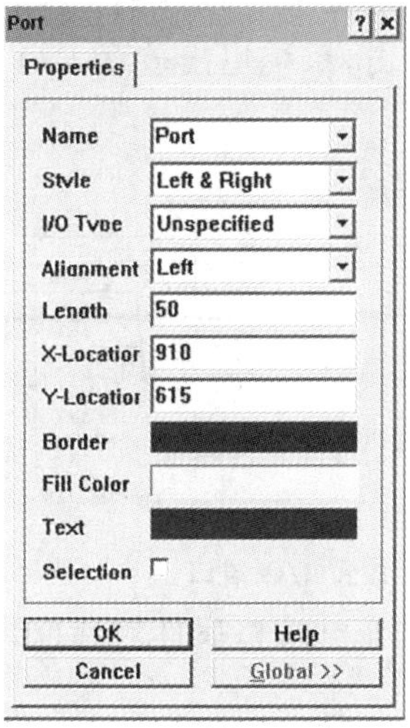

放置 I/O 端口的具体操作步骤如下。

(1)使用下列三种方法之一运行放置 I/O 端口命令。

● 选择"Place 放置"→"Port 端口"命令。

● 单击"Wring Tools"工具栏的 图标。

● 使用快捷键 Alt+P+R。

(2)运行放置 I/O 端口命令后,鼠标指针变成十字形状。此时按 Tab 键,将弹出如图 3-40 所示的 I/O 端口属性对话框,对 I/O 端口的属性按要求进行设置。

图 3-40 设置 I/O 端口属性对话框

I/O 端口属性对话框的各项说明如下。

● Name(名称):设置 I/O 端口的名称,具有相同名称的 I/O 端口表示电气上相连接。

● Style(格式):共有八种类型,可在下拉列表中选择。

● I/O Type(I/O 类型):设置端口的电气特性,为电气规则测试提供一些依据,包括未指定、输入、输出、双向四种。

- Alignment(对齐)：设置 I/O 端口名称的位置，包括靠左、居中、靠右三种。
- Length(长度)：设置 I/O 端口的长度。
- X-Location(X 向位置)：设置 I/O 端口放置的 X 轴的坐标值，一般不设置。
- Y-Location(Y 向位置)：设置 I/O 端口放置的 Y 轴的坐标值，一般不设置。
- Border/Fill Color/Text(边界/填充颜色/文本)：对 I/O 端口的边界、填充、文本的颜色进行选择。
- Selection(选中)：设置放置完成后的 I/O 端口是否处于被选择状态。

(3)确定 I/O 端口的属性后，单击"OK"按钮，关闭属性对话框。

(4)I/O 端口随着十字形鼠标指针移动，在合适的位置，单击，这样就完成了一个 I/O 端口的放置。如果还需要放置相同属性的 I/O 端口，则继续在原理图所需要的位置上单击。如果需要放置不同属性的 I/O 端口，则按 Tab 键，在 I/O 端口属性对话框中对其属性进行修改。

(5)放置完所有的 I/O 端口之后，右击或按 Esc 键退出。

3.6.10　实例 3-4——放置 I/O 端口

在原理图中放置 I/O 端口，通过放置相同名称的 I/O 端口，可将电路图中排电阻与 LED 对应的管脚连接起来。

该实例的最终结果如图 3-41 所示。

操作步骤

(1)在原理图上放置好排电阻和 LED。

(2)通过下列方法之一运行放置 I/O 端口命令。

- 选择"Place 放置"→"Port 端口"命令。
- 单击"Wring Tools"工具栏的 图标。
- 使用快捷键 Alt＋P＋R。

(3)运行 I/O 端口命令，鼠标指针会变成十字形，并且有黄色菱形的 I/O 端口跟随，如图 3-42 所示。将鼠标指针移动到与导线产生电气连接的位置，单击，定位 I/O 端口的一端，移动鼠标指针到合适的位置，单击，则完成当前 I/O 端口的放置。右击，系统退出放置 I/O 端口的状态。

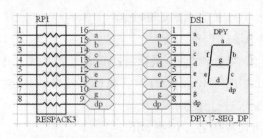
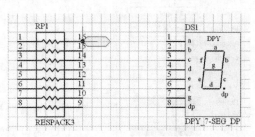

图 3-41　用 I/O 端口来连接元件的管脚　　　图 3-42　放置 I/O 端口

(4)双击放置完成后的 I/O 端口，将弹出如图 3-43 所示的设置 I/O 端口属性对话框，在里面设置端口的属性，设置完成后单击"OK"按钮。

(5)运用同样的方法放置和设置其他的 I/O 端口，如图 3-44 所示，最终所有的 I/O 端口放置完成后如图 3-41 所示。

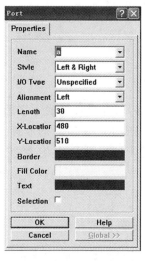

图 3-43　设置 I/O 端口属性对话框

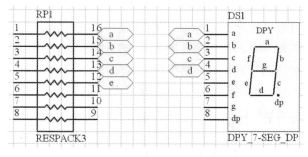

图 3-44　放置其他的 I/O 端口

3.6.11　放置节点

电路节点表示两条导线相交时的状况。在电路原理图中,两条相交的导线,如果有节点,则认为两条导线在电气上是相连的;若没有节点,则其在电气上不相连。

放置节点的具体操作的步骤如下。

(1)使用下列三种方法之一运行放置节点命令。

● 选择"Place 放置"→"Junction 节点"命令。

● 单击"Wring Tools"工具栏的 图标。

● 使用快捷键 Alt+P+J。

(2)运行放置节点命令后,鼠标指针如图 3-45 所示。在该命令的状态下,按 Tab 键,弹出如图 3-46 所示的设置节点属性对话框,对节点的属性按要求进行设置。

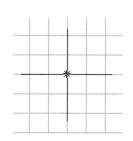

图 3-45　鼠标指针

图 3-46　设置节点属性对话框

节点属性对话框的各项说明如下。

● X-Location(X 向位置):设置节点放置的 X 轴坐标值,一般不设置。

● Y-Location(Y 向位置):设置节点放置的 Y 轴坐标值,一般不设置。

● Size：设置节点大小。共有四个选项，即 Smallest、Small、Medium 和 Large，分别对应最细、细、中和粗节点。

● Color（颜色）：设置节点的颜色。

● Selection（选中）：设置放置完成后的节点是否处于被选择状态。

● Locked（锁定）：是否锁定节点。

（3）确定节点的属性后，单击"OK"按钮，关闭属性对话框，鼠标指针变成十字形。此时，节点随着十字形鼠标指针移动，在合适的位置单击，这样就完成了一个节点的放置。如果还需要放置其他相同属性的节点，则继续单击。如果需要放置不同属性的节点，则按 Tab 键，在弹出的节点属性对话框中对其属性进行修改。

（4）放置完节点后，右击或按 Esc 键退出。

3.6.12　实例 3-5——放置元件、绘制导线、总线、总线端口

在原理图中放置两片 74LS245 和一片 74LS04，然后将元件用导线或总线的方式连接，绘制简单的电路图（提示：芯片 74LS245 和 74LS04 在文件 Sim.ddb 的 74xx.lib 中）。

该实例的最终结果如图 3-47 所示。

操作步骤

（1）双击桌面上 Protel 99 SE 的快捷图标，进入 Protel 99 SE 开发环境，新建一个设计数据库和原理图文件，将它们的文件名修改为"实例 3-5.ddb"，如图 3-48 所示，双击该文件，进入原理图编辑环境。

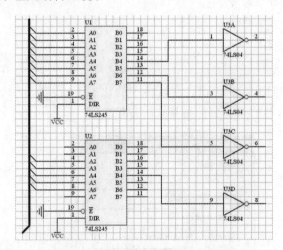

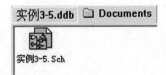

图 3-47　用导线或总线的方式连接　　　　图 3-48　新建设计数据库和原理图文件

（2）在原理图编辑界面中，单击"Browse Sch"选项卡，首先添加"Sim.ddb"，然后在其元件库列表中选择"74xx.lib"库文件，在 Filte□ 中输入"74LS245"，按一下回车键，系统将自动搜索 74LS245，并将搜索的结果显示在元件列表框中，如图 3-49 所示。

（3）双击 74LS245 元件或单击"Place 放置"按钮，这时元件 74LS245 将跟随鼠标指针移动，如图 3-50 所示。单击，将元件放置到合适的位置，此时鼠标指针仍处于放置该元件的状态。当需要放置多个同样的元件时，只需要单击多次。同时，在放置元件前，按 Tab 键，可以打开 74LS245 属性对话框，在图 3-51 所示的属性对话框中设置 74LS245 的属性。放置两个 74LS245 芯片后，单击"OK"按钮，这时原理图中放置了两个 74LS245。右击或按 Esc 键退出放置元件的状态。

图 3-49 搜索元件

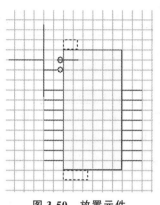

图 3-50 放置元件

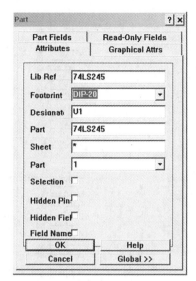

图 3-51 设置 74LS245 的属性

（4）重复上述操作，在原理图中放置四个 74LS04 元件，双击 74LS04 元件，打开其属性对话框，并将第一个元件属性按图 3-52 所示进行设置。双击其余的三个 74LS04 元件，分别将属性对话框中的"Part"部件选为 2、3、4。放置完元件后，电路原理图如图 3-53 所示。

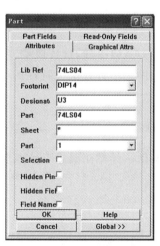

图3-52 设置 74LS04 的属性对话框

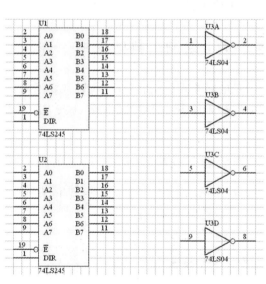

图 3-53 元件摆放完成

（5）连接原理图。选择"Place 放置"→"Wire 线"命令。执行该命令后，鼠标指针变成十字形，移动鼠标指针到 U1 的 14 管脚处，单击，开始绘制导线。移动鼠标指针，将 U1 的 14 脚与 U3 的 1 管脚连接起来，重复同样的操作，如图 3-54 所示。

（6）选择"Place 放置"→"Bus 总线"命令，鼠标指针变成十字形。移动鼠标指针到合适的位置，单击，开始绘制总线，绘制完总线后右击或按 Esc 键退出绘制总线状态。

（7）选择"Place 放置"→"Bus Entry 总线分支"命令。执行该命令后，出现随鼠标指针移动的总线分支线。在该命令状态下按空格键，修改总线分支线的方向，每按一次空格键，它将逆时针旋转 90°。调整总线分支线的方向后，将鼠标指针移动到合适的位置，单

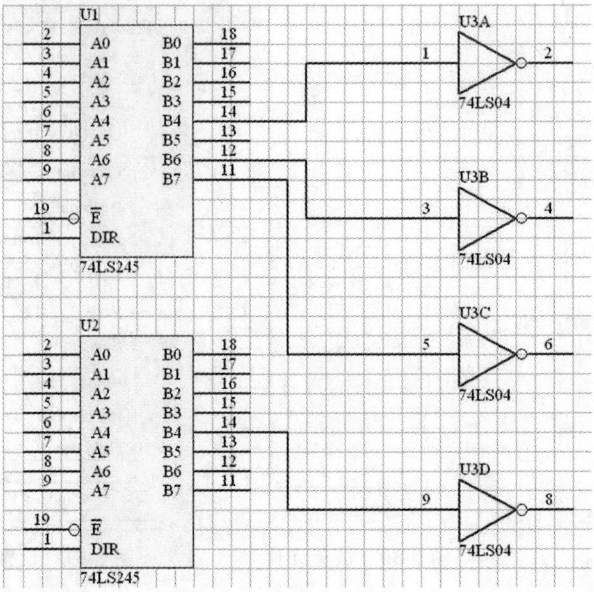

图 3-54　连接导线

击，放置完总线及总线分支线后，右击或按 Esc 键退出命令状态，这时十字形鼠标指针消失。按照绘制导线的方法，将总线分支线与 U1、U2 对应的管脚连接起来，最终的原理图如图 3-41 所示。

3.7　绘图工具的使用

一张电路原理图绘制完成后，通常要添加一些说明性的文字和图形，这样既美观，又可以增加电路原理图的可读性。Protel 99 SE 为电路原理图提供了不具有电气特性的绘图工具栏。

3.7.1　绘图工具栏

选择"View 视图"→"Toolbars 工具条"→"Drawing Toolbar 绘图工具条"命令，弹出如图 3-55 所示的绘图工具栏。

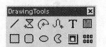

图 3-55　绘图工具栏

3.7.2　绘制直线

通过绘图工具栏绘制的直线，主要起标注的作用，它不具有电气特性。操作的具体步骤如下。

（1）使用下列方法之一运行绘制直线命令。

● 选择"Place 放置"→"Drawing Tools 绘图工具"→"Line 线"命令。

● 单击"Drawing Tools"工具栏的 ╱ 图标。

（2）运行绘制直线命令后，鼠标指针变成十字形，移动鼠标指针到合适的位置，单击，确定直线的起始点，再次单击，确定该直线的终点。右击或按 Esc 键退出。

（3）在放置直线前，按一下 Tab 键，弹出绘制直线属性对话框。各选项与 3.6.2 小节放置导线的类似，这里不再详细说明。

3.7.3　绘制多边形

绘制多边形命令可以绘制任意的多边形,它是通过顺序确定多边形的各个顶点来完成的。具体实现步骤如下。

(1)使用下列方法之一运行绘制多边形命令。

● 选择"Place 放置"→"Drawing Tools 绘图工具"→"Polygons 多边形"命令。

● 单击"Drawing Tools"工具栏的  图标。

(2)运行绘制多边形命令后,鼠标指针变成十字形,在放置多边形前,按一下 Tab 键,弹出如图 3-56 所示的绘制多边形属性对话框。设置完属性后,单击"OK"按钮,移动鼠标指针依次确定多边形的顶点,每确定一个顶点,多边形的形状就会发生变化。确定了多边形所有顶点之后,右击或按 Esc 键退出。

图 3-56　绘制多边形属性对话框

3.7.4　绘制圆弧和椭圆弧线

绘制圆弧命令可以绘制任意的圆弧,本节以绘制圆弧为例,讲解绘制圆弧的具体步骤。绘制椭圆弧线的方法与绘制圆弧的方法相同,这里就不再详细讲解。

(1)使用下列方法之一运行绘制圆弧命令。

● 选择"Place 放置"→"Drawing Tools 绘图工具"→"Arcs 圆弧"命令。

● 单击"Drawing Tools"工具栏的 图标。

(2)运行绘制圆弧命令后,鼠标指针变成十字形,并且有一条圆弧随着鼠标指针移动,鼠标指针位于该圆弧的圆心,如图 3-57 所示。在放置前,按一下 Tab 键,弹出绘制圆弧线属性对话框,如图 3-58 所示。属性设置完成后,单击"OK"按钮,完成圆弧的绘制。右击或按 Esc 键退出。属性对话框中各项含义如下。

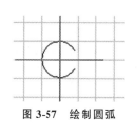

图 3-57　绘制圆弧

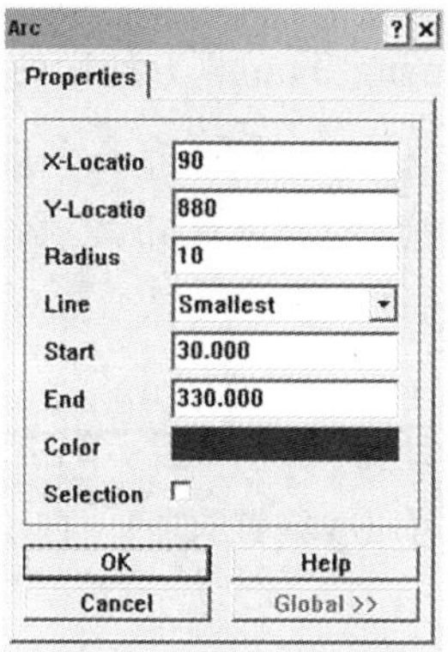

图 3-58　绘制圆弧线属性对话框

● X-Location(X 向位置):设置圆弧圆心 X 轴的坐标值,一般不设置。

● Y-Location(Y 向位置):设置圆弧圆心 Y 轴的坐标值,一般不设置。

● Radius(半径):设置圆弧的半径。

● Line(线宽):设置圆弧的线宽。

● Start(起始角):设置圆弧起始角的大小。

● End(终止角)：设置圆弧终止角的大小。

● Color(颜色)：设置圆弧的颜色。

● Selection(选中)：设置绘制完成后的圆弧是否处于被选择状态。

3.7.5 绘制贝塞尔曲线

贝塞尔曲线主要是通过若干个点进行拟合而得到的一条平滑曲线,绘制贝塞尔曲线的具体实现步骤如下。

(1)使用下列方法之一运行绘制贝塞尔曲线命令。

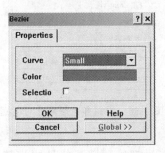

图3-59 设置贝塞尔曲线
属性对话框

● 选择"Place 放置"→"Drawing Tools 绘图工具"→"Bezier 贝塞尔曲线"命令。

● 单击"Drawing Tools"工具栏的图标。

(2)运行绘制贝塞尔曲线命令后,鼠标指针变成十字形。在放置贝塞尔曲线前,按一下 Tab 键,弹出绘制贝塞尔曲线属性对话框,如图 3-59 所示。在属性对话框中进行相应的设置,单击"OK"按钮,完成设置。

(3)单击,确定贝塞尔曲线的第一个基点,然后继续确定曲线的后续基点,每确定一个基点,就可以看到曲线弯度随之发生变化,当确定完所有的基点后,右击或按 Esc 键退出。

3.7.6 插入文字

通过绘图工具栏在原理图中插入文字,主要起标注的作用。其实现的具体步骤如下。

(1)使用下列方法之一运行插入文字命令。

● 选择"Place 放置"→"Annotation 注释"命令。

● 单击"Drawing Tools"工具栏的 T 图标。

(2)运行插入文字命令后,有一个虚线矩形框随着鼠标指针移动,在放置文字前,按一下 Tab 键,弹出如图 3-60 所示的设置文字注释属性对话框,在"Text"一栏中可以输入文字、数字、字符等。

(3)在所有属性修改完成后,单击"OK"按钮。移动鼠标指针到合适的位置,单击,放置文字。右击或按 Esc 键退出插入文字状态。

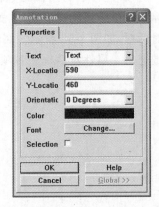

图 3-60 设置文字注释
属性对话框

3.7.7 插入文本框

通过绘图工具栏在原理图中插入文本框,主要起标注的作用,其实现的具体步骤如下。

(1)使用下列方法之一运行插入文本框命令。

● 选择"Place 放置"→"Text Frame 字符帧"命令。

● 单击"Drawing Tools"工具栏的 图标。

(2)运行插入文本框命令后,有一个虚线矩形框随着鼠标指针移动,在放置文本框前,按一下 Tab 键,弹出如图 3-61 所示的"Text Frame"属性对话框,单击 **Change...** 按钮,弹出如图 3-62 所示的"Edit TextFrame Text"对话框,在该对话框中可以输入文字、数字、字符等。

图 3-61 "Text Frame"属性对话框　　　图 3-62 "Edit TextFrame Text"对话框

(3)所有属性修改完成后,单击"OK"按钮。移动鼠标指针到合适的位置,单击,放置文本框。右击或按 Esc 键退出插入文本框状态。

3.7.8　绘制矩形和圆角矩形

四个角都是直角的矩形称为直角矩形,四个直角被替换成圆弧的矩形称为圆角矩形。绘制直角矩形和圆角矩形的方法相同,下面以绘制圆角矩形为例具体讲解,其实现步骤如下。

(1)使用下列方法之一运行绘制圆角矩形命令。

● 选择"Place 放置"→"Drawing Tools 绘图工具"→"Round Rectangle 圆角矩形"命令。

● 单击"Drawing Tools"工具栏的 ◯ 图标。

(2)运行该命令后,鼠标指针变成十字形。在放置圆角矩形前,按一下 Tab 键,弹出如图 3-63 所示的设置圆角矩形属性对话框,属性设置完成后,单击"OK"按钮。其中 X1、Y1、X2、Y2 分别用来设置圆角矩形的两个对角的坐标,X 向半径/Y 向半径分别用来表示圆角矩形的圆弧线的横坐标半径和纵坐标半径。

(3)单击,在合适的位置放置圆角矩形。右击或按 Esc 键退出绘制圆角矩形命令。

图 3-63　设置圆角矩形属性对话框

3.7.9　绘制圆形和椭圆形

使用绘制椭圆形命令可以绘制任意的圆形和椭圆形,本小节以绘制椭圆形为例,讲解绘制椭圆形的具体步骤。

(1)使用下列方法之一运行绘制椭圆形命令。

● 选择"Place 放置"→"Drawing Tools 绘图工具"→"Ellipses 椭圆"命令。

● 单击"Drawing Tools"工具栏的 ⬭ 图标。

（2）运行绘制椭圆形命令后，鼠标指针变成十字形，并且有一个椭圆形随着鼠标指针移动，鼠标指针位于该椭圆形的中心，如图 3-64 所示。在放置椭圆形前，按一下 Tab 键，弹出如图 3-65 所示的设置椭圆形属性对话框，属性设置完成后，单击"OK"按钮。

（3）单击，在合适的位置放置椭圆形。右击或按 Esc 键退出绘制椭圆形命令。

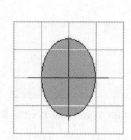

图 3-64　绘制椭圆形　　　　图 3-65　设置椭圆形属性对话框

3.7.10　绘制饼图

绘制饼图命令可以绘制任意的饼图，下面，讲解绘制饼图的具体步骤。

（1）使用下列方法之一运行绘制饼图命令。

● 选择"Place 放置"→"Drawing Tools 绘图工具"→"Pie Charts 馅饼图"命令。

● 单击"Drawing Tools"工具栏的 ◖ 图标。

（2）运行绘制饼图命令后，鼠标指针变成十字形，并且有一个饼图随着鼠标指针移动，鼠标指针位于该饼图的中心，如图 3-66 所示。在放置饼图前，按一下 Tab 键，弹出如图 3-67 所示的设置饼图属性对话框，属性设置完成后，单击"OK"按钮。

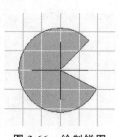

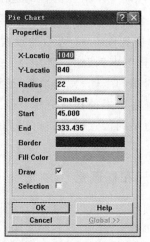

图 3-66　绘制饼图　　　　图 3-67　设置饼图属性对话框

(3)单击,在合适的位置放置饼图。右击或按 Esc 键退出绘制饼图命令。

3.7.11 实例 3-6——绘制多边形、贝塞尔曲线、圆角矩形、椭圆形

在原理图中绘制多边形、贝塞尔曲线、圆角矩形、椭圆形等一些说明性图形,从整体上美化整个原理图。

该实例的最终结果如图 3-68 所示。

操作步骤

(1)双击桌面上的 Protel 99 SE 的快捷图标,进入 Protel 99 SE 开发环境。选择"File 文件"→"New 新建文件"命令,打开新建文件对话框,在该对话框中选择原理图文档,单击"确认"按钮。将该原理图文件名修改为"实例 3-6.ddb",双击该文件进入原理图编辑环境。

(2)单击"Drawing Tools"工具栏的 ⊠ 图标。运行该命令后,鼠标指针变成十字形。移动鼠标指针依次单击确定四边形的顶点,每确定一个顶点,多边形的形状就发生一次变化,在四个顶点确定后,右击或按 Esc 键退出。绘制出的四边形如图 3-69 所示。

(3)单击"Drawing Tools"工具栏的 ⟋ 图标,运行该命令后,鼠标指针变成十字形。单击,确定贝塞尔曲线的第一个基点,再单击以继续确定曲线的后续基点,每确定一个基点,可以看到曲线随之弯度发生变化,在确定完所有的基点后,右击或按 Esc 键退出,绘制出的贝塞尔曲线如图 3-70 所示。在放置前,按下 Tab 键,弹出设置贝塞尔曲线属性对话框,设计者可以在属性对话框中对其进行相应的设置。

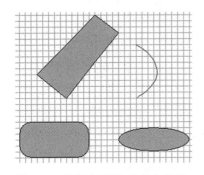

图 3-68 绘制多边形、贝塞尔曲线、圆角矩形、椭圆形

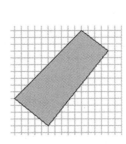

图 3-69 绘制四边形

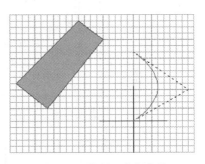

图 3-70 绘制贝塞尔曲线

(4)单击"Drawing Tools"工具栏的 ⬭ 图标,运行该命令后,鼠标指针变成十字形。在放置前,按下 Tab 键,弹出设置圆角矩形属性对话框,按照图 3-71 所示的方法对圆角矩形的属性进行设置,单击"OK"按钮确认。绘制出的圆角矩形如图3-72所示。

(5)单击"Drawing Tools"工具栏的 ⬭ 图标,运行该命令后,鼠标指针变成带有椭圆的十字形状。单击,放置椭圆的圆心,移动鼠标指针改变椭圆的 X 轴和 Y 轴的半径,绘制好的椭圆如图3-73所示。

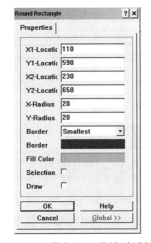

图 3-71 圆角矩形属性对话框

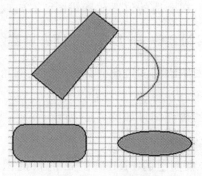

图 3-72 绘制圆角矩形   图 3-73 绘制椭圆形

3.8 绘制简单的原理图

3.8.1 实例 3-7——555 振荡电路原理图

绘制一个 555 振荡电路的原理图，它主要由 555 芯片、电容、电阻等元件组成其基本电路，如图 3-74 所示。

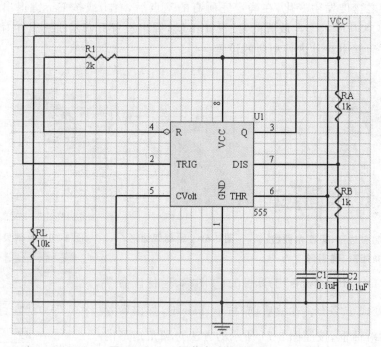

图 3-74   555 振荡电路的原理图

思路分析

绘制一张原理图之前，需要对元件类型、元件序号有个整体规划，对每个元件的参考元件库和参考元件有所了解。

555 振荡电路由一个 555 芯片、四个电阻和两个电容组成，它们分别对应的元件类型、元件序号、参考元件库和参考元件的内容如表 3-3 所示。

表 3-3　参考元件模型

元 件 类 型	元 件 序 号	参 考 元 件 库	参 考 元 件
Part Type	Designator		
555	U1	Protel DOS Schematic Linear. lib	555
2k	R1	Miscellaneous Devices. lib	RES1
1k	RA	Miscellaneous Devices. lib	RES1
1k	RB	Miscellaneous Devices. lib	RES1
10k	RL	Miscellaneous Devices. lib	RES1
0.1u	C1	Miscellaneous Devices. lib	CAP
0.1u	C2	Miscellaneous Devices. lib	CAP

操作步骤

(1)新建一个原理图文件,将其命名为"实例 3-7. ddb"。参照表 3-3,在参考元件库中找到相应的元件放置在原理图上,同时对元件的位置做适当的调整,使它们布局合理,如图 3-75所示。

(2)单击"Wring Tool"工具栏的 $\approx$ 图标,运行绘制导线命令后,鼠标指针变成十字形,将鼠标指针移动到电阻"RL"的上端引脚,单击,确定导线的起始点,如图 3-76 所示。

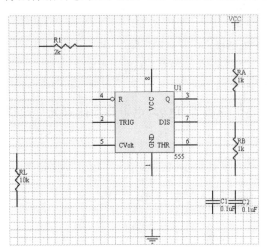

图 3-75　放置元件并作布局　　　　　　　图 3-76　确定导线的起始点

(3)确定导线的起始点后,移动鼠标指针开始绘制导线,拖动鼠标指针到合适的位置,单击,确定该导线的终点,将导线拖曳到 555 的管脚"3",右击或按 Esc 键退出,完成当前导线的绘制,如图 3-77 所示。

(4)完成了一条导线的绘制后,仍然处于绘制导线的命令状态。重复上述操作,可以继续绘制其他的导线,绘制结果如图 3-78 所示。

(5)如果需要对某段导线的属性进行修改,则可以双击该导线,弹出如图 3-79 所示的"Wire"对话框,对导线的宽度、颜色等参数进行设计。如果用户要延长某段导线或改变导线上转折点的位置,则可以不必重新绘制导线,只要在该段导线上单击,导线各个转折点就会出现黑色小方块,然后移动该黑色小方块修改即可。

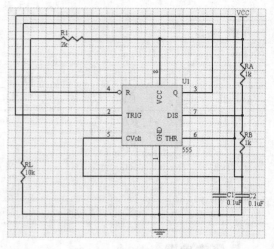

图 3-77　连接电阻和 555 振荡器之间的导线　　　　图 3-78　连接其他的导线

图 3-79　"Wire"对话框

3.8.2　实例3-8——共发射极放大电路原理图

绘制一个共发射极放大电路的原理图，它主要由三极管、电容、电阻和插座等元件组成其基本电路，如图 3-80 所示。

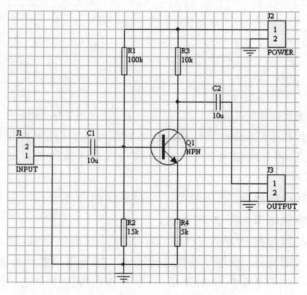

图 3-80　共射极放大电路原理图

■ 思路分析

共发射极放大电路由一个三极管、四个电阻、两个无极性电容和三个 2 针式连接器组成，它们分别对应的元件类型、元件序号、参考元件库和参考元件如表 3-4 所示。

表 3-4　参考元件模型

元件类型 Part Type	元件序号 Designator	参考元件库	参考元件
NPN	Q1	Miscellaneous Devices. lib	NPN
100k	R1	Miscellaneous Devices. lib	RES2
15k	R2	Miscellaneous Devices. lib	RES2
10k	R3	Miscellaneous Devices. lib	RES2
5k	R4	Miscellaneous Devices. lib	RES2
10u	C1	Miscellaneous Devices. lib	CAP
10u	C2	Miscellaneous Devices. lib	CAP
CON2	J1	Miscellaneous Devices. lib	CON2
CON2	J2	Miscellaneous Devices. lib	CON2
CON2	J3	Miscellaneous Devices. lib	CON2

■ 操作步骤

（1）新建一个原理图文件，将其命名为"实例 3-8. ddb"。参照图 3-80 所示的原理图，在表 3-4 所示的参考元件库中找到相应的元件放置在原理图上，同时对元件的位置做适当的调整，使它们布局合理，如图 3-81 所示。

（2）修改电路图中每个元件的"Description（元件描述）"和"Part（元件类型）"，修改完成后如图 3-82 所示。

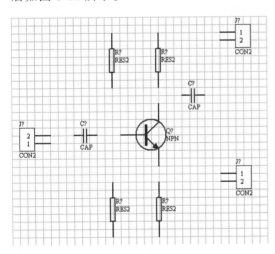

图 3-81　放置元件并对原理图进行布局　　　　图 3-82　修改原理图中元件的参数

（3）单击"Wring Tool"工具栏的 ≈ 图标后，鼠标指针变成十字形，单击，确定导线的起始点，导线绘制完成后如图 3-83 所示。

（4）在原理图中放置电源和接地符号。单击"Wring Tool"工具栏的 ⏚ 图标，然后按一下 Tab 键，弹出如图 3-84 所示的属性对话框，在"Net"后面输入"GND"，在"Style"的下拉列表中选择"Power Ground"，然后单击"OK"按钮，在电路图中放置完成的一个接地符号，如图 3-85 所示。运用同样的方法放置另外两个接地符号，绘制完成的电路如图 3-86 所示。

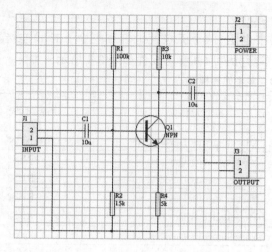

图 3-83　连接各元件间的导线

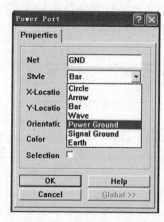

图 3-84　设置接地参数

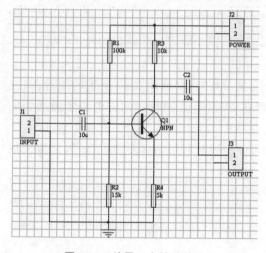

图 3-85　放置一个接地符号

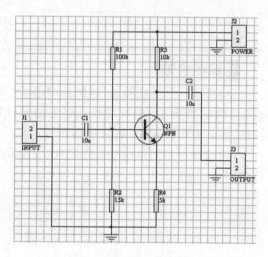

图 3-86　绘制完成的电路原理图

3.8.3　实例 3-9——晶振测试电路原理图

图 3-87 所示的是一个晶振测试电路的原理图，它主要由场效应管、三极管、普通二极管、发光二极管、电感、电容、电阻与被测晶振等组成。

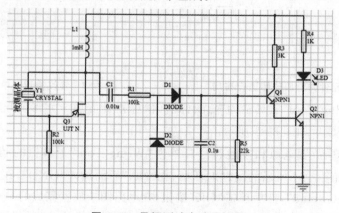

图 3-87　晶振测试电路原理图

■ 思路分析

晶振测试电路由一个场效应管、一个被测晶振、两个三极管、两个普通二极管、一个发光二极管、一个电感、两个电容、五个电阻组成,它们分别对应的元件类型、元件序号、参考元件库和参考元件如表 3-5 所示。

表 3-5　参考元件模型

元 件 类 型 Part Type	元 件 序 号 Designator	参 考 元 件 库	参 考 元 件
UJT N	Q3	Miscellaneous Devices.lib	UJT N
100k	R1	Miscellaneous Devices.lib	RES2
100k	R2	Miscellaneous Devices.lib	RES2
3k	R3	Miscellaneous Devices.lib	RES2
1k	R4	Miscellaneous Devices.lib	RES2
22k	R5	Miscellaneous Devices.lib	RES2
1mH	L1	Miscellaneous Devices.lib	INDCUTOR1
0.01u	C1	Miscellaneous Devices.lib	CAP
0.1u	C2	Miscellaneous Devices.lib	CAP
DIODE	D1	Miscellaneous Devices.lib	DIODE
DIODE	D2	Miscellaneous Devices.lib	DIODE
LED	D3	Miscellaneous Devices.lib	LED
NPN1	Q1	Miscellaneous Devices.lib	NPN
NPN1	Q2	Miscellaneous Devices.lib	NPN
CRYSTAL	Y1	Miscellaneous Devices.lib	CRYSTAL

■ 操作步骤

(1)新建一个原理图文件,将其命名为"实例 3-9.ddb"。参照表 3-5,在参考元件库中找到相应的元件放置在原理图上,修改每个元件的元件类型和元件序号,同时对元件的位置做适当的调整,使它们布局合理,如图 3-88 所示。

(2)单击"Wring Tool"工具栏的 ≈ 图标,运行绘制导线命令,鼠标指针变成十字形。将鼠标指针移动到元件一端引脚,单击,确定导线的起始点后移动鼠标指针开始绘制导线,拖曳鼠标指针到合适的位置,单击,确定该导线的终点,然后右击或按 Esc 键退出,完成当前导线的绘制,如图 3-89 所示。

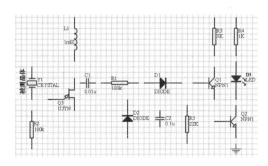

图 3-88　放置元件并对原理图进行布局

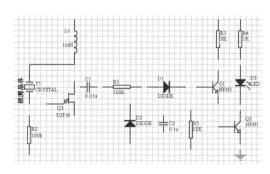

图 3-89　绘制被测晶振和电阻间的导线

（3）完成一条导线的绘制后，仍然处于绘制导线的命令状态。重复上述操作，可以继续绘制其他的导线，绘制完所有导线的结果如图 3-90 所示。

3.8.4　实例 3-10——分频电路原理图

用集成运放可以方便地构成有源滤波器，包括低通滤波器、高通滤波器、带通滤波器等。图 3-91 所示的是一个前级二分频电路，分频点位为 800 Hz。由集成运放 IC1、电容、电阻等构成二阶高通滤波器；由集成运放 IC2、电容、电阻等构成二阶低通滤波器，将来自前置放大器的全音频信号分频后分别送入两个功率放大器，然后分别推动高音扬声器和低音扬声器工作。

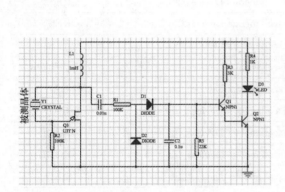

图 3-90　绘制所有的导线

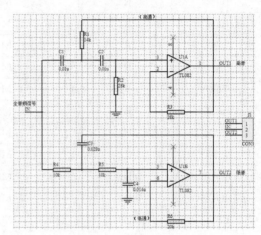

图 3-91　分频电路原理图

思路分析

图 3-91 所示的分频电路由两个集成运放、四个无极性电容、六个电阻和一个连接器组成，它们分别对应的元件类型、元件序号、参考元件库和参考元件的内容如表 3-6 所示。

表 3-6　参考元件模型

元 件 类 型	元 件 序 号	参考元件库	参 考 元 件
Part Type	Designator		
TL082	U1A	Protel DOS Schematic Operational Amplifiers. lib	TL082
TL082	U1B	Protel DOS Schematic Operational Amplifiers. lib	TL082
14k	R1	Miscellaneous Devices. lib	RES2
28k	R2	Miscellaneous Devices. lib	RES2
28k	R3	Miscellaneous Devices. lib	RES2
10k	R4	Miscellaneous Devices. lib	RES2
10k	R5	Miscellaneous Devices. lib	RES2
20k	R6	Miscellaneous Devices. lib	RES2
0.01u	C1	Miscellaneous Devices. lib	CAP
0.01u	C2	Miscellaneous Devices. lib	CAP
0.028u	C3	Miscellaneous Devices. lib	CAP
0.014u	C4	Miscellaneous Devices. lib	CAP
CON3	J1	Miscellaneous Devices. lib	CON3

操作步骤

(1)新建一个原理图文件,将其命名为"实例 3-10. ddb"。参照表 3-6,电阻、电容等常见元件很容易添加,集成运放"TL082"并不常见,它在"Protel DOS Schematic Operational Amplifiers. lib"中。添加 TL082 的方法如下:单击元件管理器中的"Add/Remove"按钮,在弹出的"Change Library File List"对话框中,选择"Protel DOS Schematic Libraries",如图 3-92 所示,然后单击"Add"按钮。在元件管理器的"Libraries"中,选择"Protel DOS Schematic Operational Amplifiers. lib",从中可以找到"TL082",如图 3-93 所示。

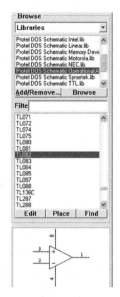

图 3-92 添加集成运放 TL082 的元件库   图 3-93 添加集成运放 TL082

(2)参照表 3-6,在参考元件库中找到相应的元件放置在原理图上,同时对元件的位置做适当的调整,使它们布局合理,如图 3-94 所示。这里特别说明一点,TL082 芯片里面包含两个运放,放置第 2 个运放的时候,需要在如图 3-95 所示的"Part"下拉列表中选择"2",然后单击"OK"按钮。

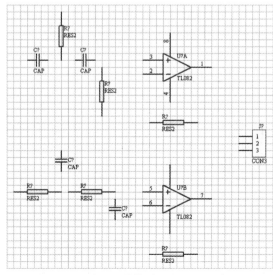

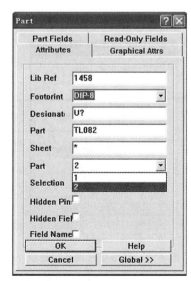

图 3-94 放置元件并对原理图进行布局   图 3-95 元件属性对话框

（3）对照原理图，修改每个元件的元件类型和元件序号，修改完成后如图 3-96 所示。

（4）单击"Wring Tool"工具栏的 ≈ 图标，运行绘制导线命令，鼠标指针变成十字形。将鼠标指针移动到元件一端引脚，单击，确定导线的起始点后移动鼠标指针开始绘制导线，拖曳鼠标指针到合适的位置，单击，确定该导线的终点，然后右击或按 Esc 键退出，完成当前导线的绘制。单击"Wring Tool"工具栏的 ⊥ 图标，在原理图中完成接地符号的放置。单击"Wring Tool"工具栏的 ✖ 图标，在原理图中完成悬空引脚不进行 ERC 的测试点的放置。完成后的原理图如图 3-97 所示。

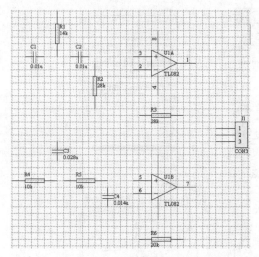

图 3-96　修改完元件各项参数后的原理图　　图 3-97　完成元件之间导线的连接

（5）在原理图中放置网络标号。单击"Wring Tools"工具栏的 Netl 图标，鼠标指针变成十字形，并出现一个随着鼠标指针移动的虚线方框。此时按一下 Tab 键，打开如图 3-98 所示的网络标号属性对话框，在"Net"后面输入"IN"，设置完成后，单击"OK"按钮，移动鼠标指针在合适的位置放置网络标号。运用同样的方法放置其他网络标号，放置完成后如图 3-99 所示。

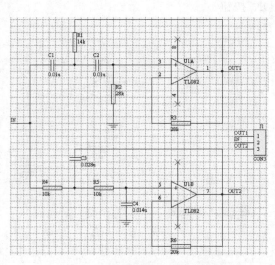

图 3-98　网络标号属性对话框　　　　图 3-99　放置原理图中的各网络标号

（6）在原理图中插入文字。单击"Drawing Tools"工具栏的 T 图标，运行插入文字命令后，有一个虚线矩形框随着鼠标指针移动，在放置文字前，按一下 Tab 键，弹出如图 3-100 所

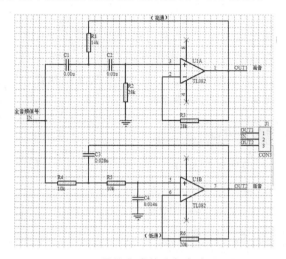

示的文字注释属性对话框,在"Text"中输入"全音频信号",然后单击"OK"按钮,移动鼠标指针到合适的位置,单击,放置文字。运用同样的方法插入其他注释文字,放置完成后右击或按 Esc 键退出插入文字状态,这样就完成了整个原理图的绘制,结果如图 3-101 所示。

图 3-100　文字注释属性对话框　　　　　图 3-101　最终完成的分频电路原理图

本 章 小 结

　　本章详细介绍了加载元件库、元件的查找和放置、属性编辑等,重点讲解了布线工具栏和绘图工具栏的使用,读者可学会一般电路原理图的设计方法;其中,实例方式能让读者快速掌握绘制一般电路原理图的方法。

第4章 原理图的检查和常用报表的生成

通过前面的学习,我们可以完成简单原理图的绘制,但是在绘制完原理图后,还需要对电路原理图的正确性进行分析和测试,这可以通过电气规则检查来实现。进行电气规则检查后,可以找到电路图中的一些电气连接错误,将错误改正后,就可以生成网络报表和元件清单等常用报表,以备后用。

本章要点

- 电气规则检查
- 生成网络表
- 生成元件采购列表

本章案例

- 原理图电气规则检查
- 生成网络表
- 创建层次表
- 生成元件采购列表
- 生成元件引脚列表
- 生成元件交叉参考表

4.1 检查电路原理图

检查电路原理图主要包括两个方面的工作:元件序号检查和电气规则检查。检查元件序号的目的是避免元件序号出现重复或遗漏的现象;电气规则检查(electrical rule check,ERC)用于检测电路图中电气特性是否冲突,如信号是否冲突、线路是否不完整造成信号中断等,ERC 将生成测试报告并将错误和警告在原理图上直接标注出来以提示用户,用户可根据提示逐一排除错误,直到原理图完全绘制正确为止。

4.1.1 检查元件序号

电路图绘制完成后,元件的序号一般较为混乱,尤其在原理图很复杂的情况下,需要对元件序号进行一定的编排和检查,以免元件序号出现重复或遗漏的现象。

元件的重新排序有以下两种方法。

(1)手工修正。首先仔细检查电路图,查出不规范的标志,然后逐一修改。这种方法虽然简单,但是效率很低。

(2)自动修正。可以通过选择"Tools 工具"→"Annotate...注释"命令来实现,如图 4-1所示。此时系统自动弹出注释设计对话框,如图 4-2 所示。

图4-1 选择"注释"命令

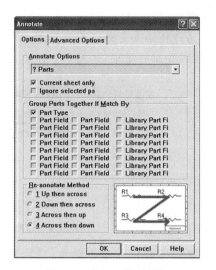

图4-2 注释设计对话框

下面对注释设计对话框进行简要介绍。

(1)Annotate Options：主要用来设定流水号重新设置的作用范围，下拉列表中有以下四个选项。

● All Parts：对所有元件编号。

● ? Parts：只对有"?"的元件进行编号。

● Reset Designators：所有元件还原到原始状态。

● Update Sheets Number Only：仅更新原理图页码。

(2)Current sheet only：更新元件序号仅对当前原理图有效。

(3)Ignore selected parts：重新对元件进行编号时，忽略选中的元件。

(4)Group Parts Together If Match By：主要用来将固定组合的元件进行封装处理，也称为复合封装的元件，若被选中的为固定组合的元件，则将按组元件的方式设置。

(5)Re-annotate Method：该选项中的各单选框用来设定重新编号的方式，其右边的图形框将显示选中的设置方式的图形格式。

单击"OK"按钮，这时就可以对原理图中需要重新编排的元件序号进行重新编排。如果想进一步设置编号的方式，则可以单击"Advanced Options"选项卡，如图4-3所示。

在选项卡列表中，可以设置流水号的范围，在"From"编辑框中填入起始编号，在"To"编辑框中填入终止的编号，在"Suffix"编辑框中填入编号的后缀名。单击"All On"按钮选中所有需要重新编号的文件，单击"All Off"按钮不选择任何采用这种方式的文件。设定了起始编号和终止编号，并执行了重新编号后，元件的流水号将限制在这个范围。其操作步骤如下。

(1)在原理图打开情况下选择"Tools"→"Annotate"命令，打开注释设计对话框。

(2)对注释设计对话框进行设置。

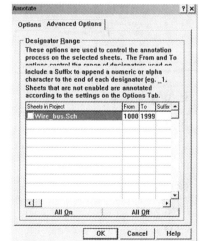

图4-3 "Advanced Options"选项卡

（3）设定完毕，单击"OK"按钮，即可实现原理图中元件的重新编号。

（4）这时系统将结果自动保存在后缀名为". REP"的文件中，其中记录了原理图所有注释和自动注释后的对照结果，如图 4-4 所示。

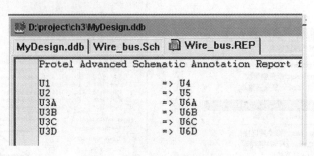

图 4-4 注释的相关报告文件

（5）如果重新编号后感觉不满意，只要选择"Tools 工具"→"Back Annotate... 反向注释"命令，即可恢复原来编号。

4.1.2 电气规则检查

用户设计完电路原理图后，需要对其电路的物理逻辑特性进行检测，Protel 99 SE 提供了这样一个快速检测的方法，即 ERC。

进行 ERC 时，可以选择"Tools 工具"→"ERC... 电气规则检查"命令，打开设置 ERC 对话框，如图 4-5 所示。该对话框中包括两个选项卡：设置和规则矩阵，规则矩阵如图 4-6 所示。各选项卡的简单说明如下。

图 4-5 ERC 对话框

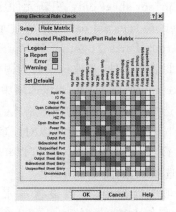

图 4-6 "规则矩阵"选项卡

1. 设置选项卡

该选项卡的各项的功能如下。

（1）Multiple net names on net（网络上重复的网络名）：检测同一网络是否有多个不同名称的网络标识符的错误。

（2）Unconnected net labels（未连接的网络标号）：检测图中是否有未被连接处于悬浮状态的网络标号。

（3）Unconnected power objects（未连接的电源实体）：检查是否有未连接到其他电气对象的电源对象。

（4）Duplicate sheet numbers（重复的图号）：检测是否有编号相同的电路图页码。

（5）Duplicate component designators（重复元件）：检测是否有编号相同的元件。

（6）Bus label format errors（总线标号格式错误）：检测总线上的网络标签的格式是否错误。

（7）Floating input pins（悬空的输入管脚）：检测是否有未接到任何网络上悬空的输入引脚。

（8）Suppress warning（禁止警告）：该检查项将忽略所有的警告性检查项（Warning），不会显示具有警告性错误的测试报告。而只对错误性检查项（Error）进行标示。

（9）Create report file（生成报表文件）：列出全部 ERC 信息并产生一个文本报告，并自动将测试结果存在报告文件（＊.ERC）中。

（10）Add error markers（添加错误标志）：该项用于检测完后，在图中有错误位置放置错误标记。

（11）Descend into sheet parts（分解到每个原理图）：该项用于将测试结果分解到每个原理图中，主要用于层次原理图。

（12）Sheets to Netlist（生成网络表的图纸）：在该下拉列表中选择所要进行测试的原理图文件的范围。

（13）Net Identifier Scope（网络标识符范围）：在该下拉列表中可以选择网络识别器的范围。网络标识符主要用于在一个多张绘图页的设计中，确定网络连通性的方法。

2．规则矩阵选项卡

该选项卡主要用来定义各种引脚、输入/输出端口等连接状态是否有误或构成警告级别。用户可以修改检测条件，只要单击数组中的每个小方格，该方格就会被切换成其他的设置模式，颜色也随之改变，如图 4-6 所示的"Legend"选项："No Report"为绿色，不产生报表；"Error"为红色，错误；"Warning"为黄色，警告。单击方格切换颜色的顺序为：绿色—黄色—红色—绿色。

下面介绍 ERC 的具体步骤。

（1）打开原理图，选择"Tools 工具"→"ERC...电气规则检查"命令，选择设置选项卡。

（2）在图 4-5 所示的电气规则对话框中设置 ERC 选项。

（3）单击"OK"按钮，程序自动进入文本编辑器并生成相应的电气测试报告。系统会自动在原理图发生错误的位置放置红色标记，以提示用户错误位置。

（4）检查后生成 ERC 报告文件（.ERC）。

4.1.3　实例 4-1——原理图电气规则检查

用 ERC 对实例 3-7 所绘制的 555 振荡电路原理图检查。

操作步骤

（1）打开如图 4-7 所示的 555 振荡电路原理图，选择"Tools 工具"→"ERC...电气规则检查"命令，弹出设置 ERC 对话框，如图 4-8 所示。按照系统的默认设置，单击"OK"按钮，这时系统将会自动弹出如图 4-9 所示的报告文件。从报告文件可知，该原理图没有错误，报告文件中无警告信息。

（2）打开原理图，将电源"VCC"与导线断开，如图 4-10 所示。选择"Tools 工具"→"ERC...电气规则检查"命令，生成如图 4-11 所示的报告文件。

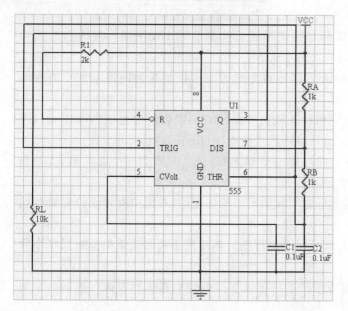

图 4-7　555 振荡电路原理图

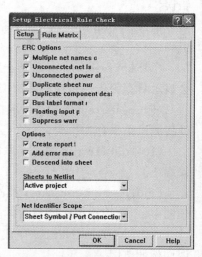

图 4-8　电气规则检查对话框

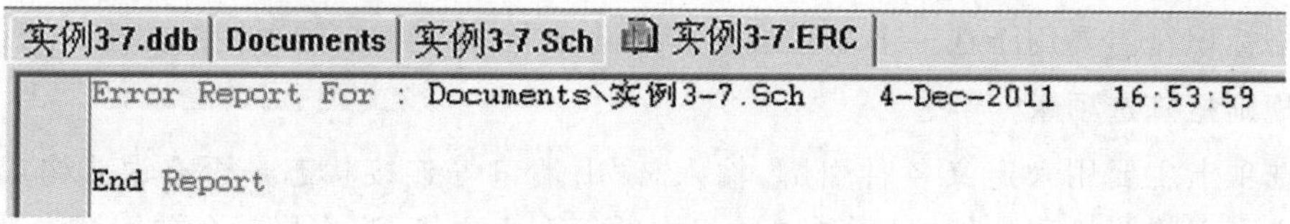

实例3-7.ddb | Documents | 实例3-7.Sch | 实例3-7.ERC

Error Report For : Documents\实例3-7.Sch　4-Dec-2011　16:53:59

End Report

图 4-9　电气测试报告

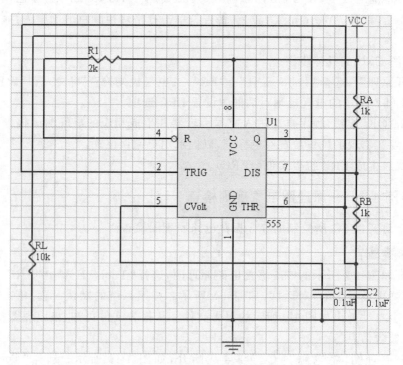

图 4-10　在电路图中将电源和导线断开

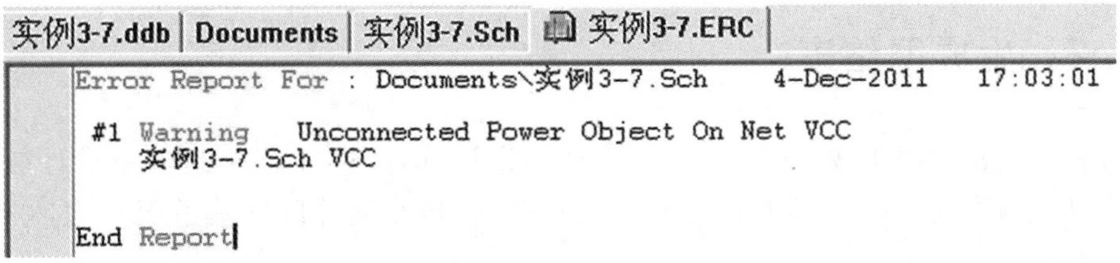

实例3-7.ddb
Documents
实例3-7.Sch
实例3-7.ERC
Error Report For : Documents\实例3-7.Sch 4-Dec-2011 17:03:01
#1 Warning Unconnected Power Object On Net VCC
实例3-7.Sch VCC
End Report

图 4-11 电气规则检查提示警告

(3)从报告文件可知,有警告信息。回到原理图,可以看到原理图的错误处,放置了红色的标志提示用户,如图 4-12 所示。

VCC
R1
2k
RA
1k
U1
8
4
R
VCC
Q
3
2
TRIG
DIS
7
5
CVolt
GND
THR
6
RB
1k
555
1
RL
10k
C1
0.1uF
C2
0.1uF

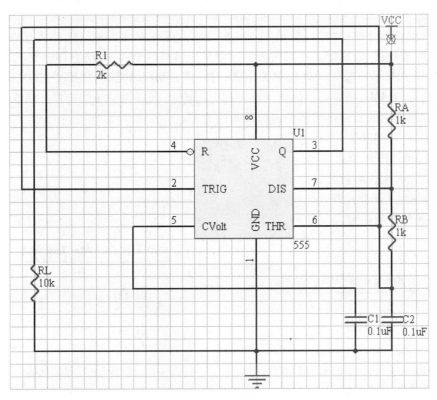

图 4-12 提示错误

(4)在原理图中对错误进行修改,选择“Place 放置”→“Wire 线”命令,将“RA”的管脚与“VCC”连接起来。

(5)重复电气规则检查,这时系统将会自动弹出如图 4-13 所示的报告文件。可以看出,修改后,原理图中不再存在错误,ERC 完成。

实例3-7.ddb
Documents
实例3-7.Sch
实例3-7.ERC
Error Report For : Documents\实例3-7.Sch 4-Dec-2011 17:06:27
End Report

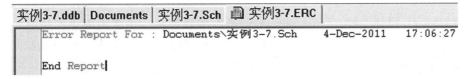

图 4-13 ERC 通过

4.2 生成网络表

网络表是电路自动布线的灵魂，也是原理图设计软件 SCH 与印制电路设计软件 PCB 之间的接口。网络表可以直接从电路图转化而得到，当然也可以反其道而行之，在 PCB 编辑器中，获取网络表。

4.2.1 网络表的格式及作用

网络表有很多种格式，通常为 ASCII 文本文件。网络表的主要内容为原理图中的各元件的数据（流水号、元件类型、封装信息）及元件之间的网络连接的数据，某些网络表的格式可以在一行中包括这两种数据，但是 Protel 99 SE 大部分网络表的格式都将这两种数据分开，分为不同的数据，分别记录在网络表中。网络表包括两个部分：前一部分是元件声明，如图 4-14 所示，包括所有使用元件的相关信息；后一部分是网络定义，如图 4-15 所示。两个部分有各自固定的格式，缺少其中的任何部分都有可能在 PCB 自动布线中产生错误。

下面对网络表的元件声明部分进行简单的介绍。

（1）[：元件声明开始。

（2）U1：元件序列号。

（3）DIP-20：元件的封装。

（4）74LS245：元件注释。

（5）]：元件声明结束。

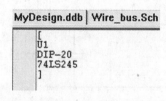

图 4-14 网络表的元件声明部分　　图 4-15 网络表的网络定义部分

下面对网络表的网络定义部分进行简要介绍。

（1）(：网络定义的开始。

（2）A0 ：网络名称。

（3）U1-18：元件序号及元件引脚。

（4）)：网络定义的结束。

4.2.2 网络表的生成

选择"Design 设计"→"Create Netlist 创建网络表"命令，系统将弹出网络表生成对话框，如图 4-16 所示。该对话框包括参数选择、跟踪选项两个选项卡，其中跟踪选项选项卡如图 4-17 所示，下面分别对两个选项卡进行介绍。

1."Preferences"参数选择选项卡

该选项卡的各项说明如下。

（1）Output Format：用于设置输出文件格式。Protel 99 SE 提供了 Protel、Protel 2、Protel(Hierarchical)、EEsof(Libra)、PCAD 等多种格式。

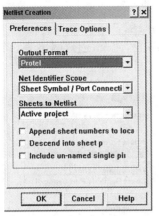

图 4-16　网络表生成对话框

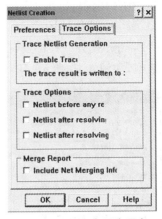

图 4-17　跟踪选项选项卡

（2）Net Identifier Scope：用于设置网络标志符的范围。

（3）Sheets to Netlist：用于设置创建网络表所用的原理图。

（4）Append sheet numbers to local：将原理图序号附加到原理图的内部网络上，当多张原理图中有相同的网络名，但是又不希望这些网络发生电气连接关系时，应该选择该选项，使网络名加在原理图序列号之后变为不同的名字。

（5）Descend into sheet parts：细分到原理图内部。该选项在某些特殊的情况下使用，如果一个原理图元件代表一张子原理图，但是该元件又不是方块图，那么创建网络表时就可以选择是否细分该元件所代表的图纸内部，普通层的原理图一般不选用。

（6）Include un-named single pinnets：包括没有命名的单管脚网络。因为有些元件的某一管脚可能悬空，所以会出现这个没有命名的单管脚网络。

2."Trace Opinion"选项卡

● Enable Trace：选择该选项可以打开追踪功能。

● Netlist before any resolving：选择该选项表示转换网络表时，在任何解释操作开始之前就进行跟踪，并形成跟踪文件。

● Netlist after any resolving：选择该选项表示转换网络表时，在任何解释操作开始之后再进行跟踪，并形成跟踪文件。

● Include Net Merging Information：选择该选项可以合并报告。

设置好"Preferences"选项卡、"Trace Opinion"选项卡，单击"OK"按钮确定，系统自动生成网络表。

4.2.3　实例 4-2——生成网络表

将实例 4-1 中 ERC 后没有错误的原理图生成网络表。

思路分析

网络表是原理图与 PCB 之间的桥梁。网络表中必须包含元件的三个信息：流水号、元件类型、封装信息。在生成网络表之前，必须确保每个元件的信息完整。

操作步骤

（1）打开实例 4-1 的 555 振荡电路原理图，检查每个元件的信息是否完整。可以发现元件的流水号和元件类型信息完整，但是缺少元件封装。

（2）添加元件封装。555 芯片、电容、电阻对应的封装分别为：DIP8、RAD0.1、AXIAL

0.3。双击原理图中的电阻，弹出如图 4-18 所示的对话框，在"Footprint"后面添加电阻的封装为"AXIAL0.3"。运用同样的方法，添加其他元件的封装。

（3）选择"Design 设计"→"Create Netlist 创建网络表"命令，创建网络表，系统将弹出网络表生成对话框，如图 4-19 所示。

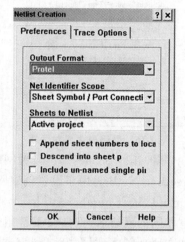

图 4-18　添加电阻元件的封装　　　　图 4-19　设置网络表生成对话框

（4）单击图 4-19 中的"OK"按钮，系统会自动生成该原理图的网络表文件，整个网络表由图 4-20 和图 4-21 所示的部分组成，网络表文件的前半部分如图 4-20 所示，后半部分如图 4-21 所示。

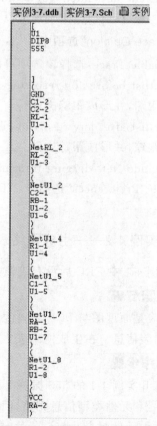

图 4-20　网络表文件前半部分　　　　图 4-21　网络表文件后半部分

4.3 生成层次表

层次表记录由多张绘图页组成的层次原理图的层次结构数据,其输出的结果为 ASCII 文本文件,文件的存档的后缀为".rep",生成原理图的层次表的操作步骤如下。

(1)打开已经绘制的原理图。

(2)选择"Reports 报告"→"Design Hierarchy"命令,系统将会生成该原理图的层次关系表。

在层次表文件中,可以看到原理图的层次关系。

实例 4-3——创建层次表

将 Protel 99 SE 目录下的"4 Port Serial Interface.ddb"中的原理图文件生成层次表。

操作步骤

在原理图的编辑窗口中,打开起始文件中的"4 Port UART and Line Drivers.Sch"原理图文件,选择"Reports 报告"→"Design Hierarchy 设计层次"命令,生成"4 Port Serial Interface"层次原理图的层次表文件,如图 4-22 所示。

```
4 Port Serial Interface Board.pcb | Schlib1.Lib | Sheet1.Sch | Sheet2.cfg | 4 Port Serial Interface.NET | 4 Port Serial Int

Design Hierarchy Report for F:\PROTEL99SE\Examples\4 Port Serial Interface.ddb

4 Port Serial Interface
    Libraries
        4 Port Serial Interface PCB Library.lib
        4 Port Serial Interface Schematic Library.lib
    4 Port Serial Interface Board.pcb
    4 Port Serial Interface.cfg
    4 Port Serial Interface.prj
        4 Port UART and Line Drivers.sch
        ISA Bus and Address Decoding.sch
            Address Decoder.pld
Schlib1.Lib
Sheet1.Sch
Sheet2.cfg
Sheet2.Sch
4 Port Serial Interface.NET
```

图 4-22 层次表文件

 ## 4.4 生成元件采购列表

元件列表主要用于整理和查看当前设计项目或电路图中的所有元件。元件列表主要包括元件的名称、元件标志和元件封装等内容,以".xls"为扩展名。

生成元件采购列表的步骤如下。

(1)在原理图编辑界面中,选择"Reports 报告"→"Bill of Material 材料清单"命令,弹出如图 4-23 所示的"BOM Wizard"对话框。

(2)"BOM Wizard"对话框提供了"Project"和"Sheet"两个选项,用于选择产生元件列表的是当前项目还是当前原理图。选中"Project",单击"Next"按钮,将出现如图 4-24 所示的对话框。"Footprint"复选框,用于设置元件列表中包含元件封装的内容;"Description"复选框,用于设置元件列表中包含元件标志的内容;单击"All On"按钮,将包含所有内容;单击"All Off"按钮,则取消所有内容。

(3)选中"Footprint"复选框,单击"Next"按钮,将弹出如图 4-25 所示的设置元件列表的列标题的对话框。

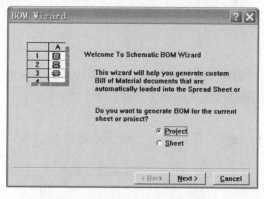

图 4-23 "BOM Wizard"对话框

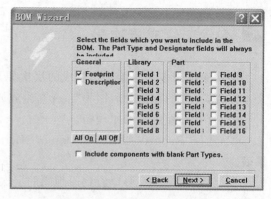

图 4-24 "Project"选项中的相关内容

（4）单击"Next"按钮，将弹出如图 4-26 所示的设置元件列表输出格式的对话框。元件输出格式共有以下三个选项："Protel Format"选项表示以 Protel 格式输出元件列表，并且生成扩展名为". bom"的列表文件；"CSV Format"选项表示以电子表格格式输出元件列表，生成扩展名为". CSV"的列表文件；"Client Spreadsheet"选项表示以 Protel 99 SE Client 格式输出元件列表，生成扩展名为". xls"的列表文件。本例中采用 Client Spreadsheet 格式生成列表文件。

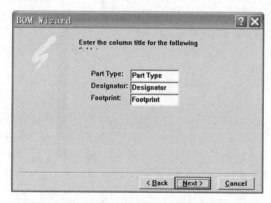

图 4-25 设置元件列表的列标题的对话框

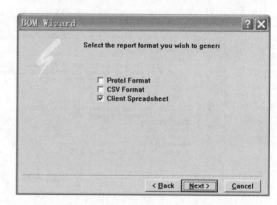

图 4-26 选择生成列表文件的格式

（5）在图 4-27 中，单击"Finish"按钮，将完成元件列表设置，系统自动进入表格编辑器，并产生一个与原理图同名、文件后缀名为". xls"的元件列表文件。

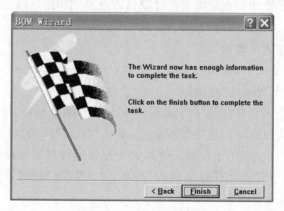

图 4-27 完成参数设置

实例 4-4——生成元件采购列表

以 Protel 99 SE 目录下的"ISA Bus and Address Decoding. Sch"原理图文件为例,生成该文件的元件采购列表。

操作步骤

在原理图编辑窗口中,打开起始文件中的"4 Port UART and Line Drivers. ddb"原理图文件,按 4.4 节的操作步骤生成元件采购列表,将生成如图 4-28 所示的元件列表。

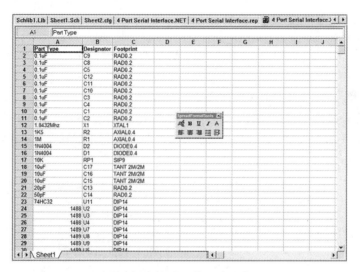

图 4-28 生成元件采购列表

4.5 生成元件引脚列表

元件引脚列表用于列出所选元件的引脚信息,如元件的引脚数、元件引脚名称及元件引脚的相关网络等信息。

生成元件引脚列表的步骤如下。

(1)用鼠标指针选择某元件,此时被选中元件出现黄色的边框。

(2)选择"Reports 报告"→"Selected Pins 选中的管脚"命令,系统将生成该元件的引脚列表,输出该元件的所有引脚相关信息。

实例 4-5——生成元件引脚列表

以 Protel 99 SE 目录下的"ISA Bus and Address Decoding. Sch"原理图文件中的"U11B"元件为例,生成该元件引脚列表。

操作步骤

在原理图编辑窗口中,打开起始文件中的"4 Port UART and Line Drivers. ddb"原理图文件,选择元件"U11B",选择"Reports 报告"→"Selected Pins 选中的管脚"命令,将生成元件引脚列表,如图 4-29 所示。

图 4-29 生成元件引脚列表

4.6 生成元件交叉参考列表

元件交叉参考列表可以为多张原理图中的每个元件列出其元件类型、流水号和隶属的绘图页文件名称等，它是一个 ASCII 文本文件，扩展名为". xrf"。建立元件交叉参考表的步骤如下：选择"Report 报告"→"Cross Reference 参考"命令，程序进入 Protel 99 SE 的"TextEdit"文本编辑器，并生成相应的元件交叉参考列表。

实例 4-6——生成元件交叉参考表

以 Protel 99 SE 目录下的"ISA Bus and Address Decoding. Sch"原理图文件为例，生成该文件元件交叉参考表。

操作步骤

在原理图编辑窗口中，打开起始文件中的"4 Port UART and Line Drivers. ddb"原理图文件，选择"Report 报告"→"Cross Reference 参考"命令，将生成该文件元件交叉参考列表，如图4-30所示。

```
Sheet2.cfg | 4 Port Serial Interface.NET | 4 Port Serial Interface.rep | 4 Port Serial Interface.X
Part Cross Reference Report For : 4 Port Serial Interface.xrf        12-Ma

Designator    Component            Library Reference Sheet

C1            0.1uF                4 Port UART and Line Drivers.sch
C2            0.1uF                4 Port UART and Line Drivers.sch
C3            0.1uF                4 Port UART and Line Drivers.sch
C4            0.1uF                4 Port UART and Line Drivers.sch
C5            0.1uF                4 Port UART and Line Drivers.sch
C8            0.1uF                4 Port UART and Line Drivers.sch
C9            0.1uF                4 Port UART and Line Drivers.sch
C10           0.1uF                4 Port UART and Line Drivers.sch
C11           0.1uF                ISA Bus and Address Decoding.sch
C12           0.1uF                ISA Bus and Address Decoding.sch
C13           20pF                 4 Port UART and Line Drivers.sch
C14           50pF                 4 Port UART and Line Drivers.sch
C15           10uF                 ISA Bus and Address Decoding.sch
C16           10uF                 ISA Bus and Address Decoding.sch
C17           10uF                 ISA Bus and Address Decoding.sch
D1            1N4004               ISA Bus and Address Decoding.sch
D2            1N4004               ISA Bus and Address Decoding.sch
J1            DB37                 4 Port UART and Line Drivers.sch
P1            CON AT62B            ISA Bus and Address Decoding.sch
R1            1M                   ISA Bus and Address Decoding.sch
R2            1K5                  4 Port UART and Line Drivers.sch
RP1           10K                  ISA Bus and Address Decoding.sch
S1            BASE ADDRESS         ISA Bus and Address Decoding.sch
S2            INTERUPT SELECT      ISA Bus and Address Decoding.sch
U1            TL16C554             4 Port UART and Line Drivers.sch
U2            1488                 4 Port UART and Line Drivers.sch
U3            1488                 4 Port UART and Line Drivers.sch
U4            1488                 4 Port UART and Line Drivers.sch
U5            1489                 4 Port UART and Line Drivers.sch
U6            1489                 4 Port UART and Line Drivers.sch
U7            1489                 4 Port UART and Line Drivers.sch
U8            1489                 4 Port UART and Line Drivers.sch
U9            1489                 4 Port UART and Line Drivers.sch
U10           P22V10               ISA Bus and Address Decoding.sch
U11A          74HC32               ISA Bus and Address Decoding.sch
U11B          74HC32               ISA Bus and Address Decoding.sch
U11C          74HC32               ISA Bus and Address Decoding.sch
```

图 4-30 生成元件交叉参考列表

4.7 原理图文件的保存和输出

完成电路设计后，需要保存原理图设计的文件。在原理图设计的编辑窗口中，对电路进行 ERC、元件列表、元件引脚列表、元件交叉参考列表的检查已经完成，并确认原理图设计文件无误后，生成同名网络表（后缀为". NetList"），完成原理图设计的全部工作，最后的工作即保存所有文件和打印输出相关文件。

原理图绘制结束后，往往要通过打印机或是绘图仪输出设计文件，以供设计人员参考、备档。用打印机打印输出，首先要对打印机进行设置，包括打印机的类型设置、纸张大小的设定、原理图图纸的设定等。其操作步骤如下。

（1）选择"File 文件"→"Save 保存"命令保存文件。另外，在关闭当前设计文档（.ddb）时，系统也会自动提示是否保存文件。对上述实例中的原理图设计文件和所有列表文件进行保存，保存结果如图 4-31 所示。

（2）当需要打印原理图设计文件和相关报表文件时，在原理图编辑窗口中选择"File 文件"→"Setup Printer"命令，进行打印机设置，如图 4-32 所示。在这个对话框中可以设置打印机类型、选择目标图形文件类型、设置颜色等。

图 4-31　保存所有设计文件和列表文件　　图 4-32　打印参数设置对话框

● Select Printer：选择打印机，用户根据实际的硬件配置来进行设定。

● Batch Type：选择输出的目标图形文件，有两个选项——Current Document，只打印当前正在编辑的图形文件；ALL Document，打印输出整个项目中的所有文件。

● Color：输出颜色的设置，有两个选项——Color，彩色输出；Monochrome，单色输出。

● Margins：设置页边空白宽度。

● Scale：设置缩放比例。

（3）单击图 4-32 中的"Properties"按钮，弹出如图 4-33 所示的对话框，可以进行打印机分辨率、纸张的大小、纸张的方向的设置。

（4）选择"File 文件"→"Print 打印"命令，系统会按照上述设置进行打印。

图 4-33　打印机的设置

4.8 应用实例

实例 4-7——生成 ERC 报告、交叉参考表、网络表、网络比较表

绘制一张闪光灯控制器电路的原理图，命名为"flash. Sch"，对其进行电气规则检查，同时生成电气规则检查报告、元件交叉参考列表、网络表、元件采购列表。

操作步骤

(1)按照第 3 章绘制一般原理图的方法，绘制如图 4-34 所示的闪光灯控制器电路原理图，将其命名为"flash. Sch"。

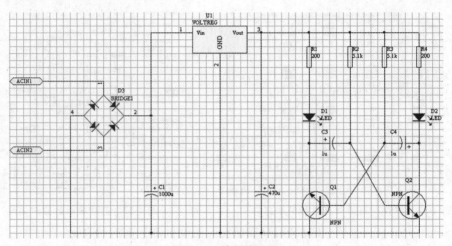

图 4-34 绘制原理图

(2)选择"Tools 工具"→"ERC...电气规则检查"命令，将弹出如图 4-35 所示的 ERC 对话框，根据 4.1 节的方法设置 ERC 对话框。

(3)选择"Tool 工具"→"ERC ... 电气规则检查"命令，生成的 ERC 报告如图 4-36所示。

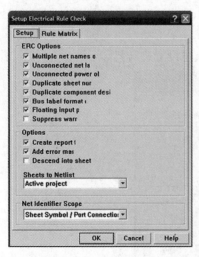

图 4-35 设置 ERC 参数   图 4-36 生成 ERC 报告

（4）选择"Report 报告"→"Bill of Material 材料清单"命令，生成图 4-34 所示原理图的元件采购列表，其结果如图 4-37 所示。

（5）选择"Report 报告"→"Cross Reference 参考"命令，生成元件交叉参考列表，如图 4-38所示。

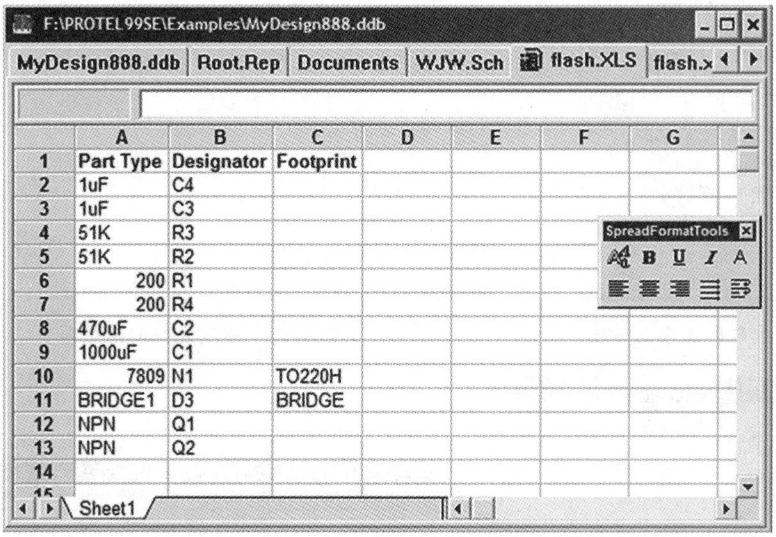

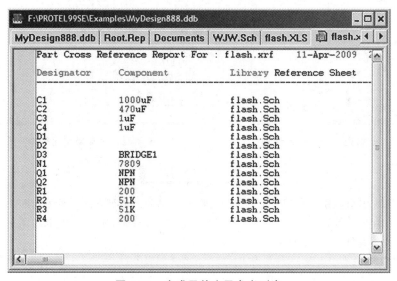

图 4-37　生成元件采购列表

图 4-38　生成元件交叉参考列表

（6）选择"Design 设计"→"Create Netlist 创建网络表"命令，弹出如图 4-39 所示的创建网络表对话框。创建网络表对话框设置完成后，单击"OK"按钮，将进入 Protel 99 SE 的记事本程序，结果将保存为".net"文件，产生如图 4-40 所示的网络表。

（7）选择"Report"→"Netlist Compare"命令，系统弹出如图 4-41 所示的对话框，在对话框中选择需要比较的网络表文件，然后单击"OK"按钮，系统会再次弹出选择网络表文件对话框，选择第二个网络表文件。

（8）比较后，程序自动进入文本编辑框，并产生如图 4-42 所示的网络比较表文件。

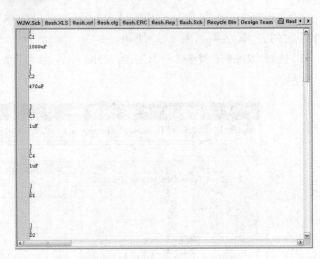

图 4-39 创建网络表对话框 图 4-40 生成元件的网络表

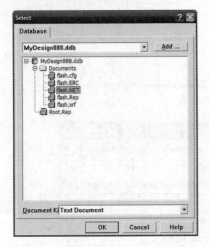

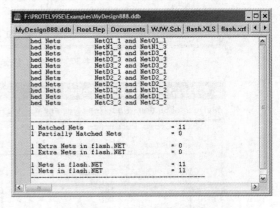

图 4-41 选择网络表文件对话框 图 4-42 生成网络比较表

本章小结

本章以电路图为基础，介绍了 ERC 的意义和重要性，接着阐述了网络表、元件采购报表、设计层次报表等其他报表的生成方法，最后介绍文件的保存和打印知识。本章有如下几个重要内容。

● 电气规则检查（ERC）和生成 ERC 报表。

● 生成网络表、元件引脚表、元件列表和元件交叉参考列表等。

通过本章的学习，读者能够熟悉 ERC 和各种报表的作用和产生的方法，为以后的工作打下基础。

第5章 元件库的建立

虽然 Protel 99 SE 软件为电路设计人员提供了丰富的元件库,但是由于电子技术的发展日新月异,设计人员经常发现所需要用到的元件在现有的元件库中不存在,这就需要读者自己动手来创建元件,并将创建好的元件保存到自己的元件库中,以备今后设计时再次使用。Protel 99 SE 提供了一个功能强大的、完善的建立元件库的工程程序,即元件库编辑器,本章将主要讲解如何使用元件库编辑器来生成元件和建立元件库。

本章要点

- 元件库编辑器的使用
- 元件库的管理
- 创建新元件
- 生成元件库报表

本章案例

- LED 的制作
- 生成元件库报表

5.1 元件库编辑器

Protel 99 SE 软件可以通过元件库编辑器来完成元件的制作和元件库的创建。因此,熟悉元件库编辑器是很有必要的。

5.1.1 加载元件库编辑器

在进行元件编辑前首先要加载元件库编辑器,其具体实现步骤如下。

(1)打开 Protel 99 SE 软件,在当前设计管理器下,选择"File 文件"→"New 新建文件"命令,如图 5-1 所示,系统将弹出如图 5-2 所示的新建文件对话框。

图 5-1 选择新建文件命令

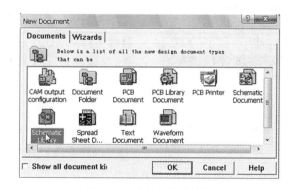

图 5-2 新建文件对话框

(2)在弹出的新建文件对话框中选择"Schematic Library"(原理图库文档)。

(3)单击"OK"按钮或双击图标,系统自动在"Documents"中创建一个新的元件库文件,用户可以对新建文件名进行修改，如命名为"张三的元件库.lib"，如图 5-3 所示。

（4）双击新建的元件库文件，进入到原理图元件库编辑器工作界面，如图 5-4 所示。

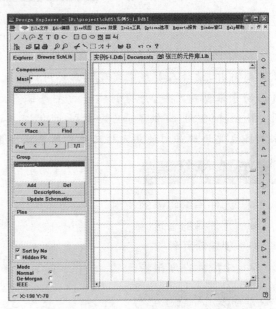

图 5-3　创建新的元件库文件　　　　图 5-4　原理图元件库编辑器工作界面

5.1.2　元件库编辑器界面的组成

元件的制作是通过如图 5-4 所示的元件库编辑器工作界面来完成的，元件库编辑器界面主要包括元件管理器、工具栏、编辑区、菜单等几部分。其中，工具栏包括主工具栏和常用工具栏。常用工具栏由两个重要部分组成，即绘图工具栏和 IEEE 符号工具栏，下面对各个部分进行详细介绍。

5.1.3　元件库的管理

对元件库编辑器界面深入认识，是制作元件、管理元件及其后续工作必不可少的，只有清楚掌握了各部分的组成及功能，才能轻松地按照要求绘制出自己想要的元件，同时保存以备后用，提高效率，节省时间。

图 5-5　"Browse SchLib"选项卡

单击如图 5-5 所示的元件库编辑器的"Browse SchLib"选项卡，进入到元件管理器界面，元件管理器位于元件库编辑器界面的左边，如图 5-6 所示。由元件库编辑器制作的元件，可以通过元件管理器进行有效的管理。

由图 5-6 可知，元件管理器包括四个部分：Components、Group、Pins、Mode，下面分别对各个部分进行介绍。

1）Components

（1）Mask：用来按照要求筛选元件。

（2）元件名显示区：位于屏蔽下方的方框区，用来显示元件的名称。

（3）"《"：选择元件库的第一个元件。

（4）"》"：选择元件库的最后一个元件。

（5）"〈"：选择前一个元件。

（6）"〉"：选择下一个元件。

（7）Place：该按钮的功能是将选择的元件放置到电路图中。单击该按钮，系统会自动进入到原理图界面，移动鼠标指针，将元件移动到合适的位置，右击，放置元件。

（8）Find：该按钮的功能是对在元件库中存在的元件或元件库进行搜索。单击该按钮，系统将弹出如图 5-7 所示的查找原理图元件对话框，在该对话框中可以输入查找对象，以及查找的范围。查找的文件主要是后缀为".ddb"和".lib"的文件。

图 5-6　元件管理器界面

图 5-7　查找原理图元件界面

● Find Component：该选项用来设置查找的对象。由界面可知，该软件提供两种搜索方法。

方法 1　选择"By Library Reference"复选框，然后在其编辑框中输入搜索的元件名。

方法 2　选择"By Description"复选框，然后在该编辑框中输入日期、时间或元件的大小等描述，系统会根据描述搜索所有符合要求的元件。

● Search：根据路径、目录、文件后缀等情况对文件进行搜索，可以设定查找对象，以及查找的范围。查找的文件主要是后缀为".ddb"和".lib"的文件。

● Found Libraries：在描述的列表框中显示搜索到的元件所属元件库。

● Add to Library List：可以将选中的元件库添加到当前元件管理器中。

● Description：当搜索完成后，在界面区将会显示元件库建立的时间、大小。如果整个搜索过程太慢，可以单击"Stop"按钮。

（9）Part：用来显示当前元件号及元件总数。其中，"〈"表示选择前一个元件，"〈"表示选择后一个元件。

2）Group

（1）元件显示区：用来显示需要共用的元件。

（2）Add：单击该按钮，弹出如图 5-8 所示添加元件组的对话框，输入指定元件的名字，单击"OK"按钮,系统会将指定元件添加到该元件库中。

（3）Del:单击该按钮,系统将显示区中指定的元件自动从该元件库中删除。

（4）Description:单击该按钮,系统将弹出如图5-9所示的元件文本字段对话框。

这个对话框包括"Designator"、"Library Fields"、"Part Field Names"三个选项卡。

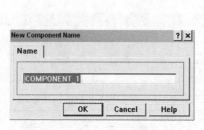

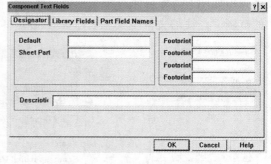

图5-8　添加元件组的对话框　　　　图5-9　元件文本字段对话框

● Designator:该选项卡包括默认序号,图纸部件文件、所选元件封装形式及关于本元件功能的简单描述等。

● Library Fields:库字段选项卡如图5-10所示,该选项卡包括八个文本字段,用户可以根据需要进行设置,在元件属性对话框中可以看到设计的相关的内容,用户不能在原理图中进行修改,每个编辑框内不能超过255个字符。

● Part Field Names:部件字段名选项卡如图5-11所示,该卡包括16个部件字段名,用户可以根据需要进行相关内容的设置,用户可以根据需要进行修改,每个编辑框内输入的字符不能超过255个。

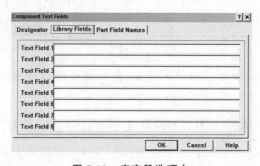

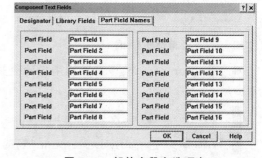

图5-10　库字段选项卡　　　　图5-11　部件字段名选项卡

（5）Update Schematics:单击该按钮,系统将该原理图中所有该元件做相同的更新和修改。

3）Pins

（1）管脚显示区:显示所有绘制的管脚。

（2）Sort by Name（按名称排序复选框）:是否按名称排列。

（3）Hidden Pins（隐藏的管脚复选框）:是否显示隐藏管脚。

4）模式

模式包括 Normal（正常）、De-Morgan（反逻辑）和 IEEE。

5.1.4　元件库编辑器工具栏

这里将讲解元件库编辑器的工具栏,元件库编辑器包括主工具栏和常用工具栏,其中常用工具栏由绘图工具栏和 IEEE 工具栏组成。

1. 主工具栏

选择"View 视图"→"Toolbars 工具条"→"Main Toolbar 主工具条"命令,如图 5-12 所示,将弹出如图 5-13 所示的主工具栏。

图 5-12　选择主工具条命令　　　　　　　图 5-13　主工具栏

主工具栏主要包括对元件选择、放大、缩小、粘贴,以及绘图工具栏、IEEE 符号工具栏的快捷打开方式。

2. 绘图工具栏

单击主工具栏的图标或选择"View 视图"→"Toolbars 工具条"→"Drawing Toolbar 绘图工具条"命令,如图 5-14 所示,将弹出如图 5-15 所示的绘图工具栏。

图 5-14　选择绘图工具条命令　　　　　　　图 5-15　绘图工具栏

绘图工具栏中各个功能的使用方法已经在第 3 章中做了详细的说明,读者可以参考。

3. IEEE 符号工具栏

选择"View 视图"→"Toolbars 工具条"→"IEEE Toolbar IEEE 工具条"命令,如图 5-16 所示,将弹出如图 5-17 所示的 IEEE 工具栏。IEEE 工具栏的按钮功能如表 5-1 所示。

```
View视图   Place 放置   Tools工具   Options选项   Reports报告   Window窗
  Fit Document 适合文档
  Fit All Objects 适合全部实体                    ↶ ↷ ?
  Area 区域
  Around Point 以点为中心        PROGRAM FILES\DESIGN EXPLO
  50%                           uibo.ddb  ⚑ Schlib1.Lib  S
  100%
  200%
  400%
  Zoom In 放大
  Zoom Out 缩小
  Pan 摇景
  Refresh 刷新
  Design Manager 设计管理器
✓ Status Bar 状态栏
  Command Status 命令状态栏
  Toolbars 工具条              ►   Main Toolbar 主工具条
  Visible Grid 可视网格            IEEE Toolbar IEEE 工具条
  Snap Grid 捕获网格               Drawing Toolbar 绘图工具条
  Show Hidden Pins 显示隐含管脚     Customize... 定制
```

图 5-16 选择 IEEE 工具条命令   图 5-17 IEEE 工具栏

表 5-1 IEEE 工具栏按钮功能表

图 标	功 能
○	放置低态信号
←	放置左向信号
⊵	放置上升沿触发时钟脉冲
⅄	放置低组态触发输入符号
⌒	放置模拟信号输入符号
✳	放置无逻辑性连接符号
⌐	放置具有暂时性输出的符号
⚭	放置具有开集性输出符号
▽	放置高阻抗状态符号
▷	放置高输出电流符号
⊓	放置脉冲符号
⊢⊣	放置延时符号
]	放置多条 I/O 线组合符号
}	放置二进制组合的符号
⊩	放置低阻态触发输出符号
π	放置 π 符号
≥	放置大于等于符号
⚭	放置开集性输出符号
◇	放置射极输出符号
⚥	放置具有电阻接地射极输出符号
#	放置数字输入信号

图 标	功 能
▷	放置反相器符号
◁▷	放置双向信号
←	放置数据左移符号
≤	放置小于等于符号
Σ	放置求和符号
⊓	放置施密特触发输入特性符号
⇢	放置数据右移符号

5.1.5 实例5-1——LED 的制作

在元件库编辑器编辑环境中制作一个七段数码管(LED)。

该实例的最终结果如图 5-18 所示。

操作步骤

(1)进入到 Protel 99 SE 的开发环境,选择"File 文件"→"New 新建文件"命令,新建一个命名为"实例5-1.ddb"的设计数据库,如图 5-19 所示,单击"OK"按钮,将出现如图 5-20 所示的界面。

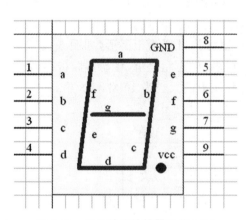

图 5-18 用元件库编辑器制作 LED

图 5-19 新建设计数据库

图 5-20 设计数据库操作界面

(2)双击"Documents"后,选择"File 文件"→"New 新建文件"命令,从弹出的新建文件对话框中选择原理图库文档,双击该图标,系统将会自动创建一个默认名为"Schlib1.Lib"的元件库文件，如图 5-21 所示。

（3）双击"Schlib1.Lib"文件，进入到元件库编辑器，如图 5-22 所示。

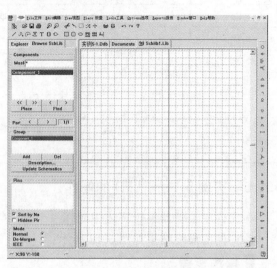

图 5-21　创建元件库文件　　　　　　　图 5-22　元件库编辑器界面

（4）选择"View 视图"→"Zoom In 放大"命令（快捷键为 Page Up）和选择"View 视图"→"Zoom Out 缩小"命令（快捷键为 Page Down）将元件绘图区域四个象限的交点调整到合适的程度。在绘图的四个象限中，一般元件都放置在第四象限；将四个象限的交点，作为元件的基准点。

（5）选择"Place 放置"→"Rectangle 矩形"命令，鼠标指针变为十字形，如图 5-23 所示。将十字形鼠标指针的中心移到坐标原点（基准点），以该点作为左上角，移动鼠标指针到合适的位置，右击，结束直角矩形的绘制。本实例设置直角矩形的大小为 10 格×13 格，如图5-24所示。

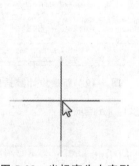

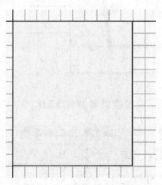

图 5-23　光标变为十字形　　　　　　　图 5-24　绘制直角矩形

（6）选择"Place 放置"→"Pins 管脚命令"或单击绘图工具栏上的 ⚏ 图标后，鼠标指针如图 5-25 所示。放置时可以按空格键使引脚逆时针旋转 90°，如果在放置引脚前按一下 Tab 键，会弹出如图 5-26 所示的引脚属性对话框；也可以先单击，放置引脚后，然后双击需要编辑的引脚，打开引脚属性编辑对话框，在对话框中对引脚的属性进行修改。

（7）放置管脚并对管脚的属性进行修改，修改内容参考表 5-2，其余都选择默认值，管脚通过直接移动的方法放置到合适的位置，这样更加直观、方便，管脚修改后如图 5-27 所示。

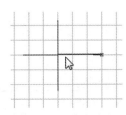

图 5-25 放置引脚

图 5-26 引脚属性对话框

注意:读者在设计之前,需要对每个管脚的电气类型进行查询和确定。

表 5-2 放置管脚的属性

管 脚 号	管脚名称	管脚角度/(°)	电气类型	X、Y 向位置
管脚 1	a	180	输入	(0,-30)
管脚 2	b	180	输入	(0,-50)
管脚 3	c	180	输入	(0,-70)
管脚 4	d	180	输入	(0,-90)
管脚 5	e	0	输入	(100,-30)
管脚 6	f	0	输入	(100,-50)
管脚 7	g	0	输入	(100,-70)
管脚 8	GND	0	电源	(100,-10)
管脚 9	VCC	0	电源	(100,-90)
管脚 10	DP	0	输入	(100,-110)

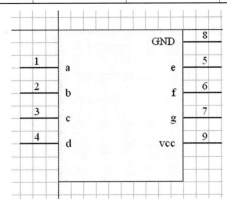

图 5-27 完成管脚的放置

（8）绘制隐藏管脚。本实例中 LED 的 DP(小数点)管脚是隐藏管脚,按照步骤 7 的方法放置管脚,同时修改管脚的属性,如图 5-28 所示,单击"OK"按钮,确认修改内容。

（9）选择"Place 放置"→"Line 线"命令,这时鼠标指针变成十字形,按一下 Tab 键,将弹出"PolyLine"的属性对话框,对线条颜色和大小进行修改,如图 5-29 所示,在合适的位置单击,放置直线,结果如图 5-30 所示。

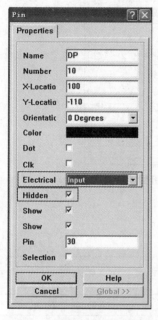

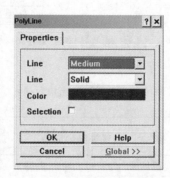

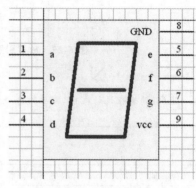

图 5-28　设置隐藏管脚的属性　　图 5-29　线条属性对话框　　图 5-30　放置直线

（10）选择"Place 放置"→"Ellipses 椭圆"命令,这时鼠标指针变成十字形,按一下 Tab 键将弹出属性对话框,对椭圆的属性按照图 5-31 进行修改。在合适的位置单击,放置椭圆,如图 5-32 所示。

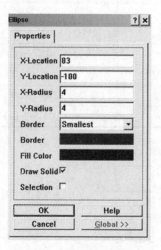

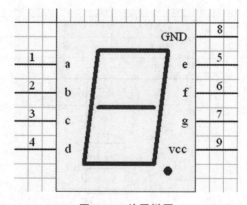

图 5-31　设置椭圆的属性　　　　　图 5-32　放置椭圆

（11）选择"Place 放置"→"Text 字符串"命令,这时鼠标指针变成一个虚线框,移动鼠标放置字符串 a、b、c、d、e、f 和 g,如图 5-33 所示,这时元件 LED 绘制完毕。

（12）选择"Tool 工具"→"Rename Component 元件重命名"命令,弹出"New Component Name"对话框,如图 5-34 所示。将元件名改为"LED",然后选择"File 文件"→"Save 保存"

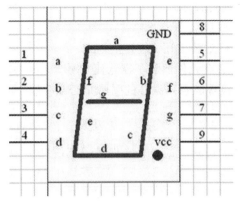

图 5-33　放置字符串

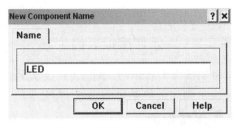

图 5-34　修改元件名对话框

命令将元件保存到当前元件库中,随后元件的显示区中出现一个名字为"LED"的元件,该元件被保存在"Schlib1.Lib"中,而该库是被自动保存在"实例 5-1.ddb"设计数据库文件中。

 ## *5.2*　生成元件库报表

　　元件有三种类型的报表:库元件报表、元件库报表、元件库规则检查报表,如图 3-35 所示,下面分别对它们进行详细的介绍。

　　(1)库元件报表:库元件报表是用来列举元件库中的元件所有相关信息的文件,扩展名为".Cmp"。选择"Report 报告"→"Component 元件"命令,可以将元件库编辑器当前窗口中的元件生成库元件报表,系统会自动打开"Text Edit"程序来显示其内容。

　　(2)元件库报表:元件库报表列出了当前元件库所有元件的名称及相关描述,扩展名为".Rep"。选择"Report 报告"→"Library 库"命令,可以对元件库编辑器当前窗口中的所有元件生成元件库报表,系统会自动打开"Text Edit"程序来显示其内容。

　　(3)元件库规则检查报表:元件库规则检查主要用来帮助用户对元件进行基本的检查,包括检查元件库中的元件是否有错误,并将有错误的元件列出来,指出错误原因等。选择"Report 报告"→"Component Rule Check 元件规则检查"命令,系统将弹出如图 5-36 所示的"Library Component Rule Check"对话框,在该对话框中可以设置元件库规则检查的属性。

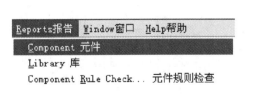

图 5-35　元件的三种类型报表

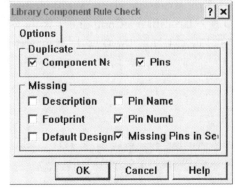

图 5-36　元件库规则检查属性对话框

● Component Name(元件名):元件名复选框是用来设置元件库的元件是否重命名。

● Pins(管脚):管脚复选框用来设置元件库的管脚是否重命名。

- Description(描述)：检查是否有元件遗漏了元件描述。
- Pin Name(管脚名)：检查是否有元件遗漏了管脚名称。
- Footprint(封装)：检查是否有元件遗漏了元件封装描述。
- Default Design Number(缺省序号)：检查是否有元件遗漏了默认流水号。
- Missing Pins in Sequence(丢失引脚序列)：检查成系列编号的引脚是否缺失。

实例 5-2——元件库报表的生成

将实例 5-1 制作的元件 LED 生成元件报表，并通过对应的报表文件显示其信息。
该实例的最终结果如图 5-37 所示。

操作步骤

（1）进入到元件库编辑器界面，可以看到实例 5-1 中绘制好的 LED，选择"Report 报告"
→"Component 元件"命令后，可以对元件库编辑器当前窗口中的元件生成元件报表，系统会
自动打开"Text Edit"程序来显示其内容，如图 5-38 所示。在该报表中列出了该元件所有的
相关信息，如元件的名称、子元件的个数及各个子元件的引脚等。

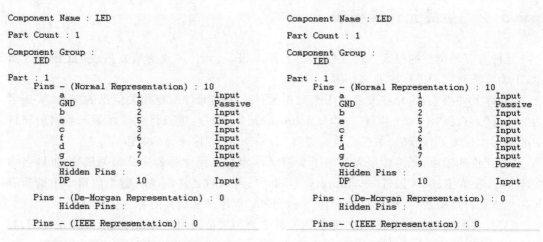

图 5-37　LED 元件的元件报表　　　　图 5-38　生成元件报表

（2）选择"Report 报告"→"Library 库"命令，可以对元件库编辑器当前窗口中的元件生
成元件库报表，系统会自动打开"Text Edit"程序来显示其内容，如图 5-39 所示。

（3）选择"Report 报告"→"Component Rule Check 元件规则检查"命令，系统将弹出如
图 5-40 所示的"Library Component Rule Check(元件规则检查)"对话框，设置元件库规则
检查的属性，单击"OK"按钮，系统弹出元件规则检查报表。

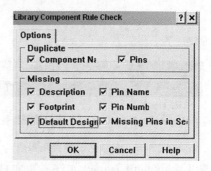

图 5-39　生成元件库报表　　　　图 5-40　元件库规则检查属性对话框

本章小结

　　新建元件和元件库是绘制电路原理图中的一个非常重要的工作，所以专门将创建元件和元件库作为单独的一章向读者介绍。为了详细说明创建自定义元件，本章通过实例来介绍这一过程：包括新建元件库、新建元件、绘制元件的外形、放置元件管脚、设置元件管脚属性和生成元件库报表等内容。

第6章　电路原理图工程设计实例

本书前几章详细讲解了有关 Protel 99 SE 原理图设计系统的基本知识,让读者对原理图设计有初步认识。本章主要结合两个工程实例(I/V 变换信号调理电路原理图和小型调频发射机电路原理图),来一步一步详细讲解,让读者学习后能轻松设计一般电路。

本章要点

- 设计数据库的建立与管理
- 载入元件库
- 新建元件
- 放置元件和元件标号
- 原理图连接
- 电气规则检查

本章案例

- I/V 变换信号调理电路原理图
- 小型调频发射机电路原理图

6.1　I/V 变换信号调理电路原理图

本节介绍如何利用前面章节讲解的基础知识设计 I/V 变换信号调理电路的原理图,与之对应的 PCB 设计将在第 12 章中具体讲述。

6.1.1　I/V 变换信号调理电路原理图

在设计原理图之前,需要对设计的内容有大致的了解,做到心中有数。在控制系统及测量设备中,常需要将电流与电压相互转换,图 6-1 所示就是一个将传感器输出的电流信号转换为 A/D 所需的电压信号的信号调理电路。该模块主要由两个部分组成:射极跟随电路和放大电路。从图 6-1 中我们可以看出,该原理图主要是由两个运算放大器 OP07 和一些电阻、电容、二极管等元件组成。

6.1.2　新建设计数据库

打开 Protel 99 SE 软件,选择"File 文件"→"New 新建文件"命令,系统会弹出如图 6-2 所示的窗口,将设计数据库名改为"IV.Ddb",并设置好数据库存储的路径,然后单击"OK"按钮,将弹出如图 6-3 所示的操作界面。双击"Documents"图标,可以进入文件夹操作区,如图 6-4 所示。

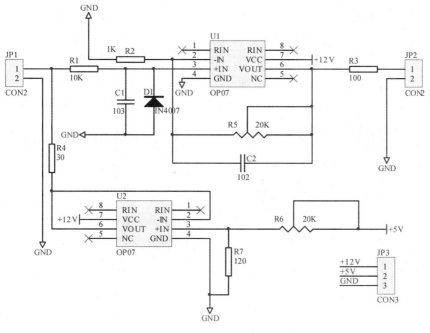

图 6-1 I/V 变换信号调理电路原理图

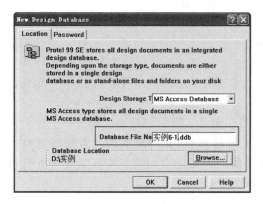

图 6-2 设置工程文件存储路径对话框

图 6-3 设计数据库操作界面

图 6-4 文件夹操作区

6.1.3 新建原理图设计文档

在文件夹操作区右击,选择"File 文件"→"New 新建文件"命令,在图 6-5 中选择原理图图标"Schematic Document",单击"OK"按钮,完成原理图设计文档的新建,同时将原理图命名为"IV. Sch"。

6.1.4　新建元件库

在实际的设计中经常碰到这样的问题，需要用到的元件在 Protel 99 SE 提供的标准库中找不到，这个时候就要读者根据实际需要来建立自己的元件库，这一小节中将主要讲解这个问题。

在文件夹操作区右击，选择"File 文件"→"New 新建文件"命令，在图 6-6 中选择原理图库文件图标"Schematic Library Document"，单击"OK"按钮，完成原理图元件库的新建。

图 6-5　新建原理图文件

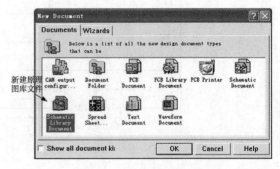

图 6-6　新建元件库文件

元件库的命名一般根据个人的习惯来确定，可以按类别分别建立自己的原理图库文件，如电容电感元件库、TTL 逻辑元件库、IC 集成芯片元件库等，也可以用使用者的姓名来命名元件库。这里命名为"张三的元件库.Lib"，元件库建立完成后如图 6-7 所示。

6.1.5　新建元件

元件库建立好后，就可开始着手绘制自己的元件。从图 6-1 所示的 I/V 变换信号调理电路的原理图中可以看出，需要自己绘制的两个元件分别是 OP07 运算放大器和滑动变阻器，下面具体讲解如何在元件库中绘制自己的元件。

在图 6-7 中双击"张三的元件库.Lib"图标，弹出如图 6-8 所示的界面。图 6-8 中标识的元件绘制参考点是绘制元件封装的基准点。绘制元件的时候，元件放置的位置最好就在这个基准点附近，不要离基准点太远，否则调用该元件的时候可能会出现根本就选不中元件的情况，具体的情况读者可以自己试试，观察一下不同之处。

图 6-7　新建一个元件库

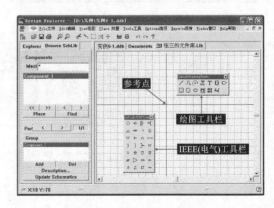

图 6-8　新建元件的界面

通过前面的学习，大家对元件的绘制也有一定的了解，在元件的绘制中最重要的内容是具有电气意义的引脚和引脚号，而元件的外形是不具有电气意义的。因此对于任何一个元件的外形，都可以根据自己的习惯来绘制，或者根据元件的外形来绘制都是可以的，因为这些外形图仅仅是起一个示意的作用。因为在原理图中各个元件之间的连接意义都体现为各个元件之间引脚的连接,因此在绘制元件的过程中我们的重点为元件引脚的标号和定义,而对于外形只要符合一般的标注标准就可以了。

接下来绘制一个集成 IC 芯片 OP07,选择"Tools 工具"→"New Component 新建元件"命令,在弹出的如图 6-9 所示的窗口中给元件命名。

OP07 是一个运算放大器,有很多书上都将该元件画成三角形,本书将其绘制成包含八个引脚的矩形,因为运算放大器实际芯片就是这个样子,读者可以根据自己的习惯来画。单击绘图工具栏中的 ▢ 图标,绘制如图 6-10 所示的矩形框。

图 6-9 给新元件命名

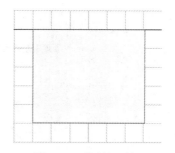

图 6-10 绘制矩形框

绘制完元件 OP07 的外形后,开始添加具有电气意义的管脚。管脚属性中最重要的就是管脚名和管脚号,管脚名和管脚号是直接与元件的 PCB 封装相对应的。管脚名顾名思义就是管脚的名字,在绘制元件的过程中管脚名要与实际元件的管脚名对应起来,这个和管脚号是密切相关的。如果管脚名和管脚号定义错误,轻则可能在导入网络表的时候报错,重则会使整个电路板由于芯片的管脚定义错误而报废,因此读者在这里要非常注意。

在操作区中选择"Place"→"Pins"命令添加管脚,如图 6-11 所示,同时通过"PageUp"和"PageDown"键来放大或者缩小当前的视图。

放置时的管脚状态如图 6-12 所示,管脚的一端是电气捕捉点,在绘制元件的过程中要将该电气捕捉点放置于元件的外侧,因为该捕捉点是在绘制原理图过程中用来与电气导线连接的,这一点非常重要,千万不要弄反。管脚在图 6-12 所示的状态下,按"Tab"键,弹出如图 6-13 所示的管脚属性对话框,1 管脚对应的名字为 RIN。用同样的方法添加其他管脚。

图 6-11 添加管脚命令

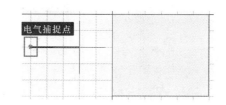

图 6-12 放置时的管脚状态

小技巧:在添加管脚的时候将管脚号的初值设置为 1,以后每放置一个管脚系统会自动加 1,这样就不用每放置一个管脚就修改一次管脚号,放置好 8 个管脚,并且将与之对应的管脚名填上。

完成之后的 OP07 如图 6-14 所示。

电气属性在不进行仿真分析时没有实际的作用，为了避免以后在导入网络表的过程中报错，因此这里采用一个简便的设置方法，即将管脚的电气属性全部定义为高阻态或者 I/O 属性（即既可以输入也可以输出）。

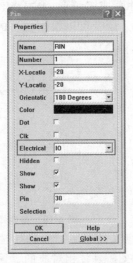

图 6-13　管脚属性对话框

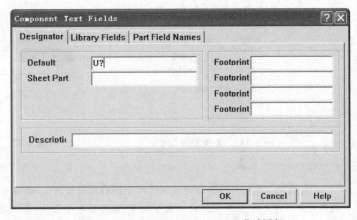

图 6-14　完成元件绘制

在图 6-14 中，1 管脚为偏置平衡端（调零端）；2 管脚为反向输入端；3 管脚为正向输入端；4 管脚为接地端；5 管脚为悬空；6 管脚为输出端；7 管脚为电源端；8 管脚为偏置平衡端（调零端）。

管脚的长短主要涉及元件封装的外观，可以通过改变该属性值来改变管脚的长短，这里就不具体阐述了，还有一些属性的设置可以参照前面章节的说明来进行。

一个元件绘制完成后，接下来对元件的标号进行描述，单击元件库管理器对话框中的

 Description... 按钮，如图 6-15 所示，弹出如图 6-16 所示的"Component Text Fields"对话框，因为 OP07 是一个芯片，在"Default"文本框中输入"U?"后（"?"为通配符），单击"OK"按钮，这样一个运算放大器芯片就绘制完成了。这时可以在"张三的元件库. Lib"中找到 OP07 这个新建元件。

图 6-15　元件库管理器话框

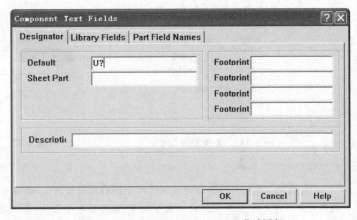

图 6-16　"Component Text Fields"对话框

6.1.6 放置元件和元件布局

在放置元件之前,首先需要添加元件库,一般情况下,系统默认"Miscellaneous Devices. Lib"为基本元件库。它里面包含的元件数量有限,当需要基本元件库之外的其他元件时,就需要继续添加元件库。添加元件库有两种方法,一种是单击工具栏中的快捷图标,另一种是单击元件库视图中的"Add/Remove"按钮,如图 6-17 所示。

根据 I/V 变换信号调理电路的要求,这里只需要将"张三的元件库. Lib"添加进来就可以了。在图 6-18 所示的对话框中,单击"查找范围"下拉列表找到元件库的路径,系统一般默认其在 Protel 99 SE 自带的元件库目录中。选择之前的保存路径并选择"实例 6-1. ddb",单击"Add"按钮,再单击"OK"按钮,元件库添加完成,退出该对话框,可以在元件视图中看到上一小节中自己绘制的元件。

图 6-17 添加元件库   图 6-18 添加"实例 6-1. ddb"

元件库添加完成之后,开始放置元件。选择"张三的元件库. Lib"中的 OP07 元件,单击"Place"按钮,可以看到鼠标指针上出现一个元件,如图 6-19 所示。单击后在原理图上放置元件,连续放置两个,放置完成后右击,释放该功能。

元件 OP07 放置完成后,I/V 变换信号调理电路原理图中其他的元件都可以在"Miscellaneous Devices. Lib"中找到。

下面首先放置两个插座,一个是信号的输入端,另一个是信号的输出端。选择元件"CON2"后,单击"Place"按钮,可以通过按一下 X 键或按一下 Y 键来改变元件的对称关系,如图6-20所示。

接下来按照前面章节介绍的方法和步骤,依次放置电阻、电容、二极管等元件。在原件库中选择元件的时候,主要元件是按字母的顺序放置于库中的,电阻的通用名称是"RES",电容的名称是"CAP",二极管的名称是"DIODE"。这样整个原理图的元件就全部放置于原理图中。然后根据设计的需要来调整元件的位置,单击要移动的元件并按住鼠标不放,就可以拖动元件任意移动,元件布局好后的结果如图 6-21 所示。

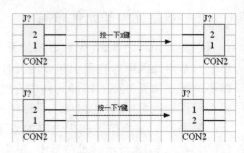

图 6-19　放置元件　　　　　　　　　　　图 6-20　放置插座

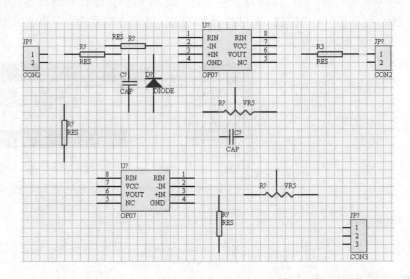

图 6-21　放置完全部元件并完成原理图布局

　　元件放置完成后，根据设计要求给所有元件标上参数值，下面以电阻为例进行介绍。在原理图中双击电阻，弹出属性设置对话框，如图 6-22 所示。在"Part"文本框中输入电阻的阻值，然后单击"OK"按钮。其他元件的标注方法相同，完成后的电路如图 6-23 所示。

图 6-22　元件属性对话框

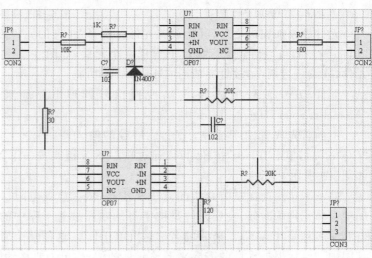

图 6-23　完成元件的标注

6.1.7 元件标号

修改元件的标号有两种方法:一是双击元件,在元件属性对话框中修改;二是用系统自动编号的方法对所有元件进行标号。这里采用系统提供的自动编号功能对元件进行编号,选择"Tools 工具"→"Annotate 注释"命令,系统会弹出如图 6-24 所示的对话框,在对话框中选择需要编号的元件和元件编号的顺序,然后单击"OK"按钮,完成编号的结果如图 6-25 所示。

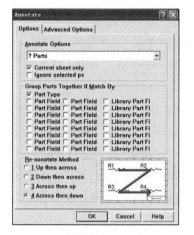

图 6-24　元件自动编号属性对话框

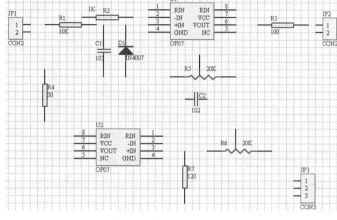

图 6-25　完成元件编号后的原理图

6.1.8 原理图连接

完成了上面的所有步骤之后,就可开始连接原理图中的元件。单击布线工具栏中的 ≋ 图标开始布线,如图 6-26 所示。要特别注意区分布线工具和绘图工具中的连线,这两种连线是不一样的。布线工具中的连线具有电气连接意义,用于连接元件,因此在连接电气线路的时候一定不能用绘图工具。布线完成后,电路如图 6-27 所示。

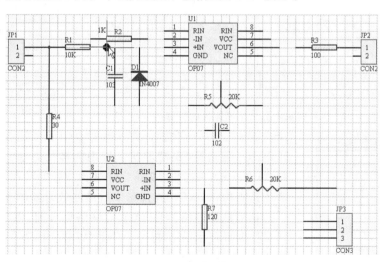

图 6-26　开始布线

原理图元件间的布线完成后,选择"Place 放置"→"Directives 标志"→"No ERC 不做ERC"命令,或选择工具栏中的 ✖ 图标,在不连接的引脚上单击,在该引脚上打一个叉,表示该引脚不连接,如图 6-28 所示。

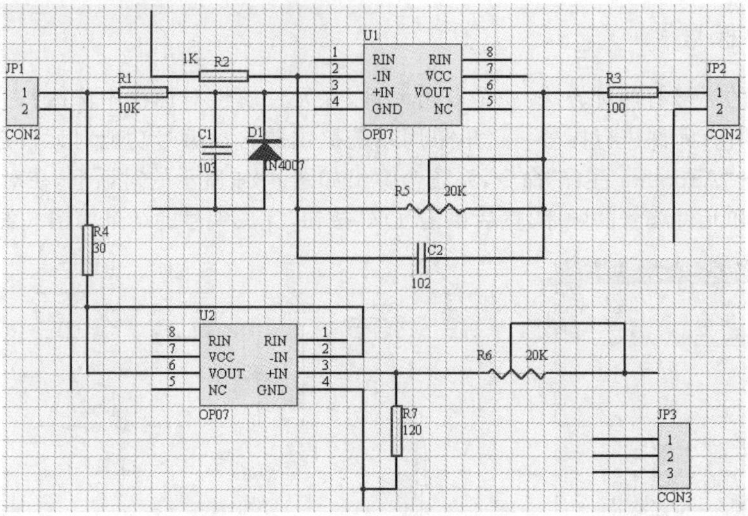

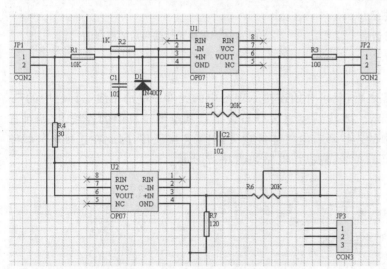

图 6-27　完成布线后的原理图

接着在原理图中添加电源和接地符号，在布线工具栏中单击 ⟂ 图标，按一下 Tab 键，弹出如图 6-29 所示的对话框，在"Net"文本框中输入"＋12V"，表示不论电源是什么外形，其电

图 6-28　在原理图中标示出不连接的引脚

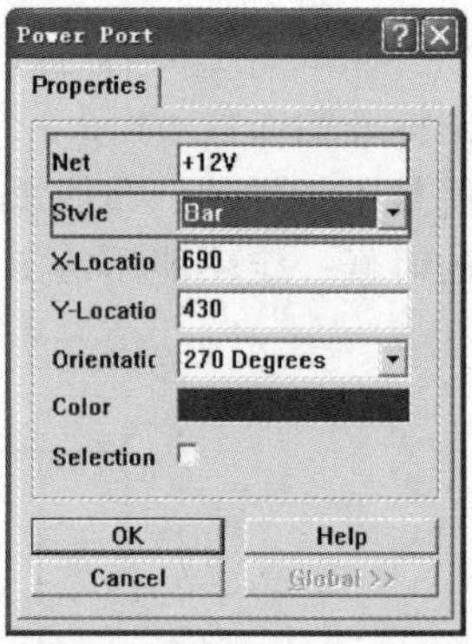

图 6-29　电源属性对话框

压均为＋12 V。在"Style"下拉列表中可以选择电源的外形，正电源一般选择"Bar"形状。使用同样的方法设置接地端，如图 6-30 所示，在"Net"文本框中输入"GND"，在"Style"下拉列表中选择"Arrow"。放置完成后最终效果如图 6-31 所示。

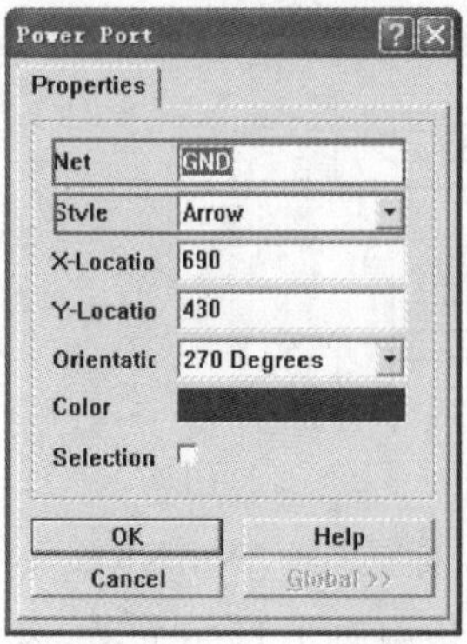

最后放置网络标号，在放置网络标号前，将"CON3"的管脚通过绘制导线的方式延长。单击"Wring Tools"工具栏中的 🔲 图标，运行放置网络标号命令，鼠标指针会变成十字形，此时按 Tab 键，弹出如图 6-32 所示的对话框，在"Net"文本框中输入"＋12V"，单击"OK"按钮，完成＋12V 网络标号的放置。用同样的方法，在原理图中放置＋5V 和 GND，如图 6-33 所示。

图 6-30　设置电源符号

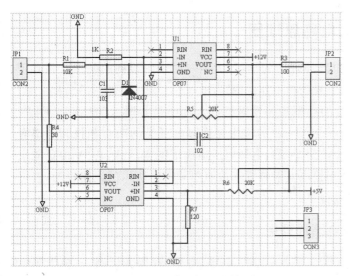

图 6-31　完成原理图连接

图 6-32　网络标号属性对话框

右侧页边：

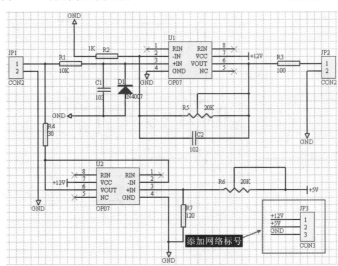

图 6-33　绘制完成原理图

6.1.9　电气规则检查

原理图连接完成之后,接下来对原理图进行电气规则检查,看是否所有的元件都已连接好。由于这个例子比较简单,自己检查就可以判断是否所有的元件都连接好了;如果是一个很复杂的系统原理图,那么电气规则检查的优越性就会十分明显。选择"Tools 工具"→"ERC 电气规则检查"命令,系统会给出一个报告,如图 6-34 所示。从图 6-34 中可以看出原理图绘制正确。

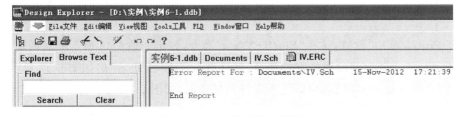

图 6-34　电气规则检查报告

6.2　小型调频发射机电路原理图

通过前面的 I/V 信号变换调理电路原理图的学习,大家对原理图绘制的基本步骤有了一定的了解,本节将绘制一个小型调频发射机电路的原理图。

下面介绍一种以 BA1404 为核心的小型调频发射机,BA1404 是美国 ROHM 公司生产的调频无线电发射专用集成电路,关于 BA1404 的应用在许多电子类的杂志和报刊上都有介绍,其集成度高,需要的外围元件少,工作可靠,电源电压适应范围宽,低至 1.5V 时仍能正常工作,很适合业余条件下制作各种无线电发射装置。按照图 6-35 所示的电路设计,就可以制作一台自己的小型立体声广播电台了。

6.2.1　分析小型调频发射机的电路原理图

小型调频发射机电路主要由 BA1404 芯片、电阻、电容、电感、音频变压器、三极管等组成,如图 6-35 所示。

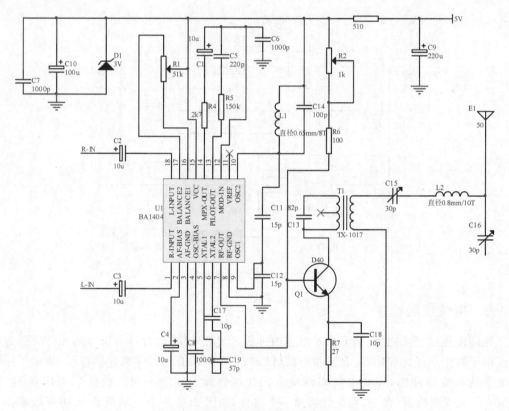

图 6-35　小型调频发射机电路

6.2.2　新建设计数据库

打开 Protel 99 SE 软件,选择"File"→"New"命令,弹出如图 6-36 所示的对话框,将文件命名为"实例 6-2.ddb",并设置好存储路径,然后单击"OK"按钮,弹出如图 6-37 所示的操作界面。双击"Documents"图标,可以进入文件夹操作区,如图 6-38 所示。

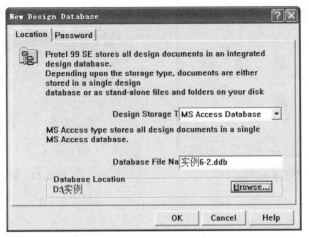

图 6-36　新建文件

图 6-37　设置存储路径

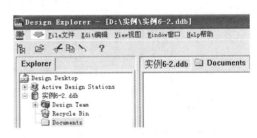

图 6-38　打开"Ducuments"文件夹

6.2.3　新建原理图设计文档

选择"File"→"New"命令,在图 6-39 中选中原理图图标(Schematic Document),单击"OK"按钮,新建一个原理图设计文档,同时将原理图命名为"发射机.Sch",如图 6-40 所示。

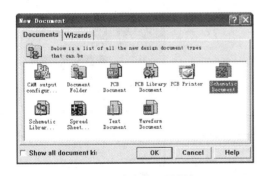

图 6-39　选中原理图图标

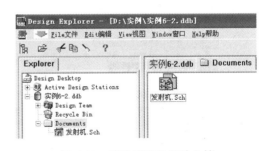

图 6-40　新建原理图设计文档

6.2.4　新建元件库

选择"File"→"New"命令,在图 6-41 中选中原理图库文件图标(Schematic Library Document),单击"OK"按钮,新建一个原理图元件库,该实例将元件库命名为"发射机.Lib",如图 6-42 所示。

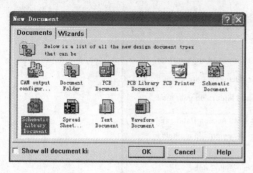

图 6-41　选中原理图库文件图标　　　　　图 6-42　新建原理图库

6.2.5　新建元件

图 6-43　绘制矩形框

按照实例 6-1 中的方法新建元件。在小型调频发射机电路中，除了 BA1404 芯片在元件库中找不到，其余的元件都可以找到。下面绘制元件 BA1404，首先用鼠标单击元件绘图工具栏中的□图标，在参考点处绘制一个 10 格×10 格的矩形框，如图 6-43 所示；然后按照芯片资料上 BA1404 的相关信息添加管脚，选择"Place 放置"→"Pins 管脚"命令添加管脚，如图 6-44 所示。BA1404 芯片有 18 个管脚，管脚添加完成后如图 6-45 所示。这里采用一个简便的设置方法，就是将管脚的电气属性全部定义为 I/O 属性，也就是既可以输入也可以输出，如图 6-46 所示。

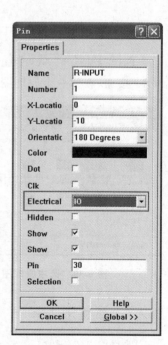

图 6-44　选择放置管脚命令　　　　图 6-45　完成管脚添加　　　　图 6-46　设置管脚属性

选择"Tools"→"Rename Component"命令，如图 6-47 所示，弹出如图 6-48 所示的对话框，在其中将元件命名为"BA1404"。这样，元件 BA1404 就绘制完成了。

图 6-47 选择重命名命令

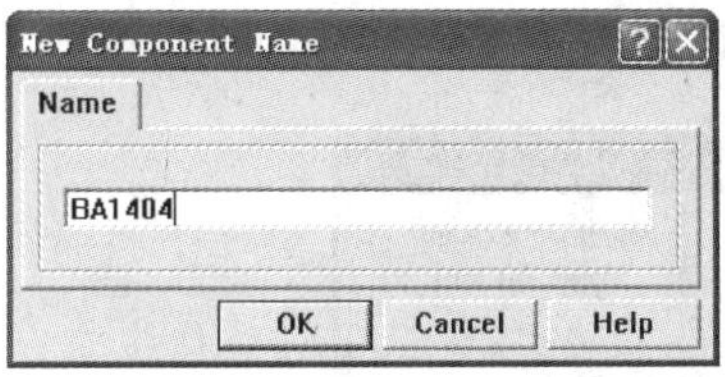

图 6-48 重命名元件

6.2.6 放置元件和元件布局

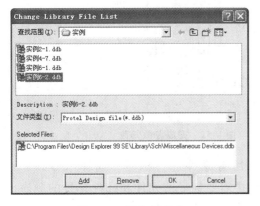

图 6-49 添加元件库

在放置元件之前,首先需要添加元件库。双击"发射机.Sch",打开原理图文件,单击元件库浏览器中的"Add/Remove"按钮,将"发射机.Lib"添加进来,"发射机.Lib"建立在"实例6-2.ddb"中。在图6-49所示的对话框中,选择"实例6-2.ddb",单击"Add"按钮,再单击"OK"按钮,完成元件库添加。

下面开始放置元件,各个元件在元件库中的名字分别为:电阻(RES2)、无极性电容(CAP)、电解电容(ELECTRO1)、电感(INDUCTOR)、稳压二极管(ZENER3)、滑动变阻器(POT2)、可变电容(CAPVAR)、三极管(NPN)、音频变压器(TRANS4)和天线(ANTENNA),全部元件放置完毕后,再对元件进行布局,调整之后的原理图如图6-50所示。

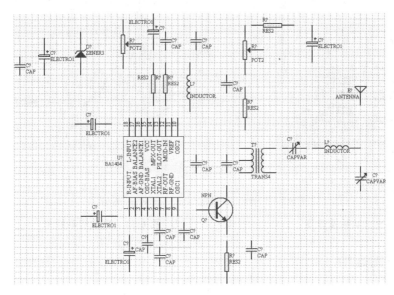

图 6-50 完成元件布局

6.2.7 元件标号

在修改元件标号之前,应先修改元件的"Part"参数。例如,双击稳压管元件,打开如图6-51所示的对话框,在"Part"文本框中输入"3V",然后单击"OK"按钮。使用同样的方法修改其他元件的"Part"参数,修改完后如图 6-52 所示。

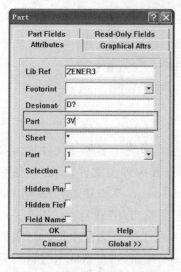

图 6-51　修改稳压管"Part"参数

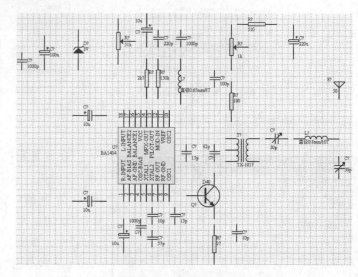

图 6-52　完成参数修改

修改元件标号,这里采用自动标号的方法对所有元件进行标号。选择"Tools"→"Annotate"命令,弹出如图 6-53 所示的对话框。选择需要标号的元件和元件标号的顺序,然后单击"OK"按钮,标号完成之后的电路如图 6-54 所示。

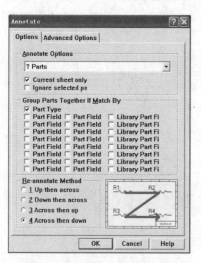

图 6-53　选择自动标号命令

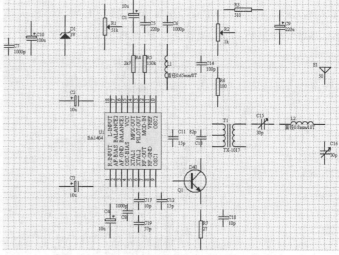

图 6-54　完成自动标号

6.2.8　原理图连接

完成了上面的所有步骤之后,开始连接原理图中的元件。单击布线工具栏中的图标开始布线,布线完成后的电路如图 6-55 所示。

6.2.9　放置电源和地

单击布线工具栏中图标,在原理图中添加电源和地符号,完成后的原理图如图 6-56所示。

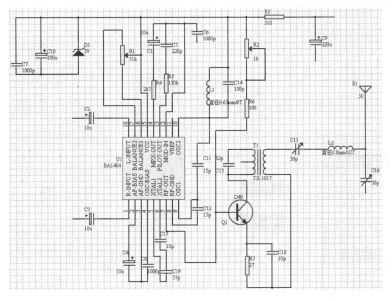

图 6-55　完成布线

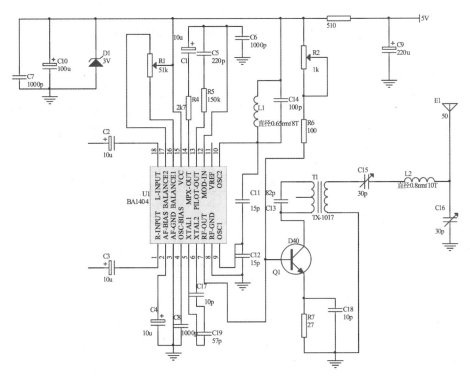

图 6-56　放置电液和地符号

6.2.10　放置网络标号

在放置网络标号前,选择"Place"→"Directives"→"No ERC"命令或者单击工具栏中的 ✖ 图标,在不连接的管脚上单击鼠标左键,在该管脚上打一个叉,表示该管脚不连接。

接着在元件管脚上加一小段电气连接线延长,单击"Wiring Tools"工具栏中的 图标,运行放置网络标号命令,光标会变成十字形,并出现一个随着光标移动的虚线方框,此时按

Tab 键,弹出如图 6-57 所示的网络标号属性对话框,在"Net"文本框中输入网络标号的名称,单击"OK"按钮。放置完成后,结果如图 6-58 所示。

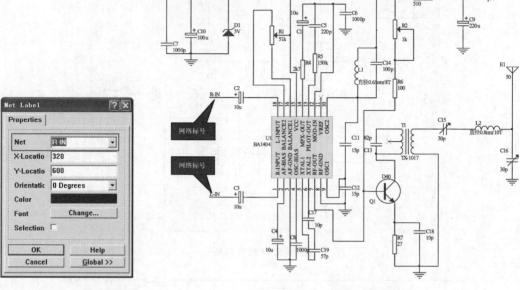

图 6-57　"Net Lable"对话框 　　　　　　　　图 6-58　放置网络标号

6.2.11　电气规则检查

原理图连接完成之后,接下来对原理图进行电气规则检查,查看是否所有的元件都连接好了。选择"Tools"→"ERC"命令,系统会弹出一个电气规则检查报告,如图 6-59 所示,从图中可以看出原理图绘制正确。

图 6-59　电气规则检查报告

本 章 小 结

本章主要结合两个工程实例:I/V 信号变换调理电路原理图和小型调频发射机电路原理图,从新建设计数据库开始,一步一步详细讲解原理图绘制的具体步骤,包括新建原理图设计文档、元件库、元件、放置元件、原理图连接、电气规则检查等,让读者对原理图设计有一个整体的了解和认识,能轻松设计一般电路。

第7章 PCB 编辑环境和基本操作

电路设计的最终目的是生成印制电路板(printed circuit board,PCB)文件。根据设计的原理图产生网络表文件,在 PCB 设计中引入网络表文件,将电路中元件的封装连接起来,从而开始印制电路板的制作。本章将结合实例,认识 PCB 及其编辑环境,学会如何设置环境参数,以及进行窗口操作和补泪滴、覆铜等操作。

本章要点

- PCB 编辑器
- 窗口操作
- 补泪滴
- 覆铜
- 规划印制电路板
- 库文件操作

本章案例

- 利用向导规划印制电路板
- 人工规划印制电路板
- PCB 覆铜

7.1 印制电路板概述

在日常生活中,印制电路板的使用比较广泛,小至电子日历、计算器和手机,大至家用电器、PC、生产控制及国防科技等。简单地说,印制电路板是通过在电路板上印制导线实现焊盘及过孔等的电气连接的器件,它也是电子器件的载体。由于它是采用了照相制版印刷技术制作的电路板,故称为印制电路板,即 Printed Circuit Board,简称 PCB 板。

1.印制电路板的分类

几乎所有的电子设备都需要印制电路板的支持,因此印制电路板在电子工业中已经占据了绝对统治的地位。在实际应用中,印制电路板的种类繁多,其应用场合也各不一样。印制电路板可以按照不同的分类方法进行分类。

1)根据印制电路板的结构分类

(1)单层板:一面有覆铜,另一面没有覆铜。用户只能在电路板有覆铜的一面进行布线并放置元件。

(2)双层板:两面都有覆铜,且两面都可放置元件。双层板包括顶层(Top Layer)和底层(Bottom Layer)。一般在顶层放置元件,为元件层;底层进行元件的焊接,为焊锡层。两面之间通过过孔(Via)使两面导线电气连通。

(3)多层板:具有多个工作层面,不仅包含顶层和底层,还有信号层、内部电源层、中间层和丝印层等。实际上，多层板可看作是由多个单层或双层的布线板组合而成，可以增加布线面积，多层板使用数片双层板，并在每层板间放入一层绝缘层后压合。电路板的层数就代表了独立的布线层的层数，通常层数都是偶数，并且包含最外的两层。例如，一般多层板的导电层数为4层、6层、8层和10层。

由于多层板包含绝缘层等，可避免电路中的电磁干扰问题，从而提高了电路系统的可靠性。由于具有多个导电层，多层板还具有布线面积宽、布线成功率高、走线短和结构紧凑等优点。目前大多数复杂电路均采用多层板，例如大部分计算机的主板都是4~8层的结构。

2）根据印制电路板的材质分类

印制电路板的材质会严重影响印制电路板的机械特性和电气特性。

（1）有机印制电路板：材质一般为环氧树脂、PPO树脂和氟系树脂等，各种树脂机特性和电气特性也各不一样。

（2）无机印制电路板：一般选用铝、钢和陶瓷等为基材，主要利用其良好的散热性，常用于高频电子线路设计中。

在实际电路设计中，经常将元件放置在面包板上，并通过导线进行连接。

2．印制电路板的组成

印制电路板主要由工作层面、焊盘、过孔、铜膜导线及元件封装组成。

1）工作层面

由于电子线路的元件安装比较密集，并且由于防干扰和布线等特殊要求，很多电子产品中所用的印制电路板不仅有上下两面供走线，在板的中间还有能被特殊加工的铜箔，例如计算机主板所用的导电层面多在四层以上。这些层因加工相对较难而大多用于设置走线较为简单的电源布线层，并常用大面积填充的办法来布线。

印制电路板的工作层面可分为七大类：信号层、内部电源/地层、机械加工层、丝印层、保护层、禁止布线层和其他层。各层的具体作用将在板层的设置中讲到。

2）焊盘

焊盘（Pad）是将元件与印制电路板中的铜膜导线进行电气连接的元素，根据焊接工艺的差异，焊盘可分为非过孔焊盘和过孔焊盘。一般，表贴元件采用非过孔焊盘，并且非过孔焊盘仅在顶层有效；而插针式元件采用过孔焊盘，并且过孔焊盘在多层有效。

（1）圆形焊盘：在印制电路板中应用最广泛的是圆形焊盘，元件的组装与焊接一般采用圆形焊盘，当圆形焊盘的横坐标和纵坐标不相等时，为椭圆形焊盘。对于非过孔焊盘，主要参数是焊盘尺寸；对于过孔焊盘，主要参数为焊盘尺寸及过孔尺寸，Protel 99 SE中默认设置的焊盘尺寸为过孔尺寸的两倍。

（2）矩形焊盘：矩形焊盘主要用来标志元件的第一引脚，也可用来作为表贴元件的焊盘。当设置焊盘为非过孔焊盘时，一般需将焊盘尺寸设置为略大于引脚尺寸，以保证焊接的可靠性。

（3）八角形焊盘：一般情况很少使用，当布线有特殊要求时常采用八角形焊盘。

三种焊盘如图7-1所示。

(a)圆形焊盘　　(b)矩形焊盘　　(c)八角形焊盘

图7-1　三种焊盘

3）过孔

对于多层板，为了使各个导电层的铜膜导线电气连通，必须在各个导电层有适当的电气连接，即过孔。过孔就是在各导电层需要连通的导线的交汇处钻的一个公共孔，如图7-2所示。工艺上在过孔的孔壁圆柱面上用化学沉积的方法镀上一层金属，用以连通中间各层需要连通的铜箔。

图7-2　过孔

（1）通孔：连接所有导电层的过孔。

（2）盲孔：连接顶层和内部导电层或连接底层和内部导电层的过孔。

（3）埋孔：连接内部导电层的过孔。

过孔涉及的参数主要是孔径尺寸与外径尺寸。孔径尺寸指过孔的内径大小，与印制电路板的板厚和密度有关，孔径尺寸比插针式元件的孔径尺寸小。外径尺寸是指过孔的最小镀层宽度的两倍加上孔径尺寸。

设计电路时对过孔的处理一般遵循以下原则。

（1）尽量少用过孔，一旦选用了过孔，需处理好过孔与周围实体的间隙。

（2）需要的载流量越大，所需过孔尺寸越大，如电源层和地层比其他层所用过孔的尺寸就要大一些。

4）铜膜导线

铜膜导线是在印制电路板上用来连接电路板上各焊盘、过孔的连线，它是电路设计中的主要组成部分之一。印制电路板的基板由绝缘、隔热、不易弯曲的材质制成，在基板上覆铜后，覆铜层按设计时的布线经过蚀刻处理后留下来的网状细小的线路就是印制的铜膜导线。

与铜膜导线有关的参数为导线宽度和导线间距。铜膜导线的最小宽度主要由导线与绝缘基板间的粘贴强度和流过它们的电流强度决定。在设计印制电路板之前，设计人员应首先设置导线宽度。铜膜导线宽度的设置原则是：在保证电气连接特性的前提下，尽量设置较宽导线，尤其是电源和地线，但是过宽的铜膜导线可能导致铜膜导线受热后与基板脱离。导线间距是指两条相邻导线边缘之间的距离。参数设计时，铜膜导线的间距必须足够宽：一方面是便于操作和适应生产加工条件的需要，避免由于制造误差导致相邻铜膜导线黏合；另一方面是考虑到铜膜导线之间的绝缘电阻和击穿电压。

另外，在印制电路板加载网络表后，经常会遇到一种与铜膜导线有关的连线，即飞线。飞线是在印制电路板设计初期的预拉线，用以指示印制电路板布线时焊盘或网络之间的连接情况。飞线的主要作用有两个：①给出各个焊盘与网络之间的连接信息，通过观察元件之间的网络连接，便于合理布局；②布线时，可用于查找未布线网络、元件焊盘等。

5）元件封装

元件封装（Footprint）是指在印制电路板上代替实际元件的图形符号。元件封装包括元件的外形和引脚信息，例如元件的引脚分布、直径及距离等。在 Protel 99 SE 中，元件封装的外形一般为黄色，而对于不同类型的元件其焊盘颜色各不相同。由于元件封装是包含元件外形及引脚信息的图形符号，因此具有相同外形和引脚的不同元件可使用相同的封装。

进行印制电路板设计时，元件的封装可在原理图设计时指定，也可在加载网络表时引入，还可以在 PCB 编辑界面中直接放置。

图 7-3　两种元件封装形式

元件封装按照元件引脚的不同可分为两大类(见图 7-3)。

(1)直插式元件封装:这类封装适用于针脚式元件,其焊盘为圆形或方形,并且其焊盘孔径尺寸不为 0。对于这类封装的焊接,必须把元件插入焊盘的通孔中,在印制电路板的另一面进行焊接。

(2)表面粘贴式元件封装:这类封装适用于表面粘贴式元件,其焊盘多为椭圆形,分布在印制电路板的顶层或底层,并且其焊盘孔径尺寸为 0。对于这类元件的焊接,只能在放置元件的一面放置焊锡。

元件封装按元件类型不同主要分为极性元件、无极性元件及集成类元件,不同元件封装类型各不相同。元件封装的命名一般为:元件类型＋引脚距离/引脚数＋元件外形尺寸,例如:元件封装为 AXIAL0.6,表示元件引脚间距为 600 mil 的轴形元件;有极性电容封装为 RB.2/4,表示电容引脚间距为 200 mil,电容直径为 400 mil;无极性电容封装为 RAD0.4,表示电容引脚间距为 400 mil;元件封装为 DIP14 时,表示为双列直插式集成元件,并且有 14 个引脚。

7.2　认识 Protel 99 SE 的 PCB 编辑环境

Protel 99 SE 中的 PCB 板设计在 PCB 板编辑器中进行设计制作,Protel 99 SE 的 PCB 编辑环境提供了很多工具,功能强大,设计制作方便。

7.2.1　开启一个新项目

PCB 的设计制作是在已经设计好的电路原理图基础上进行的,电路原理图的设计可参考前几章所讲述的内容。对电路原理图中的每个元件进行封装后,即可进行 PCB 的设计与制作,首先是开启一个新项目。

(1)选择"File 文件"→"New 新建"命令,如图 7-4 所示。在弹出的如图 7-5 所示的对话框中选择工程文件的存放路径。

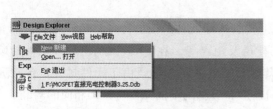

图 7-4　选择新建命令

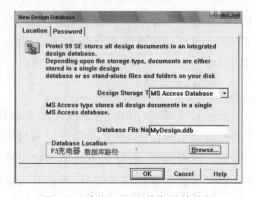

图 7-5　选择工程文件存放的路径

(2)在图 7-6 中可以修改工程存放名,单击"保存"按钮后将出现如图 7-7 所示的工作区。

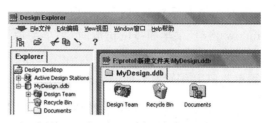

图 7-6　修改工程名　　　　　　　　　图 7-7　设计工作区

7.2.2　新建一个 PCB 文件

新项目建立后,在已经建立的设计数据库的"Documents"文件中,通过采用以下步骤新建一个 PCB 文件。

(1) 选择"File 文件"→"New 新建文件"命令,如图 7-8 所示。

(2) 在弹出的"New Document"对话框中双击"PCB Document",如图 7-9 所示。

图 7-8　选择新建文件　　　　　　　　图 7-9　新建 PCB 文件

(3) 在"Documents"文件夹里就出现了新建的默认名是"PCB1. PCB"的文档,此时可根据具体设计更改文档名,如图 7-10 所示。

(4) 双击 PCB 文件,进入 PCB 编辑器界面,如图 7-11 所示。

图7-10　完成 PCB 文档的新建

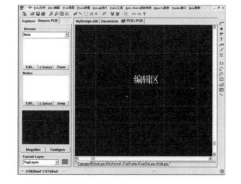

图 7-11　PCB 编辑器界面

7.2.3　进入 PCB 编辑器

打开 PCB 文件后,即进入到 PCB 编辑器,如图 7-12 所示。PCB 编辑器主要由菜单栏、工具栏、PCB 浏览器、工作窗口、放置工具栏、工作层切换栏等部分组成。

1.菜单栏

PCB编辑器界面菜单栏中的"File 文件"菜单、"Edit 编辑"菜单、"View 视图"菜单、"Window 窗口"菜单和"Help 帮助"菜单与原理图编辑器相应菜单的功能相同或相似。下面主要介绍"Place 放置"菜单、"Design 设计"菜单、"Tool 工具"菜单、"Auto Route 自动布线"菜单。PCB编辑器界面的菜单栏如图 7-13 所示。

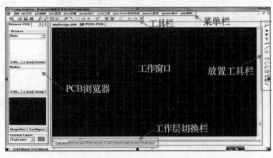

图 7-12　PCB 编辑器的组成部分　　　图 7-13　菜单栏中各项目对应的中文名称

（1）"Place 放置"菜单如图 7-14 所示，用于完成 PCB 中各种对象的放置工作，此菜单中的各命令与"Placement Tools"（放置工具栏）中的各按钮相对应，放置工具栏如图 7-15 所示。"Place 放置"各子菜单功能如表 7-1 所示。

放置工具栏

图 7-14　"Place 放置"菜单　　　图 7-15　放置工具栏

表 7-1　"Place 放置"各子菜单功能

名　　称	功　　能
Arc 圆心弧（Center）	以中心为基准放置圆弧
Arc 边沿弧（Edge）	以边缘为基准旋转固定角度圆弧
Component...元件	放置元件封装
Coordinate 坐标	放置坐标指示
Dimension 尺寸标注	放置尺寸坐标
Fill 填充	放置矩形填充
Track 线	放置铜膜导线
Pad 焊盘	放置焊盘
String 字符串	放置字符串
Via 过孔	放置过孔
chinese 汉字	放置汉字
Polygon Plane...多边形覆铜	放置多边形覆铜
Split Plane…内电层分割	放置内电层分割

（2）"Design 设计"菜单，主要包括设置 PCB 电路板设计规则的菜单命令、装载网络表和元件封装的命令及元件封装库的操作命令等，如图 7-16 所示。"Design 设计"各子菜单功能如表 7-2 所示。

图 7-16　"Design 设计"菜单

表 7-2　"Design 设计"各子菜单功能

名　称	功　能
Rules... 规则	PCB 板设计前相关设计规则设置
Update Schematic... 更新原理图	更新原理图
Netlist... 网络表	网络列表管理器,加载已经生成的网络表
Internal Planes... 内电层	内电层设置
From-To Editor...From-To 编辑器	From-To 编辑器
Classes... 类	类
Browse Components... 浏览元件	浏览元件封装库
Add/Remove Library... 添加/删除元件库	添加/删除元件封装库
Aperture Library... 光圈库	光圈库
Options... 选项	对 PCB 设计参数进行设置

（3）"Tool 工具"菜单，主要包括电路板设计完成后的设计规则检查（DRC）菜单命令、元件自动布局菜单命令及电路板设计完成后的一些处理操作命令等，如图 7-17 所示。

（4）"Auto Route 自动布线"菜单，主要包括自动布线策略设置命令和各种自动布线操作命令，如图 7-18 所示。

图 7-17　"Tools 工具"菜单

图 7-18　"Auto Route 自动布线"菜单

2. 工具栏

PCB 编辑器界面的主工具栏各按钮与原理图编辑器界面的主工具栏各按钮在形状和功能上基本相同，如图 7-19 所示。

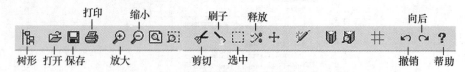

图 7-19　PCB 编辑器的主工具栏

3. 工作窗口

与原理图设计类似，工作窗口是电路板设计的主要工作界面，在其中进行元件放置、组件修改等工作。

4. 状态栏

状态栏显示当前鼠标指针所在的纵坐标和横坐标。如果鼠标指针停留在导线上，将显示导线的起始坐标；停留在元件上，则显示元件名和元件位置。

7.2.4　PCB 浏览器

图 7-20　"Browse"下拉列表

通过 PCB 浏览器，可以对 PCB 设计文件中的所有元件和设计规则等进行快速浏览、查看和编辑。包括网络标号的浏览、查询和编辑功能，元件的浏览、查询和编辑功能，元件封装库的浏览、查询和编辑功能，电路板设计规则冲突的浏览、查询和编辑功能，以及电路板设计规则的浏览和查询功能等。单击"Browse PCB"（浏览 PCB 设计）选项卡中的"Browse"下拉列表如图 7-20 所示，各选项的功能如表 7-3 所示。

表 7-3　"Browse PCB"各子菜单功能表

名　称	功　能
"Nets"网络标号	将 PCB 浏览器切换到浏览网络标号模式，如图 7-21 所示
"Components"元件	将 PCB 浏览器切换到浏览元件模式，如图 7-22 所示
"Libraries"元件封装库文件	将 PCB 浏览器切换到载入的浏览元件封装库模式，如图 7-23 所示
"Net Classes"网络标号类	将 PCB 浏览器切换到浏览网络标号类模式
"Component Classes"元件类	将 PCB 浏览器切换到浏览元件类模式
"Violations"违反设计规则	将 PCB 浏览器切换到浏览电路板设计中违反设计规则的设计模式。该模式通常在 DRC 设计检验后使用的，利用管理窗口的跳转和放大功能，可以快速定位到违反设计规则的设计处，然后进行修改
"Rules"设计规则	将 PCB 浏览器切换到浏览电路板设计中设置的设计规则模式

图7-21 "Browse PCB"选项卡　　图7-22 "Browse"下拉列表　　图7-23 浏览文件封装库

当选中"Components(元件)"选项时,浏览选项组相应发生改变,此时在下拉列表下的列表框中显示所有元件,"Nodes"列表框由"Pads(焊盘)"列表框代替,在该文本框中显示当前选中的元件的焊盘(引脚)信息。

若选中"Libraries"信息,则此时浏览选项组与原理图设计管理器窗口的浏览选项组相同,即在下拉列表下的列表框中显示已添加的元件封装库,"Nodes"列表框由"Components(元件封装)"列表框代替,在该列表框中显示选中库中所有元件的封装信息,如果选中某封装,在其下面的图文框中同时还能显示该封装的形状。

 ## 7.3 设置环境参数

PCB设计过程中环境参数的设置包括电路板图纸的设定、板层的类型和板层的设置。

7.3.1 图纸的设定

PCB编辑环境中图纸的设定包括鼠标指针和板层的设置、颜色和显示设置、系统默认设置等。设定图纸因人而异,与用户的使用习惯有关。

选择"Tools工具"→"Preferences优选项"命令,或者在右键快捷菜单中选择"Options选项"→"Display显示"命令,弹出如图7-24所示的对话框。

1)"Options"选项卡

"Options"选项卡包括"Editing options"、"Autopan options"、"Polygon Repour"、"Other"、"Interactive routing"、"Component drag"等设置。"Editing options"中主要设置编辑相关的参数;"Autopan options"中设置随鼠标指针移动而移动的显示区域的自动移动模式;"Polygon Repour"中设置交互布线时避免障碍和推挤布线的方式;"Other"中设置与编辑操作相关的一些参数,如鼠标样式、元件旋转角度等;"Interactive routing"中设置交互布

t x

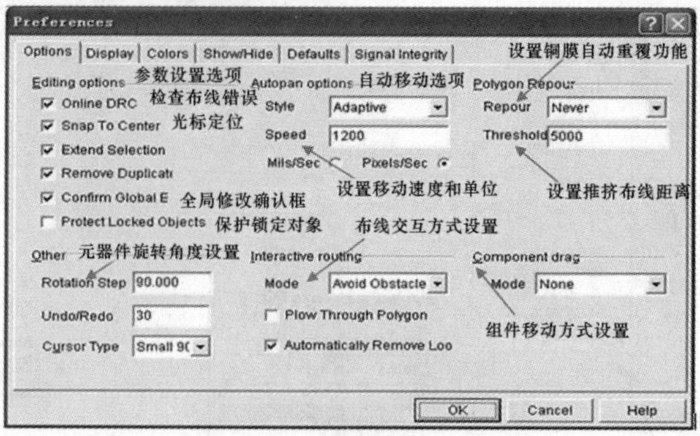

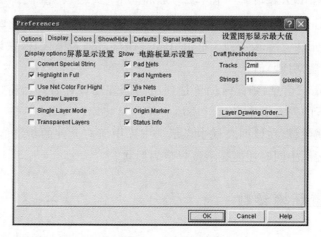

图 7-24　优选项属性对话框

线和错误检测方式;"Component drag"中设置电路板组件的移动方式。

2)"Display"选项卡

打开"Preferences"对话框中的"Display"选项卡,如图 7-25 所示。在该选项卡中可以对电路板的显示方式和元件显示方式进行设置。"Display options"中设置屏幕显示方式,"Show"中设置电路板显示方式。

图 7-25　"Display"选项卡

"Draft thresholds"项目用于设置图形显示的最大值,包括导线(Tracks)和字符串(Strings)的显示最大值。文本框中的数字为显示导线或字符串的极限值。如 Tracks 中设置值为 2 mil,则当实际导线的宽度小于 2 mil 时,只显示导线的轮廓;同理,当实际字符像素大于 11 pixels 时,系统将以文本方式显示字符串,否则将只显示字符串的轮廓。"Layer Drawing Order"按钮用于设置电路板多个板层的先后顺序。

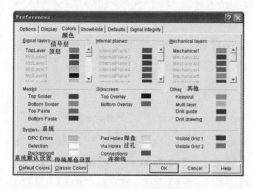

图 7-26　"Colors"选项卡

3)"Colors"选项卡

打开"Preferences"对话框中的"Colors"选项卡,如图 7-26 所示。在此对话框中,可以对所有电路板板层的颜色、焊盘、导孔、导线和可视格点的颜色进行设置。电路设计的背景颜色也可以在此设置。

4)"Show/Hide"选项卡

打开"Preferences"对话框中的"Show/Hide"选项卡,如图 7-27 所示,在该选项卡中可以对各种图形、导线、过孔、字符串等的显示模式进行设置。

"Show/Hide"选项卡中列出了电路板设计所需要的基本图形单元,如圆弧、导孔、焊盘、敷铜、字符串和导线等。每一个对象都有三种显示模式:Final(完全)、Draft(简易)、Hidden(隐藏)。

5)"Defaults"选项卡

打开"Preferences"对话框中的"Defaults"选项卡,如图 7-28 所示。在该选项卡中可以对各种圆弧(Arc)、元件(Component)、坐标(Coordinate)、尺寸(Dimension)、金属填充(Fill)、焊盘(Pad)、多边形(Polygon)、字符串(String)、导线(Track)、过孔(Via)这 10 种基本组件的属性进行设置。

图 7-27 "Show/Hide"选项卡

图 7-28 "Default"选项卡

6)"Signal Integrity"选项卡

打开"Preferences"对话框中的"Signal Integrity"选项卡,如图 7-29 所示,进入信号完整性设置选项卡。该选项卡用于设置元件标志和元件类型之间的对应关系,为信号完整性分析提供信息。

单击"Add"按钮添加元件类型,将弹出如图 7-30 所示的对话框。在"Designator Prefile"中输入元件名称,在"Component Type"中选择类型,分别是"BJT"、"Capactitor"、"Connector"、Diode、IC、Inductor 和 Resistor。

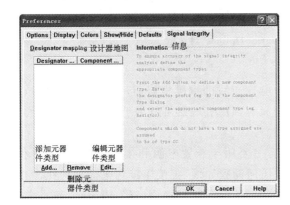

图 7-29 "Signal Integrity"选项卡

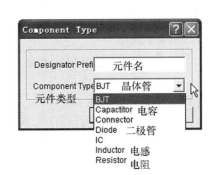

图 7-30 选择元件类型

7.3.2 板层的类型

设计印制电路板时，首先要了解电路板的类型和工作层面。Protel 99 SE 提供了多个工作层面（16 个内层电源/接线层，16 个机械层）供用户选择。在层管理器中可以看到电路板板层的结构和立体效果。选择"Design 设计"→"Layer Stack Manager 层管理器"命令，可以打开层管理器对话框。

（1）Add Layer：添加信号层，主要用于放置与信号有关的电气元素，传递电气信号。

（2）Add Plane：添加内层电源层或接地层，主要用于布置电源和接地线。当添加内层电源层或接地层时应该首先选择信号层以确定内层的添加位置。

（3）Delete：删除选定的信号层或内层。

（4）Move Up：将选定的层（只能是中间信号层）上移。

（5）Move Down：将选定的层（只能是中间信号层）下移。

（6）Properties：选定某一层面，单击该按钮，打开层面属性设置对话框。

（7）"Top Dielectric"复选框和"Bottom Dielectric"复选框：选中则表示在顶层和底层添加绝缘层。

（8）Drill Pairs：设置电路板用于钻孔的两层板层。

7.3.3 板层的设置

选择"Design 设计"→"Option... 选项"命令，或者在右键快捷菜单中选择"Options 选项"→"Layers... 层"命令，将会弹出图 7-31 所示的"Document Options"对话框，在此对话框中可以对电路板工作层进行设置。

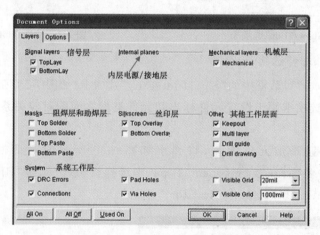

图 7-31 "Document Options"对话框

1. "Layers"选项卡

（1）Signal layers（信号层）：主要是进行电气布线的铜膜板层，包括顶层（TopLayer）、底层（BottomLayer）和多个中间层。信号层中只有顶层和底层可以用于放置元件和铜膜导线，其他信号层只能放置铜膜导线。

（2）Internal planes（内层电源/接地层）：主要用于布置电源和接地线，提供电源和接地点，使元件接地和接电源的管脚不需要经过任何铜膜导线，直接连接到电源和地线。在多层板中设置内层电源和接地线时，Plane 1 表示内层（电源/接地）第一层，Plane 2 表示内层（电源/接地）第二层等。

（3）Mechanical layers（机械层）：主要用于绘制各种标示和文字。制作电路板时，默认信号层为两层，机械层为一层。

（4）Masks（阻焊层和助焊层）：阻焊层（Top Solder/Bottom Solder）主要用于防止熔化的焊锡短接相邻的铜膜导线，导致短路故障出现；助焊层（Top Paste/Bottom Paste）作用则与阻焊层相反，用于将表贴元件焊到电路板上。

（5）Silkscreen（丝印层）：主要用于绘制元件的外形轮廓和标示元件符号，所以丝印层只可能存在于电路板的顶层和底层。在图 7-31 所示的"Document Options"对话框中可以选择是否在顶层和底层设置丝印层。

（6）Others（其他工作层面）：选择是否设置"Keepout"层（禁止布线层）、"Drill Guide"层（绘制钻孔导孔层）、"Drill Drawing"（设置钻孔层），"Multi Layer"（复合层）。

（7）System：各选项设置如表 7-4 所示。

表 7-4　System 中的各选项功能

名　称	功　能
Connections	设置是否显示飞线
DRC Errors	设置是否显示自动布线检测到的违反设计规则的错误信息
Pad Holes	设置是否显示焊点通孔
Via Holes	设置是否显示导孔通孔
Visible Grid1	设置是否显示第一组栅格
Visible Grid2	设置是否显示第二组栅格

2. "Options"选项卡

首先在编辑界面底部选择当前工作层面，如图 7-32 所示（当前选择的工作层面为 TopLayer），然后在图 7-33 所示的对话框中设置该工作层的具体内容如下。

图 7-32　选择当前工作层面

（1）Snap X/Y：设置格点，包括移动格点和可视格点的设置。"移动格点（Snap Grid）"是指鼠标指针每次移动的格点间距，20 mil（0.508）是系统默认设置，也可以通过右键菜单对格点进行设置（见图 7-34）。"可视格点（Visible Grid）"为编辑界面背景格点，在图 7-33 中的"Visible Kind"选项中可以选择格点显示的类型，"Lines"为线形网格，"Dots"为点状网格。

图 7-33　设置当前工作层的相关参数

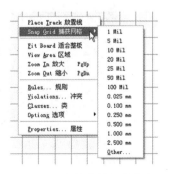

图 7-34　右键菜单设置格点

（2）Component X/Y：设置元件移动的最小间距，可以分别设置 X 方向和 Y 方向的值。

（3）Electrical Grid：设置是否显示电气栅格。电气栅格在 PCB 设计的时候具有自动捕捉焊盘的功能。

（4）Range：设置自动捕捉焊盘的范围。布置导线时，系统以当前鼠标指针为中心，以"Range"值为半径自动捕捉焊盘。一旦捕捉到焊盘，鼠标指针自动移动到焊盘上。

（5）Visible Grid：设置显示格点的类型。Protel 99 SE 中有两种格点类型，分别是"Lines"和"Dots"。

（6）Measurement Units：设置系统度量单位，分为英制（Imperial）和公制（Metric）两种，对应于毫英寸（mil）和毫米（mm）。也可以通过选择"View 视图"→"Toggle Units 公/英制转换"命令改变当前系统度量设置。

 ## 7.4 快捷键介绍

PCB 设计的操作界面如图 7-35 所示。

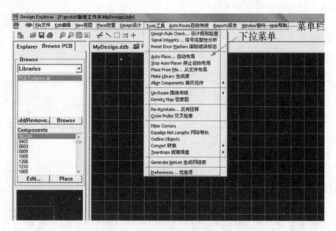

图 7-35　PCB 设计的操作界面

菜单栏上的每个菜单项的英文项中的某个字母下有条下划线，如果不用鼠标而用快捷键，则只需要按住 Alt 键和带下划线的字母便能打开该菜单，例如按 Alt＋T 组合键，则如图 7-36 所示。

其他的菜单快捷键与此类似，这里就不再赘述。

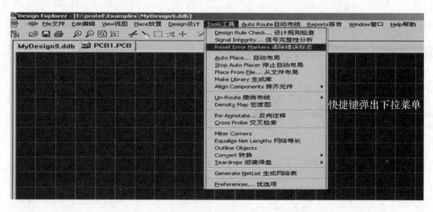

图 7-36　用快捷键打开"Tools 工具"菜单

除了菜单命令所具有的快捷键外,还有一些其他常用的快捷键,具体如表7-5所示。

表 7-5　快捷键功能

按　　键	功　　能
Esc	放弃或取消
Enter	选择或启动
F1	启动帮助窗口
Tap	打开浮动(被选择状态)元件的属性对话框
PageUp	放大窗口
PageDown	缩小窗口
End	重画屏幕
Del	删除选择的元件
Ctrl+Del(同时按)	删除选择的元件
X、A(先按 X 再按 A)	取消所有被选元件的选择状态
X	将浮动元件左右翻转
Y	将浮动元件上下翻转
空格键	将浮动元件逆时针旋转
Ctrl+Ins	将选中图像复制到剪贴板中
Shift+Ins	将剪贴板的元件粘贴到编辑区
Shift+Del	将选中元件剪切放入剪贴板中
Alt+Backspace	恢复前一次操作
Ctrl+Backspace	取消前一次恢复
Alt+F4	关闭 Protel 99 SE 软件

 ## 7.5　快捷菜单常用命令

进入 PCB 工作环境后,鼠标指针放置在编辑区中,右击,即可弹出快捷菜单,如图7-37所示。

(1)Place Track:选择"Place Track"命令,鼠标指针变成十字形,单击布线的起点,即可拉出一条线,再次单击,即可完成布线。

(2)Snap Grid:设置格点间距命令,即编辑区的分辨率。

(3)Fit Board:将整块电路板容纳到整个编辑区中。

(4)View Area:将指定的区域放大,以容纳到这个编辑区中。

(5)Zoom In 和 Zoom Out:分别是放大窗口和缩小窗口。

(6)Rules:设定设计规则。

(7)Violations:冲突。

(8)Classes:用于编辑网络、元件等的分类。

图 7-37　右键快捷菜单

（9）Options：可以进行编辑环境的设定，其菜单选项如图 7-38 所示。

图 7-38　"Options 选项"
的分选项

● 选择"Board Options"可以设定格点和单位等。
● 选择"Layers"可以设定板层的有关信息。
● 选择"Display"可以设定屏幕上显示的元件选项。
（10）Properties：用于编辑属性，如编辑导线属性。

7.6　窗口操作

在 Protel 99 SE 中，所有文件都是以工程为中心的，一个项目数据库就是一个窗口，打开多个数据库，就是打开多个窗口。如图 7-39 所示便是一个数据库的工作窗口。

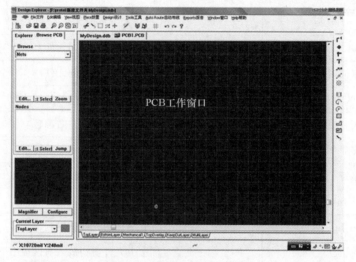

图 7-39　数据库的工作窗口

7.6.1　窗口缩放操作

当用户在观察图纸中局部线路图的情况，以便作进一步编辑、调整、修改时，往往需要将工作画面进行放大或缩小。Protel 99 SE 中对画面放大或缩小分别可以通过以下三种方法进行。

方法1　单击工具栏中相应的按钮，单击一次就相应放大一倍或缩小一半，如图 7-40 所示。

方法2　选择"View 视图"→"Zoom In 放大"命令，或者选择"View 视图"→"Zoom Out 缩小"命令，如图 7-41 所示。

放大一倍　缩小一倍

图 7-40　工具栏中的放大或缩小按钮　　图 7-41　菜单中的放大或缩小选项

128

方法 3 可以通过使用快捷键的方法来实现,按 Page Up 键一次可以将画面放大一次,按 Page Down 键一次可以将画面缩小一次。

7.6.2 窗口排列技巧

Protel 99 SE 具有真正的 Windows 风格,它可以同时为多个设计数据库文件打开各自不同的窗口,各个窗口既可以最大化,也可以最小化,在窗口之间还可以非常方便地进行切换。本节主要对 Protel 99 SE 窗口的排列进行介绍。

图 7-42 在工作窗口中打开两个数据库

1. 窗口平铺排列

选择"Window 窗口"→"Title 平铺"命令,可以在数据库工作窗口中打开两个数据库,如图 7-42 所示。

选择"Window 窗口"→"Title 平铺"命令,如图 7-43 所示,将弹出如图 7-44 所示的执行结果。

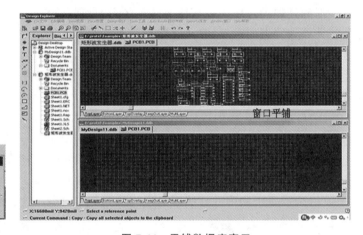

图 7-43 选择平铺命令

图 7-44 平铺数据库窗口

2. 窗口层叠排列显示

在 Protel 99 SE 中,用户还可以在屏幕中心层叠地显示所有的窗口,实现窗口层叠显示的方法是选择"Window 窗口"→"Cascade 级联"命令,操作方法和执行结果分别如图 7-45 和图 7-46 所示。

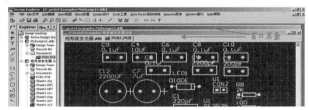

图 7-45 选择"Cascade"命令

图 7-46 窗口层叠排列显示

7.6.3 工作区排列

工作区即 PCB 操作界面的黑色绘图区域,只有在此区域内才能进行放置元件、布局、布线等操作,如图 7-47 所示。

图 7-47　工作区

7.7　补泪滴的应用

泪滴是焊盘与导线或导线与导孔之间的滴状连接过渡。设置泪滴的目的是在电路板受到较大外力冲击的时候，避免导线与焊盘或导线与导孔之间的连接点断开，同时，设置泪滴也可以使电路板变得美观。

（1）选择"Tools 工具"→"Tear Drops 泪滴焊盘"命令，将弹出如图 7-48 所示的泪滴设置对话框，各个选项功能说明如下。

①"General"选项中可以设置泪滴的范围，"All Pads"表示所有的焊盘，"All Vias"表示所有的过孔，"Selected Objects"表示已经选择的对象。

②"Actions"选项中，"Add"表示添加泪滴，"Remove"表示删除泪滴。

③"Teardrop Style"选项中，"Arc"表示圆弧形泪滴，"Track"表示线形泪滴。

（2）未设置泪滴前的导线焊盘连线如图 7-49 所示，设置泪滴后的效果如图 7-50 所示。

图 7-48　泪滴设置对话框

图 7-49　未设置泪滴

图 7-50　设置了泪滴

注意：对于贴片和单面板，一定要对过孔和焊盘补泪滴。

如果要对单个焊盘或过孔补泪滴，可以先双击焊盘或过孔，使其处于选中状态，然后选择泪滴对话框中的"All Pads"或"Selected Objects Only"选项，最后单击"OK"按钮，即完成对焊盘和过孔补泪滴的操作。

7.8 覆铜的应用

覆铜是指将电路板上空白的地方覆上铜膜。设置覆铜既可以提高电路板的抗干扰能力,还可以使电路板变得美观。覆铜可以有效地实现电路板的信号屏蔽作用,提高电路板信号的抗电磁干扰能力。

7.8.1 设置覆铜

选择"Place 设置"→"Polygon Plane... 多边形覆铜"命令,或者单击如图 7-51 所示工具栏中的快捷图标,弹出如图 7-52 所示的对话框。

图 7-51 工具栏中覆铜快捷键   图 7-52 "Polygon Plane"属性对话框

该对话框包括五个选项,分别介绍如下。

1. Net Options 选项

该选项用于设置覆铜所要放置的网络。在"Connect to Net"下拉列表框中选择要连线的网络;在"Pour Over Same"选项中选择当覆铜时遇到具有相同网络名称的导线或焊盘时,是否直接覆盖;在"Remove Dead Copper"选项中选择是否去掉死铜(死铜是指独立的、无法连接到指定网络的铜膜)。

2. Hatching Style 选项

用于设置覆铜的方式,常用的有五种覆铜方式,分别说明如下。

(1) 90-degree Hatch:选择以 90°的铜膜线进行覆盖,覆铜效果如图 7-53(a)所示。

(2) 45-degree Hatch:选择以 45°的铜膜线进行覆盖,覆铜效果如图 7-53(b)所示。

(3) Vertical Hatch:选择以垂直的铜膜线进行覆盖,覆铜效果如图 7-53(c)所示。

(4) Horizontal Hatch:选择以水平的铜膜线进行覆盖,覆铜效果如图 7-53(d)所示。

(5) No Hatching:选择以中空的铜膜线进行覆盖,覆铜效果如图 7-53 所示。

3. Plane Settings 选项

该选项用于设置覆铜铜膜线的格点间距、线宽和所在的板层。在"Grid Size"中设置覆铜多边形的格点间距,即覆铜的密度;在"Layer"下拉列表中选择覆铜铜膜的板层;在"Lock Primitives"选项中选择是否锁定全部的覆铜,是否设置的铜膜线将具有电路板导线的特性;最后在"Track Width"中设置铜膜线的宽度,当"Track Width"的值大于"Grid Size"的值时,

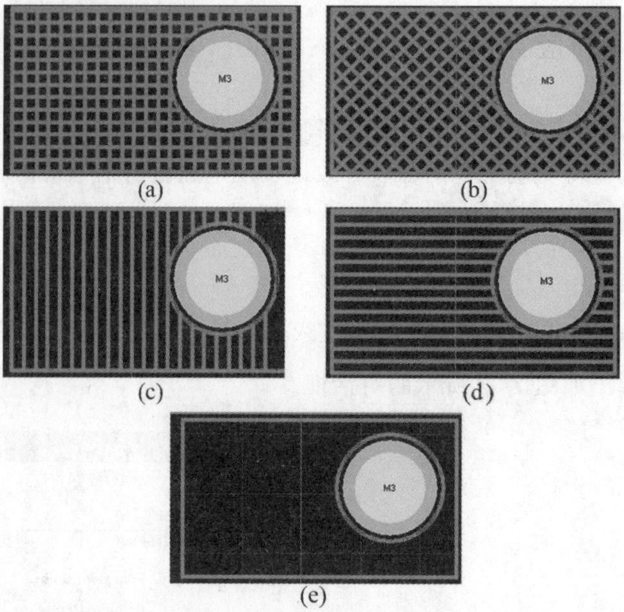

图 7-53　覆铜的五种方式

放置的铜膜将呈现块状，如图 7-54 所示。

4. Surround Pads With 选项

该选项用于设置覆铜和焊盘之间的环绕方式。选择"Octagons"表示覆铜以八角形的形式环绕焊盘，如图 7-55 所示；选择"Arcs"表示覆铜将以圆形的形式环绕焊盘，如图 7-56 所示。

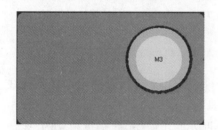

图 7-54　块状的铜膜

图 7-55　覆铜以八角形环绕

图 7-56　覆铜以圆形环绕

5. Minimum Primitive Size 选项

该选项用于设置覆铜铜膜导线的最短长度，该值越大，则铺设铜膜的速度越快；该值越小，则铜膜边缘越光滑。用户可根据实际需要合理设置该值。

7.8.2　调整覆铜

对于已经铺设的铜膜，如果需要调整覆铜的效果，可以采用如下步骤。

（1）选择"Edit 编辑"→"Move 移动"→"Polygon Vertices 多边形顶点"命令，鼠标指针变成十字形，在覆铜区域的任意一点单击，则删除当前覆铜，并出现覆铜边框。

（2）单击覆铜边框线可调整控点，移动控点即可调整覆铜边框的位置，如图 7-57 所示。

（3）重新确定覆铜的区域后，右击，系统弹出如图 7-58 所示的提示，单击"Yes"按钮，系统自动按照新的覆铜区域重新覆铜；单击"No"按钮，继续修改边框，修改完毕后右击，完成覆铜操作。

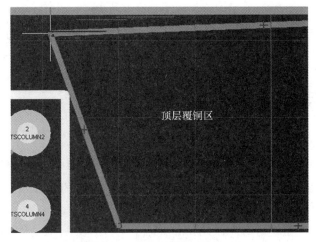

图 7-57　移动控点调整覆铜边框

图 7-58　确认是否重新覆铜

7.9　印制电路板上文字的制作

　　制作印刷电路板时,常常需要在其表面放置一些字符串来说明本电路板的功能等。这些字符串不具有电气特性,不能连接到网络上,对电路的电气特性不会造成任何影响,因此,它可以放置在机械层,也可以放置在丝印层上。

7.9.1　放置字符串

　　(1)放置字符串,可以选择"Place 放置"→"String 字符串"命令,也可以选择工具栏中的 **T** 图标。单击工具栏上的放置字符串 **T** 图标后,光标将变成十字形,并带有字符串,在合适的位置上单击,完成一次字符串的放置,如图 7-59 所示。

　　(2)双击字符串,即弹出如图 7-60 所示的属性设置对话框,可进行相应的设置,如字符串内容、大小、字体等,最后单击"OK"按钮,完成设置。

图 7-59　放置字符串

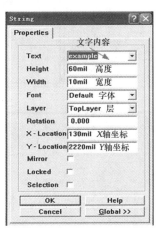

图 7-60　字符串属性对话框

7.9.2　字符串的基本操作

　　字符串的选取:单击字符串,该字符串就处于选取状态,在左下方出现一个"＋"号,右下方出现一个圆圈。

字符串的旋转：选择字符串，单击字符串右下角的圆圈，字符串变成细线模式，拖动鼠标，该字符串就以"＋"为中心，随着鼠标作任意角度的旋转。

7.10　放置原点与跳跃点

在 PCB 编辑器中，系统本身已经定义了一个坐标系，该坐标原点称为"Absolute Origin"（绝对原点），它位于编辑器界面的左下角。用户设计印制电路板时，如果通过绝对坐标放置或查找元件，比较麻烦，效率也比较低。此时用户可以自己建立坐标系，设置新的坐标原点，该原点称为"Relative Origin"（相对原点）。

单击放置工具栏按钮⊠，或者选择"Edit 编辑"→"Origin 原点"→"Set 设置"命令，鼠标指针变成十字形状，将鼠标指针移动到要设置为原点的位置，单击，可将该点设置为相对原点，并且可以在状态栏里看到设置相对原点后的工作区内坐标的变化。选择"Edit 编辑"→"Origin 原点"→"Reset 复位"命令，可以恢复坐标系统的原点为绝对原点。

7.11　打印

打印 PCB 图首先需要设置打印机，包括打印机的类型设置，打印纸张的大小和电路图纸的设置等。

（1）在 PCB 编辑界面中选择"File 文件"→"Print Preview 打印预览"命令，系统将自动生成打印预览文件且自动切换到该界面，如图 7-61 所示。

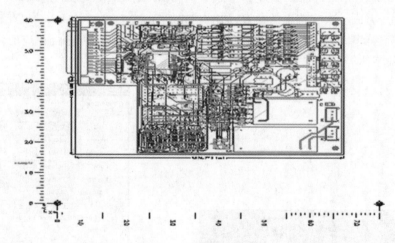

图 7-61　打印预览文件

（2）选择"File 文件"→"Setup Printer... 设置打印机"命令，弹出如图 7-62 所示的打印机设置对话框。

（3）在"Margins"选项中设置当前图纸的打印的位置，单击"Properties"按钮，设置打印机属性，单击"OK"按钮，完成设置。完成打印机的设置后，选择"File 文件"→"Print All"命令（见图 7-63），系统将打印出当前设计文档中所示的图形；选择"Print"→"Job"命令将打印出当前操作对象；选择"Print"→"Page"命令打印给定的页面；选择"Print"→"Current"命令打印当前页面。

图 7-62 打印机设置对话框

图 7-63 选择"**Print All**"命令

7.12 典型实例

7.12.1 实例 7-1——利用向导规划电路板

在 PCB 编辑环境中有印制电路板向导,利用向导可以对电路板的各种参数进行设置,可以设计满足要求的各种多层电路板。

操作步骤

(1)选择"File 文件"→"New 新建文件",打开"New Document"对话框,其中有两个选项卡,如图 7-64 所示。

(2)选择"Wizards"选项卡,选择"Printed Circuit Board Wizard"向导,如图 7-65 所示。

图 7-64 "**New Document**"对话框

图 7-65 选择"**Printed Circuit Board Wizard**"向导

(3)双击"Printed Circuit Board Wizard"图标,打开"Board Wizard"电路板向导,如图 7-66所示。

(4)单击"Next"按钮,打开选择预定义标准板对话框,如图 7-67 所示。在此可以选择系统已定义好的电路板类型。

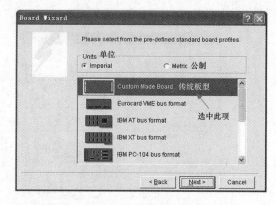

图 7-66　"Board Wizard"对话框　　　　　图 7-67　选择电路板类型

（5）选择"Custom Made Board"，单击"Next"按钮，弹出矩形印制电路板参数设置对话框，如图 7-68 所示。

（6）单击"Next"按钮，打开印制电路板的边框尺寸设置对话框。把鼠标指针移动到相应的尺寸上，则该尺寸处于编辑状态，可进行尺寸的修改，如图 7-69 所示。

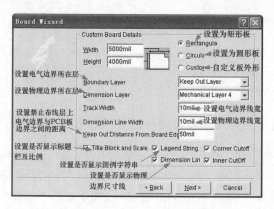

图 7-68　矩形印制电路板参数设置对话框　　　图 7-69　修改尺寸对话框

（7）单击"Next"按钮，打开印制电路板的四个切除角尺寸设置对话框。把鼠标指针移动到相应尺寸上，则该尺寸处于编辑状态，可进行尺寸的修改，如图 7-70 所示。

（8）单击"Next"按钮，打开印制电路板的中间切除部分尺寸及其位置设置对话框。把鼠标指针移动到相应尺寸上，则该尺寸处于编辑状态，可进行尺寸的修改，如图 7-71 所示。

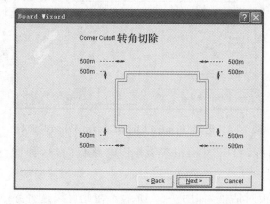

图 7-70　四个切除角尺寸设置对话框

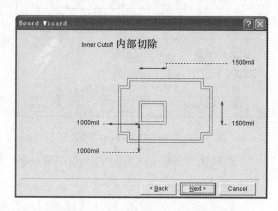

图 7-71　中间切除部分设置对话框

（9）单击"Next"按钮，打开印制电路板的产品信息设置对话框，包含产品名称、公司和个人信息等，如图 7-72 所示。这些信息将显示在 PCB 编辑器界面的左下角。

（10）单击"Next"按钮，打开印制电路板信号层的数量和类型设置对话框，此外还可以设置电源或接地层的数目。此处采用默认值，如图 7-73 所示。

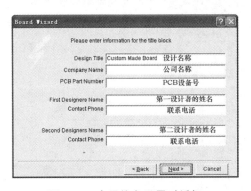

图 7-72　产品信息设置对话框

图 7-73　信号层设置对话框

（11）单击"Next"按钮，打开印制电路板过孔类型设置对话框，选择"Thruhole Vias only"选项，如图 7-74 所示。

（12）单击"Next"按钮，打开印制电路板布线技术设置对话框，选择"Surface-mount components"选项，如图 7-75 所示。

图 7-74　过孔类型设置对话框

图 7-75　布线技术设置对话框

（13）单击"Next"按钮，打开印制电路板布线参数设置对话框。在此可以设置导线、过孔尺寸及导线间距等，如图 7-76 所示。

（14）单击"Next"按钮，打开印制电路板模板保存对话框。在此处，可以选择是否将当前设置的印制板作为一个模板保存，如图 7-77 所示。

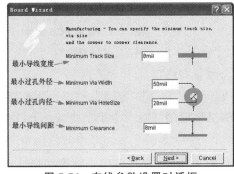

图 7-76　布线参数设置对话框

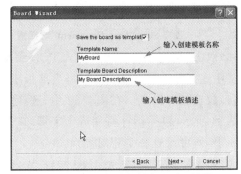

图 7-77　印刷电路板模板保存对话框

(15)单击"Next"按钮，印制电路板创建完成，如图 7-78 所示。

(16)单击"Finish"按钮，进入 PCB 编辑器界面，并显示规划好的印制电路板，如图 7-79 所示。

图 7-78　印制电路板创建完成对话框

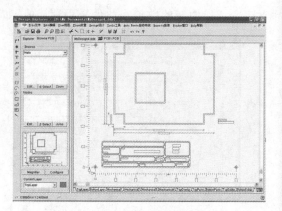

图 7-79　PCB 编辑器界面

7.12.2　实例 7-2——人工规划电路板

在 PCB 编辑环境中，可以人工规划电路板的尺寸和大小，也就是定义电路板的电气边界线，同时对电路板的各种参数进行设置，可以设计满足要求的各种多层电路板。在 PCB 板编辑中有多层的操作，本实例利用鼠标来规划电路板的电气边界。

█ 操作步骤

(1)选择"File 文件"→"New 新建文件"，弹出如图 7-80 所示的"New Document"对话框，选择"PCB Document"图标，然后单击"OK"按钮。

(2)将 PCB 文件命名为"实例 7-2. PCB"，如图 7-所 81 示。

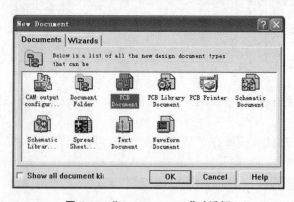

图 7-80　"New Document"对话框

图 7-81　命名 PCB 文件

(3)双击"实例 7-2. PCB"，进入 PCB 编辑界面，如图 7-82 所示。在如图 7-83 所示的六个板层中选择"KeepOutLayer"，将当前板层切换为禁止布线层。

(4)放置相对原点。在图 7-82 中，选择"Edit 编辑"→"Origin 原点"→"Set 设置"命令，如图 7-84 所示，鼠标指针将变成十字形，在 PCB 编辑界面中任意一个十字交叉点上，用鼠标单击一下，便可设置一个相对原点。

(5)相对原点设置后，单击 图标，在适当的位置单击，在水平方向平行拖动鼠标，在结束位置单击，即可确定第 1 条边框的终点和第 2 条边框的起点，如图 7-85 所示。

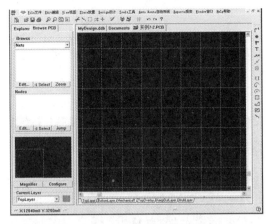

图 7-82 PCB 编辑界面

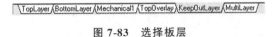

图 7-83 选择板层

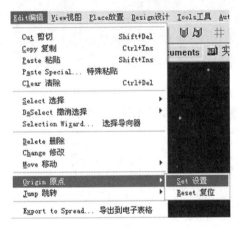

图 7-84 选择放置相对原点命令

图 7-85 确定边框的起点和终点

(6)沿垂直方向拖动鼠标,在合适的结束位置单击,即可确定第 2 条边框的终点,如图 7-86 所示。

(7)依次可确定第 3 条边框和第 4 条边框,从而在工作区确定一个矩形的区域,即电路板边框,如图 7-87 所示。

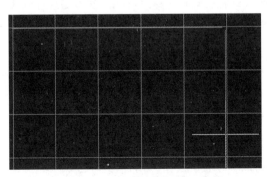

图 7-86 确定第 2 条边框的终点

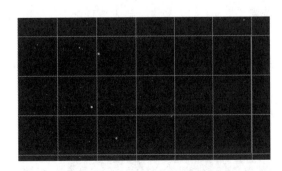

图 7-87 确定电路板边框

7.12.3 实例 7-3——PCB 覆铜

PCB 板覆铜是非常重要的过程,覆铜可以给电路板起到散热、抗干扰的作用,本实例为已经布好线的 PCB 进行覆铜,覆铜后的效果如图 7-88 所示。

■ 操作步骤

（1）打开一个 PCB 文件，如图 7-89 所示。

（2）选择"Place 放置"→"Polygon Plane...多边形覆铜"命令，如图 7-90 所示，弹出如图 7-91 所示的对话框，设置完覆铜参数后单击"OK"按钮，鼠标指针呈现如图 7-92 所示十字形状。

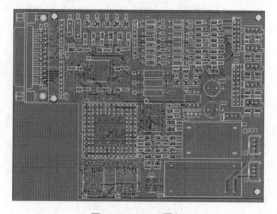

图 7-88　PCB 覆铜

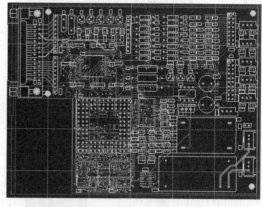

图 7-89　打开一个 PCB 文件

图 7-90　选择"Polygon Plane"命令

图 7-91　多边形覆铜属性对话框

（3）按住鼠标左键，沿着需要覆铜的区域移动鼠标指针，在需要拐弯的地方单击，直到覆盖整个覆铜区域，右击，完成覆铜操作，覆铜后的效果如图 7-93 示。

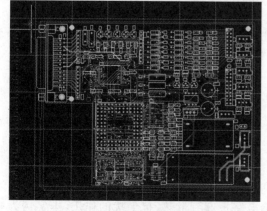

图 7-92　设置完覆铜参数后的 PCB 板

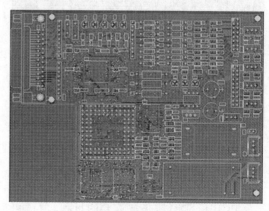

图 7-93　完成覆铜的 PCB 板

本 章 小 结

　　本章主要介绍了 PCB 的组成、Protel 99 SE 的 PCB 编辑环境（包含如何设置环境参数）、PCB 设计环境下的窗口操作、常用快捷键的介绍、规划印制电路板、PCB 的补泪滴和覆铜技巧以及 PCB 文字的制作与打印等，这些都是进行 PCB 设计的基础和前提。

第8章 PCB 设计规则与信号分析

本章主要介绍了 PCB 的设计规则,包括电气规则、布线、布局规则、高速电路设计规则、信号完整性规则等,只有熟练掌握了这些设计规则,才能设计出高性能的电路板。

本章要点

- 电气规则
- 布线规则环境参数的设置
- SMT 封装规则
- 阻焊规则
- 平面层规则
- 测试点规则
- 与制造相关的规则
- 高速电路规则
- 布局规则
- 信号完整性规则
- PCB 设计规则

8.1 设计规则概述

设计规则(Design Rule)是设计电路板的基本规则,不管是手动布线还是自动布线,在布线之前都需要对电路板的布线设计规则进行设置。布线规则的设置是否合理将直接影响到布线的成功率,所以在自动布线前,首先需要设置布线规则,布线规则的设置一般取决于用户实际的电路设计经验。

Protel 99 SE 系统默认的电路板设计为双面板设计,其中大部分的设计规则可以采用系统的默认设置,选择"Design"→"Rules"命令,如图 8-1 所示,就会出现如图 8-2 所示的设计规则设置对话框。

图 8-1　设计菜单选项

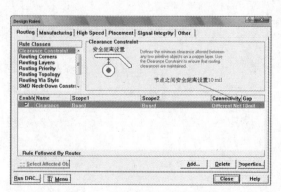

图 8-2　设计规则设置对话框

可以看到设计规则设置对话框中包含如下选项:布线规则(Routing)、与制造相关的规则(Manufacturing)、高速电路规则(High Speed)、布局规则(Placement)、信号完整性规则(Signal Integrity)等。

8.2 电气规则

Protel 99 SE 中的电气规则,包括 Clearance(安全间距规则)、Short-Circuit(短路规则)、Un-Route Net(未布线网络规则)、Un-Connected Pins(未连线引脚规则),下面分别进行介绍。

8.2.1 间距规则

安全间距规则用于限制图件间距的最小值,使图件之间不会因为过近而产生相互干扰。所谓安全间距,也就是具有导电性质的图件之间的最小间距,通常包括导线与导线(Track to Track)、导线与过孔(Track to Via)、过孔与过孔(Via to Via)、导线与焊盘(Track to Pad)、焊盘与焊盘(Pad to Pad)、焊盘与过孔(Pad to Via)等之间的最小间距。选择该规则后,在设计规则定义对话框中的右上方和下方将显示该规则的说明信息和包含的具体内容。对同样的电路原理图来说,PCB 板的元件间距越大,则制出的电路板越大,成本也越高;而 PCB 板元件之间的距离也不能太小,如果间距太小,有可能在高电压的情况下发生击穿短路现象。所以这个值要选得合适,一般情况下,我们可以选择 8~12 mil;在有强电的情况下,要将间距设置得大一些,避免被击穿。

在图 8-2 中单击右下角的"Properties"按钮,就会出现如图 8-3 所示的"Clearance Rule"对话框。

在该规则设置对话框中,可以对安全间距设计的规则的"Rule Scope"、"Rule Name"、"Minimum Clearance"等参数进行设置,在"Filter Kinder"下拉菜单中可以设置当前安全间距所使用的范围,如图 8-4 所示。

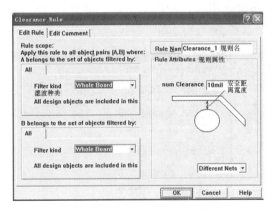

图 8-3 "Clearance Rule"对话框　　　　图 8-4 安全间距设置选项

(1)Whole Board:整个电路板。选择该项,则安全间距适用于整个电路板。

(2)Layer:工作层。选择该项,系统会要求确定工作层面。

(3)Object Kind:对象种类。选择该项,系统会要求确定某类对象。

(4)Footprint:元件封装。选择该选项,系统会要求确定某个元件封装。

(5)Component Class:元件类。选择该选项,系统会要求确定某个元件类。

(6)Component:元件。选择该选项,系统会要求确定某个元件。

(7)Net Class:电气网络类。选择该项,系统会要求确定某个电气网络类。

(8)Net:电气网络。选择该项,系统会要求确定某个电气网络。

(9)From-To Class:点对点连线类。选择该项,系统会要求确定某个点对点的连线类。

(10)From-To:点对点连线。选择该项,系统会要求确定某个点对点连线。

（11）Pad Class：焊盘类。选择该项，系统会要求确定某个焊盘类。

（12）Pad Specification：焊盘规则，如图 8-5 所示。选择该项，可以确定焊盘的规则。

（13）Via Specification：过孔规则，如图 8-6 所示。选择该项，系统会要求确定某个过孔的规则。

图 8-5　焊盘设置对话框

图 8-6　过孔设置对话框

（14）Footprint-Pad：元件封装焊盘。选择该项，系统会要求确定某个元件封装焊盘。

（15）Pad：焊盘。选择该项，系统会要求确定某个焊盘。

8.2.2　短路规则

电气规则中的"Short Circuit"短路规则主要用于设定是否允许某两个图件出现短路。在"Other"选项卡中选择"Short-Circuit Constraint"项，如图 8-7 所示。单击右下角的"Properties"按钮，出现如图 8-8 所示的短路规则设置对话框。在实际电路板设计过程中，会有几个地网络之间需要短接到一点的情况，如果设计中有这种网络短接的需要，必须为此添加一个新的规则，在该规则中允许短路。

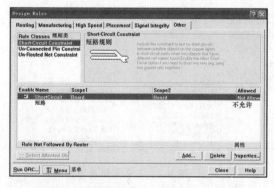

图 8-7　选择"Short-Circuit Constraint"项

图 8-8　短路规则设置对话框

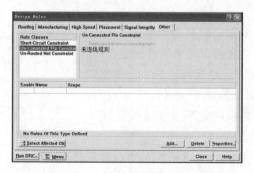

图 8-9　未连接规则设置窗口

8.2.3　未连线引脚规则

如图 8-9 所示，电气规则中的"Un-Connected Pin Constraint"（未连线引脚规则）用于设定检查元件的引脚是否存在没有连线的情况（引脚悬空）。

8.2.4　未布线网络规则

电气规则中的"Un-Routed Net Constraint"未布线网络规则用于设定检查网络布线是否完整。

在"Other"选项卡中选择"Un-Routed Net Constraint",如图8-10所示。设定该规则后,设计者可根据它检查设定范围内的网络是否布线完整,其对话框如图8-11所示。在这里,我们按照默认设置添加一个规则,即对所在电路板的所有网络都检查布线的完整性。

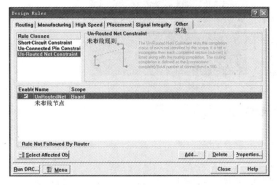

图 8-10　选择"Un-Routed Net Constraint"

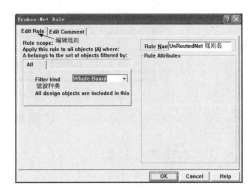

图 8-11　未布线规则设置对话框

 ## 8.3　布线规则

布线即用导线连接已完成布局的元件,连线一般应尽可能短。布线的时候需要设置安全间距、短路限制设计规则、布线宽度、多边形连接方式等。

8.3.1　线宽规则

布线宽度设计规则表示电路板在布线过程中是否允许小于最小导线设置宽度的导线或大于最大导线设置宽度的导线存在,适用于在线 DRC 或运行 DRC 设计规则检查的自动布线过程。单击"Width Constraint"规则,出现如图 8-12 所示的窗口。

在图 8-12 中单击右下角的"Properties"按钮,出现如图 8-13 所示的线宽规则设置对话框。

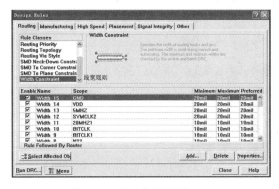

图 8-12　线宽规则设置窗口

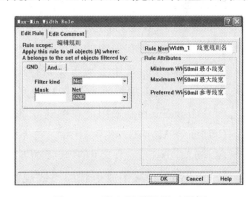

图 8-13　线宽规则设置对话框

在这个对话框中,使用者可以对导线的宽度(Width)、导线的名称(Rule Name)、导线所处的层(Layer)、网络(Net)等信息进行设定。在对线宽的设定中,数值必须满足设计规则的要求,如果设定值超出规则的范围,本次设定将不会应用在当前导线段上。另外,进行导线放置的过程中,随时按 Tab 键,系统会弹出导线属性对话框,如图8-14所示。在导线属性对话框中,我们可以定义整条导线的线宽(Width)、过孔直径(Via Diameter,Via Hole Size)和导线所处层(Current Layer)。

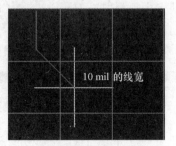

(a) 导线属性对话框　　　　(b) 导线宽度设置效果图

图 8-14　导线宽度设置

8.3.2　布线拓扑规则

布线拓扑规则（Routing Topology）用于设置飞线生成的拓扑规则。选择此规则后，将弹出如图 8-15 所示的自动布线拓扑规则设置对话框。单击右下角的"Properties"按钮，出现如图 8-16 所示的拓扑规则设置对话框。"Rule Scope"选项用于设置拓扑规则的适用范围，"Rule Attributes"用于选择指定的拓扑规则，单击下拉列表框，将出现 7 种规则设置。

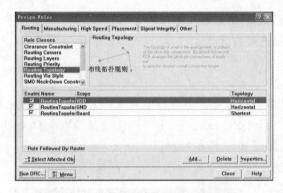

图 8-15　自动布线拓扑规则设置对话框

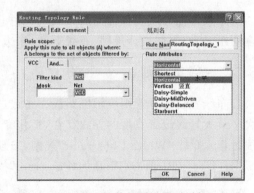

图 8-16　拓扑规则设置对话框

（1）Shortest：所有连线的长度和最小。

（2）Horizontal：采用水平布线拓扑规则。

（3）Vertical：采用垂直布线拓扑规则。

（4）Daisy-Simple：采用简单菊花状布线拓扑规则。

（5）Daisy-MidDriven：采用由中向外的菊花状布线拓扑规则。

（6）Daisy-Balanced：采用平衡式菊花状布线拓扑规则。

（7）Starburst：采用放射状的飞线规则。

8.3.3　布线优先级规则

布线优先级规则（Routing Priority）用于设置布线的优先级，布线的优先级规则控制网络布线的先后顺序。选择此规则，出现如图 8-17 所示的布线优先级规则设置对话框。单击"Properties"按钮，弹出如图 8-18 所示的属性设置对话框。

在该属性设置对话框中有两项内容，分别是"Rule Scope"和"Rule Attributes"。在"Rule Scope"中设置本优先级的适用范围，在"Rule Attributes"中设置优先级的次序，数字越小则优先级越高。

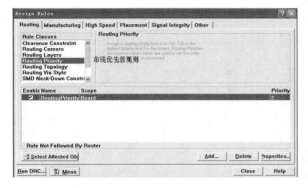

图 8-17　布线优先级规则设置对话框　　图 8-18　布线优先级属性设置对话框

8.3.4　布线层规则

布线层规则(Routing Layers)用于设置自动布线使用的板层上的铜膜线的方向,选择本规则后,将出现如图 8-19 所示的板层布线规则设置窗口。

在该规则对话框的下方显示了"Routing Layers"设计规则中包含的设置和该设置的适用范围。单击"Add"按钮,添加新规则,单击"Delete"按钮,删除已选择的条目;单击"Properties"按钮,弹出如图 8-20 所示的板层规则设置对话框。

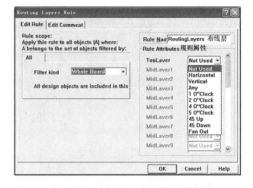

图 8-19　板层布线规则设置窗口　　　图 8-20　板层规则设置对话框

该属性设置对话框中有两项设置,分别是"Rule Scope"选项和"Rule Attributes"选项,前者用于设置本布线规则的使用范围,后者用于设置每个板层的走线方向。一般来说,"Horizontal"和"Vertical"方式用于双面板和多面板的布线,其他几种用于单面板的布线。为减少线路之间的串扰和互感,在本书中,"Top Layer"采用"Horizontal"走线,"Bottom Layer"采用"Vertical"走线。

8.3.5　布线拐角规则

布线拐角规则(Routing Corners)用于设置导线的拐弯方式,本设置只有在自动布线时才有效,手动布线时不受该规则的约束。在"Rules Class"中选择"Routing Corners",弹出铜膜导线拐弯方式设置对话框,如图 8-21 所示。

在该对话框的下方,显示了"Routing Corners"设计规则中包含使用的范围、转角形式、最小转角和最大转角。单击"Delete"按钮,将删除指定的转角设置规则;单击"Add"按钮将添加转角规则。单击右下角的"Properties"按钮,出现如图 8-22 所示的拐弯设置对话框。

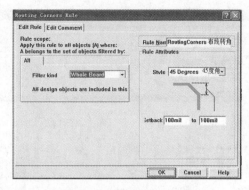

图 8-21　布线拐弯方式设置窗口　　　　　图 8-22　拐弯设置对话框

该对话框中有三个项目可以设置，分别如下。

（1）Rule Name：设置规则名称。

（2）Rule Scope：设置转角规则使用的范围。其中各项的设置和安全规则设置的内容基本相同。在"Filter Kind"下拉菜单中有"Region"选项，其含义是设置规则作用的指定区域。选择该选项，单击"Define"按钮，可以用鼠标指定区域。

（3）Style下拉列表框，设置导线转角的方式。Protel 99 SE 中有三种不同的转角方式，即90°、45°和圆形转角，分别如图 8-23 所示。

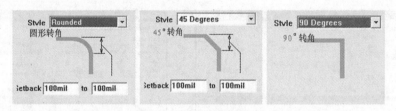

图 8-23　转角方式设置

8.3.6　布线过孔样式规则

布线过孔样式规则（Routing Via Style）用于设置自动布线时的过孔类型。选择该选项后，将弹出如图 8-24 所示的自动布线过孔类型设置窗口。单击右下角的"Properties"按钮，出现如图 8-25 所示的过孔设置对话框。在该对话框中，显示了所设置的过孔规则的名称、适用范围、最小过孔直径、最大过孔直径、参考过孔直径、最小宽度、最大宽度、参考宽度等。在"Rule Scope"中设置本规则的适用范围，在"Rule Attributes"中设置具体的规则属性，分别如下。

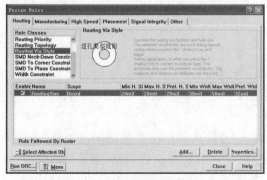

图 8-24　自动布线过孔类型设置窗口

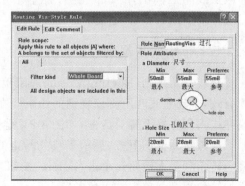

图 8-25　过孔设置对话框

（1）Diameter：设置过孔的直径尺寸，包括最小值、最大值和参考值。

（2）Hole Size：设置通孔的直径尺寸，包括最小值、最大值和参考值。

8.4 SMD 封装规则

Protel 99 SE 中的 SMD 封装规则，包括 SMD 到电源层规则（SMD To Plane）、SMD 瓶颈规则（SMD Neck-Down），下面分别进行介绍。

8.4.1 SMD 到电源层规则

SMD 到电源层规则（SMD To Plane）用于设置电源层中的 SMD 焊盘和过孔之间的最短布线长度。选择该规则，弹出如图 8-26 所示的对话框。

8.4.2 SMD 瓶颈规则

SMD 瓶颈规则（SMD Neck-Down）用于设置表面贴片元件的焊盘宽度和导线比例限制规则。选择此项后，弹出如图 8-27 所示的对话框，在该对话框中显示了 SMD 焊盘的宽度和导线比例限制规则的名称、适用范围等。

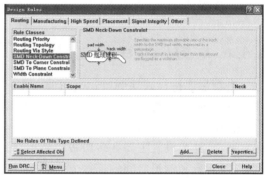

图 8-26　SMD 到电源层规则设置窗口　　图 8-27　SMD 焊盘宽度和导线比例规则设置对话框

8.5 阻焊规则

Protel 99 SE 中的阻焊规则，包括阻焊扩张规则（Solder Mask Expansion）、阻粘扩张规则（Paste Mask Expansion），下面分别进行介绍。

8.5.1 阻焊扩张规则

阻焊扩张规则（Solder Mask Expansion）用于设置在焊盘和过孔之间相对于焊盘大小的多余量，选择此项后，弹出如图 8-28 所示的窗口。制作电路板时，首先需要将阻焊层印刷到电路板上，然后将元件插上，接着在电路板上使用点焊来焊接元件，所以阻焊层上的焊盘要比实际的焊盘大一些。

8.5.2 阻粘扩张规则

阻粘扩张规则（Paste Mask Expansion）用于设置助焊层相对于 SMD 器件焊盘的伸展程度，选择此项后，弹出如图 8-29 所示的窗口。SMD 器件直接粘在电路板上。在电路板的实际制作过程中，通常先将熔锡直接涂在焊盘上，然后将 SMD 器件放在上面。助焊层的焊盘大小要大于器件的焊盘大小，所以用此来设置两者之间的最大允许值。

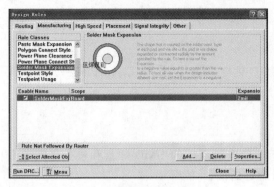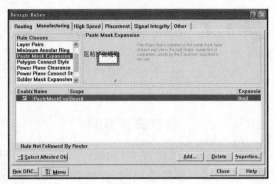

| 图 8-28 阻焊层设置窗口 | 图 8-29 助焊层伸展规则属性设置窗口 |

 ## 8.6　平面层规则

Protel 99 SE 中的平面层规则，包括电源层连接样式（Power Plane Connect Style）、电源层间距规则（Power Plane Clearance）、多边形连接样式（Polygon Connect Style），下面分别进行介绍。

8.6.1　电源层连接样式

电源层连接样式规则（Power Plane Connect Style）用于设定元件管脚连接到电源层采用何种焊盘类型，选择该选项后，将弹出如图 8-30 所示的电源层连接样式规则设置窗口。

在图 8-30 中，单击右下角的"Properties"按钮，出现如图 8-31 所示的电源层连接样式设置对话框，这个设置主要在多层板中使用，用于设置内电源和地层中属于电源和地网络的过孔，以及焊盘和铜箔之间的连接方式。

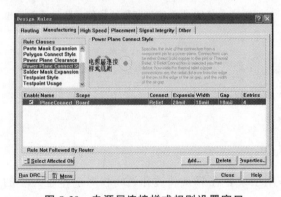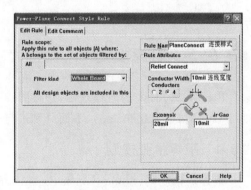

| 图 8-30 电源层连接样式规则设置窗口 | 图 8-31 电源层连接样式设置对话框 |

8.6.2　电源层间距规则

如图 8-32 所示，电源层间距规则（Power Plane Clearance）用于设定焊盘及过孔的边缘与电源层铜膜的最小间距。

当电路板中采用了内部电源层后，所有的穿透式焊盘和过孔都要穿过电源层。由于电源层整块覆铜，因此在焊盘和过孔所处的位置，电源层都应该留出相应的一块区域不覆铜，

即焊盘和过孔的铜膜与电源层铜膜之间应
该留有一定的间距,以免与电源层发生短
路,该规则用于设定焊盘及过孔铜膜与电源
层铜膜之间的最小间距。在"Constraints"限
制栏中,给出了模型,在这里我们只需在模
型右边的"Clearance"编辑框中填入所设定
的安全距离就可以了。在本例中,我们设
定安全距离为"12 mil"。

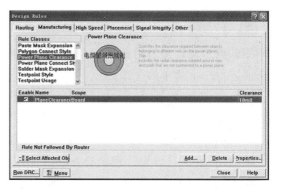

图 8-32　电源层间距规则设置对话框

8.6.3　多边形连接样式

多边形连接样式规则(Polygon Connect Style)用于设置元件焊盘通过何种方式连接到
覆铜。选择该选项后,将弹出如图8-33所示的多边形连接样式设置窗口,单击右下角的
"Properties"按钮,弹出如图 8-34 所示的多边形连接样式对话框。

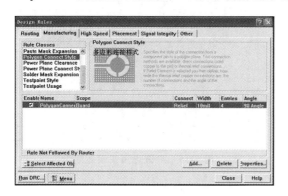

图 8-33　多边形连接样式设置窗口

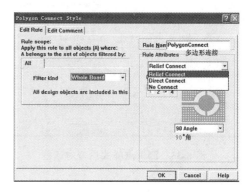

图 8-34　多边形连接样式对话框

在"Rule Attributes(多边形连接)"下拉菜单中有三个选项,分别如下。

(1)Relief Connections:辐射状连接,也就是从元件焊盘辐射状伸出几根线连接到覆铜
上,采用这种方式可以使覆铜区和焊盘间的传热比较慢,焊接时不会因为覆铜区散热太快而
导致焊盘和焊锡之间无法良好融合。

(2)Direct Connections:直接连接,这种连接方式直接用覆铜覆盖元件焊盘。这种连接
方式的优点在于焊盘和覆铜区之间的阻值比较小,但是焊接比较麻烦。

(3)No Connect:无连接方式,即元件和电源层之间没有任何连接。一般不会采用这种形式。

8.7　测试点规则

Protel 99 SE 中的测试点规则,包括测试点样式(Testpoint Style)、测试点用法
(Testpoint Usage),下面分别进行介绍。

8.7.1　测试点样式

图 8-35 所示是测试点样式设置对话框,在 Protel 99 SE 中含有测试点功能设定,可以简
单地定义以哪些 Pad 或 Via 作为测试点。新的测试点样式和测试点的用法也被整合在
"CAM Manager"里。

8.7.2　测试点用法

测试点用法设置对话框如图 8-36 所示，以下对"Rule Attributes"（规则属性）栏中的一些选项进行一下简单的介绍。

Allow multiple testpoints on same net：执行设计规则检查，允许同一网络存在多个测试点。

在"Testpoint"分组框中的各选项的功能如下。

- Required：进行设计规则检查时，给出提示信息。
- Invalid：设计规则检查时非法，即不允许使用测试点。
- Don't care：设计规则检查时不检查测试点。

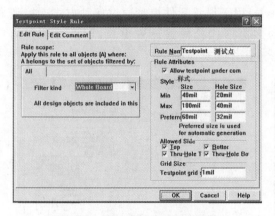

图 8-35　测试点样式设置对话框

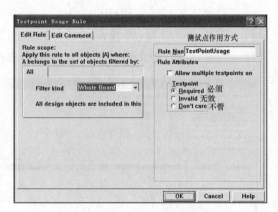

图 8-36　测试点用法设置对话框

 ## 8.8　与制造相关的规则

8.8.1　最小焊环规则

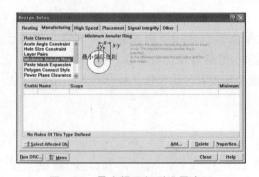

图 8-37　最小焊环规则设置窗口

最小焊环规则（Minimum Annular Ring）用于设定焊盘和过孔的环形铜膜的最小宽度，其对话框如图 8-37 所示。该规则的主要目的是防止焊盘和过孔的环形铜膜过窄而容易受到损坏。单击"Add"按钮，将弹出一个编辑框，该编辑框用于设置焊盘或过孔的直径与其钻孔直径的差值，其中 x 表示焊盘或过孔的外环半径，y 表示其内环半径，二者之差 $x-y$ 就是最小包环厚度。

8.8.2　锐角限制规则

锐角限制规则（Acute Angle）用于设置铜膜导线夹角的最小值。如果夹角过小，则制作时会导致锐角尖端被腐蚀掉，不利于电路板的制作。铜膜线都是用铜箔刻出来的，如果夹角值过小,会造成极坏的影响:一方面会产生拐角尖端被蚀刻掉的情况,不利于电路板的制作;另一方面会导致传输信号质量的恶化。因此需要限制铜膜导线夹角的最小值,一般来说,尽量使"锐角限制规则"的夹角不小于 90°。单击"Add"按钮,将出现一个铜膜导线夹角模型。在模型左侧的编辑框中可以设置最小夹角的数值,默认的设置值为"90°"。锐角规则的设置窗口如图 8-38 所示。

8.8.3 孔尺寸限制规则

孔尺寸限制规则(Hole Size)用于设定孔径的尺寸限制,其对话框如图 8-39 所示。

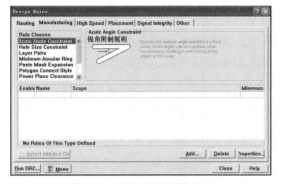
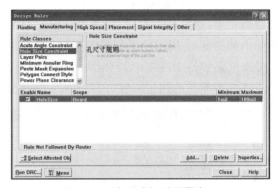

图 8-38　锐角规则设置窗口　　　　图 8-39　孔尺寸规则设置窗口

如果焊盘或过孔的孔径太大的话,不仅焊接时消耗的焊锡增多,还会造成焊接效果变差、焊点电阻增大等问题;如果焊盘或过孔的孔径过小的话,则易造成元件管脚不易放入、无法再加入焊锡使其固定等问题,因此必须将孔径限制在一定范围内。单击"Add"按钮,将出现一个过孔模型。在模型上方的"Rule Attributes"下拉菜单中,我们可以选择孔径大小的限定方式。在"Absolute"(绝对值)选项下,我们只需在对话框右侧的编辑框中填入孔径的"Minimum"(最小值)和"Maximum"(最大值),就可以限定过孔的孔径大小。在"Percent"(百分比)选项下,所填入的孔径数值是相对于焊盘或过孔外径的百分比。图 8-39 中采用的是绝对值形式,将此项规则设置为孔径范围:1～100 mil。

8.8.4 层对规则

所谓板层层对,就是指多层板中需要设定所有钻孔电气符号的起始层和终止层,这样的起始层和终止层就构成一对板层。层对规则(Layer Pairs)用于设置电路设计时使用的与当前钻孔匹配的板层层对,设计中的层对由电路板上的通孔和焊点来决定,每个起始层和结束层对应一个板层层对,板层层对的设计规则用于设定是否强制使用板层层对的有关设置,其对话框如图 8-40 所示。

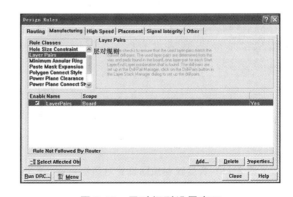

图 8-40　层对规则设置窗口

8.9 高速线路规则

高速线路规则主要包括：平行线段限制规则、长度限制规则、匹配网络长度规则、雏菊链支线长度限制规则、在 SMD 下过孔限制规则和最大过孔数限制规则等。下面将分别对其进行介绍。

8.9.1 平行线段限制规则

平行线段限制规则（Parallel Segment）用于设置两条平行走线的最小间距及最大平行走线的长度，选择此规则后，将弹出如图 8-41 所示的对话框，单击右下角的"Properties"按钮，弹出如图 8-42 所示的平行线段限制规则属性对话框。在高速电路设计中，往往要尽可能地提高电路板的走线密度，但走线过密也会导致信号互相干扰的增强。通常情况下，走线间距应该大于导线的两倍宽度并尽量减小平行走线的长度。

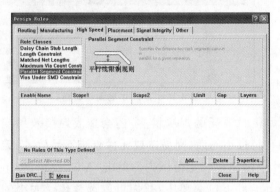

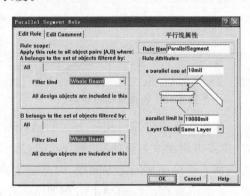

图 8-41　平行线段限制规则对话框　　　　图 8-42　平行线段限制规则属性对话框

8.9.2 长度限制规则

选择"Length Constraint"选项，系统将弹出如图 8-43 所示的长度限制规则设置对话框，单击右下角的"Properties"按钮，弹出如图 8-44 所示的长度限制规则属性对话框。在"Minimum Length"和"Maximum Length"文本框中分别设置网络走线的最小和最大长度。

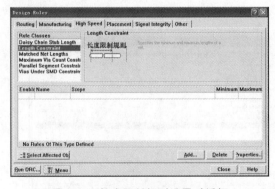

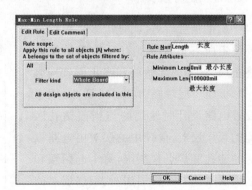

图 8-43　长度限制规则设置对话框　　　　图 8-44　长度限制规则属性对话框

8.9.3 匹配网络长度规则

匹配网络长度规则（Matched Net Lengths）用于设置网络等长走线的调整方式。选择此规则后,将弹出如图 8-45 所示的匹配网络长度规则设置对话框,单击右下角的"Properties"按钮,弹出如图 8-46 所示的匹配网络长度规则属性对话框。

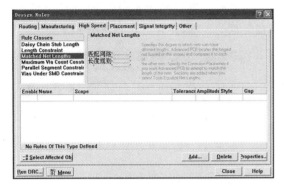

图 8-45　匹配网络长度规则设置对话框　　　图 8-46　匹配网络长度规则属性对话框

电路板上的任何一条走线通过高频信号时都会对该信号造成延时,调整长走线就是为了使各个信号的延迟差保持在一个可以接受的范围内,进而保证在一个周期中读取的数据的有效性。一般通过绕线,或者是蛇形走线来实现走线等长,但是蛇形走线所产生的寄生电感会使信号上升沿中的高次谐波发生相移,导致信号质量恶化,所以蛇形走线的线间距至少应为线宽的两倍。

8.9.4　雏菊链支线长度限制规则

雏菊链支线长度限制规则(Daisy Chain Stub Length)用于设置雏菊链布线时的最大雏菊链支线长度。选择此规则后,将弹出如图 8-47 所示的雏菊链支线长度限制规则设置对话框,单击右下角的"Properties"按钮,弹出如图 8-48 所示的雏菊链支线长度限制规则属性对话框。所谓雏菊链是指电路板布线时,布线从驱动端开始,依次到达各个接收端的网络结构。在该结构中,所有设备沿一条总线连接在一起,并管理每个设备的信号。对于抑制走线的高次谐波,雏菊链具有最好的效果,但是这种结构使得不同的信号端接收的信号不同步,因此在实际的电路中雏菊链支线的长度应该尽可能缩短,以高速 TTL 电路为例,其支线长度应该小于 38 mm。

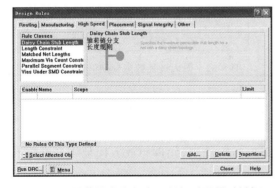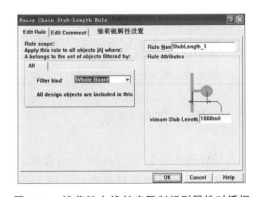

图 8-47　雏菊链支线长度限制规则设置对话框　　　图 8-48　雏菊链支线长度限制规则属性对话框

8.9.5　在 SMD 下过孔限制规则

在 SMD 下过孔限制规则(Vias Under SMD)用于设置是否允许在 SMD 焊盘下放置过孔,选择此规则后,将弹出如图 8-49 所示的 SMD 下过孔限制规则对话框,单击右下角的

"Properties"按钮,弹出如图 8-50 所示的 SMD 下过孔限制规则属性对话框。SMD 焊盘下一般来说应该尽量避免放置过孔,焊接时,如果过孔和焊点靠得太近,过孔就会把熔化的焊锡从元件的引脚处吸走,导致焊点不饱满或产生虚焊。只有在密度特别高的多层板上,才可以考虑把过孔设计在焊盘下。设计时,应尽量把过孔放置在焊盘的顶端,并且过孔必须小于焊盘。

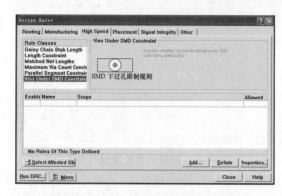
图 8-49　SMD 下过孔限制规则对话框

图 8-50　SMD 下过孔限制规则属性对话框

8.9.6　最大过孔数限制规则

最大过孔数限制规则(Maximum Via Count)用于设置最多可放置的过孔数量,选择此规则后,将弹出如图 8-51 所示的最大过孔数限制规则对话框,单击右下角的"Properties"按钮,弹出如图 8-52 所示的最大过孔数限制规则属性对话框。在左侧"Filter kind"下拉列表中选择本规则的适用范围,在右侧"Maximum Via Count"文本框中设置最多可放置的过孔数量,减少过孔的使用有利于提高电路的电磁兼容性。

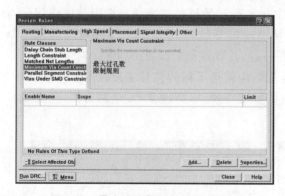
图 8-51　最大过孔数限制规则对话框

图 8-52　最大过孔数限制规则属性对话框

8.10　布局规则

布局规则主要包括:Room 定义规则、元件布放间距规则、元件布放方向规则和允许布放层规则。下面将分别对其进行介绍。

8.10.1　Room 定义规则

Room 定义规则(Room Definition)用于设置一个选定区域,用于布局该区域内被选中的元件。选择此规则后,将弹出如图 8-53 所示的 Room 定义规则对话框,单击右下角的"Properties"按钮,弹出如图 8-54 所示的 Room 定义规则属性对话框。

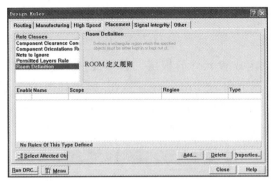

图 8-53　Room 定义规则对话框

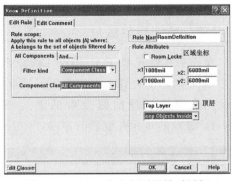

图 8-54　Room 定义规则属性对话框

8.10.2　元件布放间距规则

元件布放间距规则(Component Clearance)用于设定元件的最小间距。选择此规则后,将弹出如图 8-55 所示的元件布放间距规则对话框,单击右下角的"Properties"按钮,弹出如图 8-56 所示的元件布放间距规则属性对话框。"Scope"用于设置本规则的适用范围,"Gap"显示的是最小间距,"Mode"显示的是检查的模式。

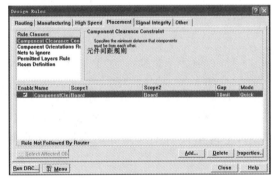

图 8-55　元件布放间距规则对话框

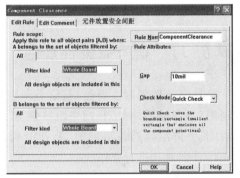

图 8-56　元件布放间距规则属性对话框

8.10.3　元件布放方向规则

元件布放方向规则(Component Orientations)用于设置元件的放置方向。选择此规则后,将弹出如图 8-57 所示的元件布放方向规则对话框,单击右下角的"Properties"按钮,弹出如图 8-58 所示的元件布放方向规则属性对话框。"Scope"显示的是规则的适用范围,"Rotation"显示的是元件的放置方向,"Allowed Orientation"用于设置元件的旋转方向,共可设置 5 种角度。

图 8-57　元件布放方向规则对话框

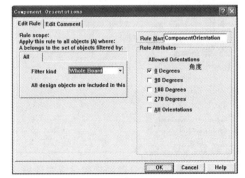

图 8-58　元件布放方向规则属性对话框

8.10.4 允许布放层规则

允许布放层规则（Permitted Layer）用于设定放置元件的板层。选择此规则后,将弹出如图 8-59 所示的允许布放层规则对话框,单击右下角的"Properties"按钮,弹出如图 8-60 所示的允许布放层规则属性对话框。"Scope"显示的是本规则适用的范围,"Permitted Layers"显示的是元件放置的方向,"Rules Attributes"用于设置元件的放置板层。

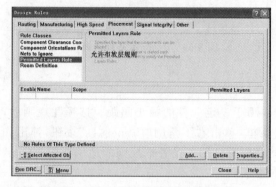
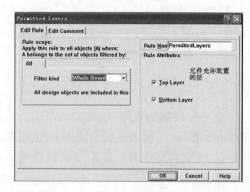

图 8-59　允许布放层规则对话框　　　　图 8-60　允许布放层规则属性对话框

8.11　信号完整性规则

信号完整性规则主要包括:信号激励规则、下降沿过冲规则、上升沿过冲规则、下降沿下冲规则、上升沿下冲规则、网络阻抗规则、信号高电平规则、信号低电平规则、上升沿延迟时间规则、下降沿延迟时间规则、上升沿的斜率规则、下降沿的斜率规则和电源网络规则等。下面将分别对其进行介绍。

8.11.1 信号激励规则

信号激励规则（Signal Stimulus）用于设置信号完整性分析时采用的激励信号的特征。如图 8-61 所示,单击"Add"按钮,弹出如图 8-62 所示的对话框。"Stimulus Kind"下拉列表框中可以选择激励信号的类型,包括恒定电压、脉冲和周期脉冲,"Start Level"中可以选择信号的初始状态,"Start Time"中可以设置起始时间,"Stop Time"中可以设置停止时间,"Period Time"中可以设置激励信号的周期。

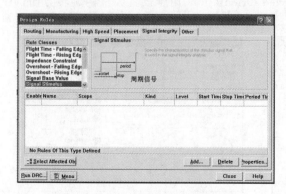
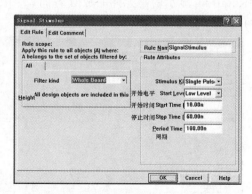

图 8-61　信号激励规则设置对话框　　　　图 8-62　信号激励规则属性对话框

8.11.2 下降沿过冲规则

下降沿过冲规则(Overshoot-Falling Edge)用于设置电路中信号下降沿的最大允许过冲值,如图 8-63 所示。单击"Add"按钮,弹出如图 8-64 所示的对话框。在"Maximum"文本框中输入允许的最大值,如果过冲过大,则可能在传输线上出现振荡,还可能导致元件损坏,因此,该最大值的设置不仅需要考虑信号完整性,还要考虑相关元件的耐压值。

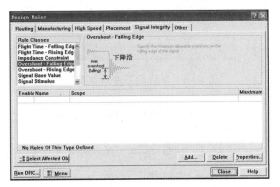

图 8-63　下降沿过冲规则设置对话框

图 8-64　下降沿过冲规则属性对话框

8.11.3 上升沿过冲规则

上升沿过冲规则(Overshoot-Rising Edge)用于设置电路中信号上升沿的最大允许过冲值,如图 8-65 所示。单击"Add"按钮,弹出如图 8-66 所示的对话框,其具体设置方法与信号下降沿的最大允许过冲值的设置方法相同。

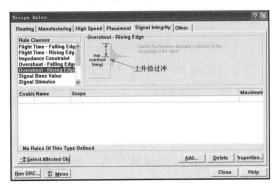

图 8-65　上升沿过冲规则设置对话框

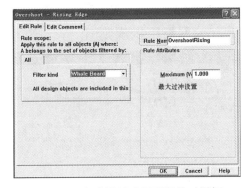

图 8-66　上升沿过冲规则属性对话框

8.11.4 下降沿下冲规则

下降沿下冲规则(Undershoot-Falling Edge)用于设置信号下降沿所允许的最大下冲值,如图 8-67 所示。单击"Add"按钮,弹出如图 8-68 所示的对话框,在"Maximum"文本框中输入所允许的下降沿最大下冲值。当信号从"1"变为"0"时,由于电磁干扰,会产生下冲,如果下冲值过大,将导致逻辑翻转的情况出现。

8.11.5 上升沿下冲规则

上升沿下冲规则(Under shoot-Rising Edge)用于设置信号上升沿所允许的最大下冲值,如图 8-69 所示。单击"Add"按钮,弹出如图 8-70 所示的对话框,在"Maximum"文本框中输入所允许的上升沿最大下冲值。

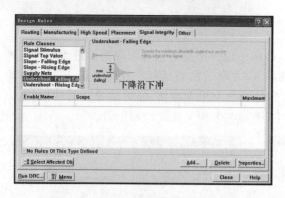

图 8-67 下降沿下冲规则设置对话框

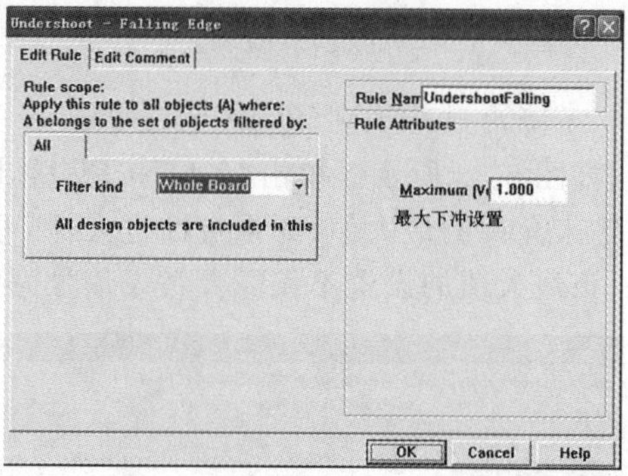

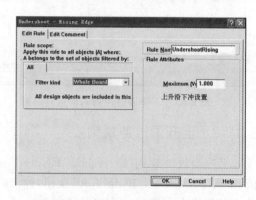

图 8-68 下降沿下冲规则属性对话框

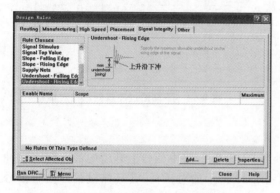

图 8-69 上升沿下冲规则设置对话框

图 8-70 上升沿下冲规则属性对话框

8.11.6 网络阻抗规则

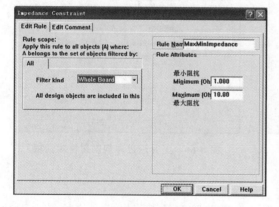

图 8-71 网络阻抗规则属性对话框

网络阻抗规则（Impedance Constraint）用于设置电路中连线之间阻抗的最大值和最小值。在网络阻抗规则设置对话框中，单击"Add"按钮，弹出如图 8-71 所示的对话框。在"Minimum"和"Maximum"文本框中输入允许的最大和最小值。连接线的特征阻抗与 PCB 上的布局和走线方式密切相关，影响传输线特征阻抗的因素主要有铜膜的厚度、导线的宽度、PCB 板基材料、其他材料的介电常数和厚度、焊盘的厚度、地线的路径和周边的导线布置情况等。

8.11.7 信号高电平规则

信号高电平规则（Signal Top Value）用于设置电路中逻辑"1"信号的电压基值，即信号逻辑为"1"时允许的最小值，如图8-72所示。单击"Add"按钮，弹出如图 8-73 所示的对话框，在"Minimum"文本框中输入所允许的最小值。

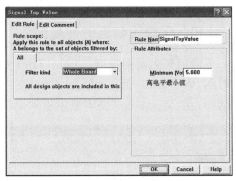

图 8-72　信号高电平规则设置对话框　　　　图 8-73　信号高电平规则属性对话框

8.11.8　信号低电平规则

信号低电平规则(Signal Base Value)用于设置电路中逻辑"0"信号的电压基值和信号逻辑为"0"时所允许的最大电压值,如果低于该电压值,则信号在电路中被认定为"0",如图8-74所示。单击"Add"按钮,弹出如图 8-75 所示的信号低电平规则属性对话框,在"Maximum"文本框中输入所允许的最大值。

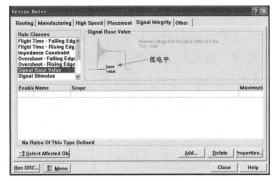

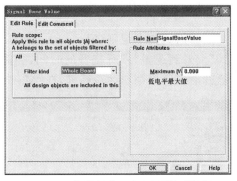

图 8-74　信号低电平设置对话框　　　　图 8-75　信号低电平规则属性对话框

8.11.9　上升沿延迟时间规则

上升沿延迟时间规则(Flight Time-Rising Edge)用于设置信号上升沿所允许的最大的延迟时间,如图 8-76 所示。由于电路中各种杂散电感电容的存在,导致信号延迟,它是实际的信号电压到达门限电压的时间。单击"Add"按钮,将弹出如图 8-77 所示的上升沿延迟时间规则对话框。在"Maximum"文本框中输入允许的最长延迟时间(在数字后面可以带时间单位)。

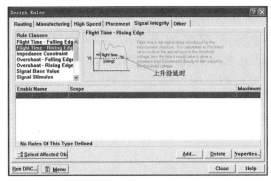

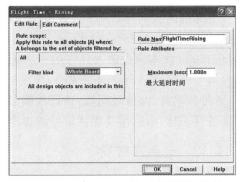

图 8-76　上升沿延迟时间规则设置对话框　　　图 8-77　上升沿延迟时间规则属性对话框

8.11.10 下降沿延迟时间规则

下降沿延迟时间规则（Flight Time-Falling Edge）用于设置信号下降沿所允许的最长延迟时间，如图 8-78 所示。单击"Add"按钮，弹出如图 8-79 所示的下降沿延迟时间规则属性对话框，在"Maximum"文本框中输入允许的最大延迟时间，在数字后面可以带时间单位。

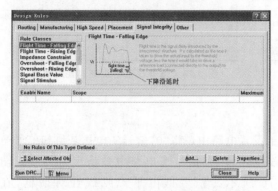 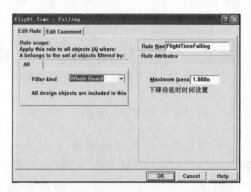

图 8-78 下降沿延迟时间规则设置对话框   图 8-79 下降沿延迟时间规则属性对话框

8.11.11 上升沿的斜率规则

上升沿的斜率规则（Slope-Rising Edge）用于设置电路中的信号上升沿的宽度，即从逻辑"0"上升到逻辑"1"所花费的时间，如图 8-80 所示。单击"Add"按钮，弹出如图 8-81 所示的上升沿斜率规则属性对话框，在"Maximum"文本框中输入允许的最大值。

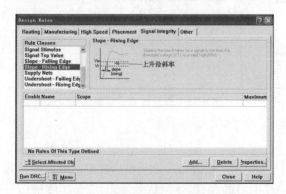 

图 8-80 上升沿的斜率规则设置对话框   图 8-81 上升沿斜率规则属性对话框

8.11.12 下降沿的斜率规则（Slope-Falling Edge）

下降沿的斜率规则用于设置电路中的信号下降沿的宽度，即从逻辑"1"下降到逻辑"0"所花费的时间，如图 8-82 所示。单击"Add"按钮，弹出如图 8-83 所示的对话框，在"Maximum"文本框中输入允许的最大值。在低速电路中，由于信号变化的频率较低，可以认为信号的变化是在瞬间完成的，跳变时间对电路的影响可以忽略不计，但是在高速电路中，信号频率高，保持时间短，并且数据总线一般通过控制信号或时钟信号的上升沿或下降沿来进行采样，所以需要保证信号的边沿有足够的斜率以便于被元件识别。

8.11.13 电源网络规则

电源网络规则（Supply Nets）用于设置电路中供电网络及其电平值，如图 8-84 所示的对话框,在"Voltage"文本框中设置供电网络的电平值。

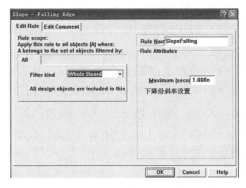

图 8-82 下降沿的斜率规则设置对话框　　　　图 8-83 下降沿斜率规则属性对话框

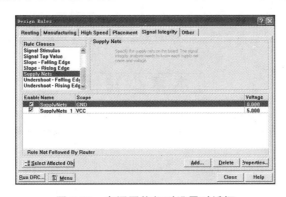

图 8-84 电源网络规则设置对话框

 ## 8.12　PCB 设计规则检查

选择"Tools"→"Design Rule Check"命令,弹出如图 8-85 所示的设计规则检验对话框。

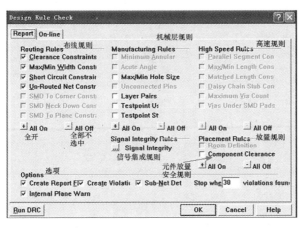

图 8-85 设计规则检验对话框

在电路板布线完成后,就应当对电路板进行设计规则检验,以确保电路板符合设计要求,并且所有的网络都已经正确连接。设计规则检验中常用的检验项目如下。

(1)线与线、线与元件焊盘、线与过孔、元件焊盘与过孔、过孔与过孔之间的距离是否合理,是否满足生产要求。

（2）电源线和地线的宽度是否合适，电源与地线之间是否紧耦合，在PCB中是否还有能让地线加宽的地方。

（3）对于关键的信号线是否采取了最佳措施，如长度最短、加保护线、输入线及输出线被明显地分开。

（4）模拟电路和数字电路部分，是否有各自独立的地线。

（5）后加在PCB中的图形（如图标、注释）是否会造成信号短路。

（6）对一些不理想的线是否进行修改。

（7）在PCB上是否加有工艺线，阻焊是否符合生产工艺的要求，阻焊尺寸是否合适，字符标志是否压在器件焊盘上。

（8）多层板中的电源地层的外框边缘是否缩小，如果外框边缘缩小，则电源地层的铜箔露出容易造成短路。

设计规则检验结果可以分为两种：一种是"Report"（报表）输出，产生检验结果报表；另一种是"On Line"检验，就是在布线过程中对电路板的电气规则和布线规则进行检验。

本 章 小 结

本章主要介绍了PCB的设计规则，包括电气规则，布线、布局规则，高速电路设计规则，信号完整性规则等。通过本章的学习，对电路板的设计规则有了详细的了解，为今后制作性能高效的PCB打下基础。

第9章　人工布线制作 PCB 板

布线是 PCB 板设计过程中比较重要的一步,布线有自动布线和人工布线两种方式。其中人工布线是传统的布线方法,是制作印制电路板的基础。人工布线制作 PCB 板主要分为三步:①规划印制电路板;②加载网络表;③人工布线。

本章要点

- 规划印制电路板
- 加载网络表
- 人工布线制作 PCB

本章案例

- 制作 555 振荡电路 PCB
- 制作共发射极放大电路 PCB

9.1　印制电路板的规划

在进行 PCB 设计之前,必须首先明确 PCB 的形状,并预估其大小,然后再设定电路板的边界和放置安装孔。PCB 的边界包括物理边界和电气边界。物理边界是定义在机械层之上的,而电气边界则是定义在禁止布线层上的。通常情况下,制板商认为物理边界与电气边界是重合的,因此在定义电路板的边界时,可以只定义 PCB 的电气边界。规划印制电路板的方法有两种:一种是人工手动规划印制电路板,另一种是使用向导规划印制电路板。Protel 99 SE 中有很多模板,这些模板都有具有各自的标题栏、参考布线规则、物理尺寸和标准边缘连接器等。

9.2　印制电路板设计的基本原则

在实际印制电路板的设计与绘制中,同一原理图在印制电路板上往往有多种不同的实现方式,而实际电路中存在的杂散电感、电容对信号传输产生的影响以及由于布置不当引起的传输线之间的干扰,都使得这些不同的实现方式往往会导致不同的甚至是截然相反的结果。因此,在进行 PCB 设计时必须遵循一些基本原则。

1.电气连接正确

PCB 设计好后,保证各元件之间的电气连接正确是 PCB 电路板设计必须遵循的基本原则。如果电路设计好后,其电气连接不正确或与电路原理图设计不相符,则该电路板就不能正确工作。

2.符合电路设计者的意图

PCB 设计是电路设计者思路的最终体现,是服务于电路设计的,因此最终的 PCB 电路板设计必须严格符合电路设计者的意图。

3.符合电路板的安装要求

电路板安装和调试好后,一般都要安装到某一机箱中,因此电路板的外形、安装孔的大小及安装孔放置的位置等都应当事先进行设计,这也是需要严格遵守的原则。

4.元件布局合理

在印制电路板设计中进行元件布局时应当遵循一定的设计规则,比如应当满足机械结构方面的要求、散热方面的要求和电磁干扰方面的要求等。

5.布线合理

与元件布局需要合理安排一样,印制电路板布线也需要遵循一定的原则,这些原则可以通过系统提供的电路板布线设计规则设置来实现。

6.便于安装和调试

印制电路板设计并加工完成后需要安装和焊接元件,然后还需要进行调试。为了方便安装和焊接元件,就要在安装和放置元件时充分考虑元件之间的间距是否足够大,元件的序号是否一目了然,元件是否容易辨认等;为了方便调试,还需要在关键网络上放置专门设计的测试点。

9.3 规划印制电路板

规划印制电路板主要是定义其所使用的板层和印制电路板的形状、大小等,在实际的印制电路板设计中,分为人工规划印制电路板和利用向导规划印制电路板,下面先介绍人工规划印制电路板。

9.3.1 人工规划印制电路板

1.设置电路板板层

电路板的设计首先要选择适用的板层。Protel 99 SE 提供了多种类型的工作层供用户选择,用户可以在各工作层上进行不同的操作。选择 PCB 设计管理器的"Design"→"Options"命令,弹出如图 9-1 所示的对话框,在此对话框中可以设置各板层的可见性。

Protel 99 SE 所提供的工作层大致可以分为以下七类。

（1）Signal Layers:信号层。

（2）Internal Planes:内部电源/接地层。

（3）Mechanical Layers:机械层。

（4）Masks:阻焊层、锡膏防护层。

（5）Silkscreen:丝印层。

（6）Others:其他工作层面。

（7）System:系统工作层。

注意:①无论是否将"Drill Drawing"层设置为可见状态,输出时自动生成的钻孔信息在 PCB 文档中都是可见的;②"Drill Drawing"层中包含有一个特殊的". LEGEND"字符串,打印输出的时候,该字符串的位置将决定钻孔制图信息生成的位置。

在实际工作中,几乎是不可能同时打开所有工作层的,用户应该选择打开自己将要用到的工作层,而将其他层关闭。在图 9-1 所示的工作层设置框中可以看到,每一个工作层前面都有一个复选框,如果某一项被打"√",则表示该工作层被打开,对应的图纸屏幕上的标签中就新增一个板层按钮,如图 9-2 所示;如果某一项没有被选中,则处于关闭状态。当单击"All On"时,将打开所有的工作层面;当单击"All Off"时,所有的工作层面处于关闭状态;当单击"Used On"时,用户可以自己设定工作层面。

2.设置印制电路板电气边界线

当设置电路板边缘尺寸时,在图 9-2 中为工作层选择板层标签,将板层切换到"KeepOut Layer",使用画线工具 ⌐⌐ "画"出一个框,如图 9-3 所示,此框的大小就是印制电路板的大小。

图 9-1 设置电路板板层对话框

图 9-2 绘图区底部的板层标签

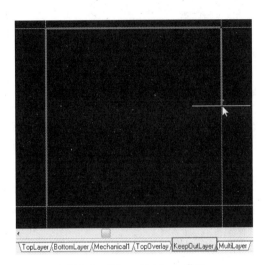

图 9-3 "KeepOut Layer"层

注意:电路板的电气边界线应在"KeepOutLayer"层中定义,而机械加工边界线应该在"Mechanical Layers"层中定义。

9.3.2 利用向导规划电路板

在 Protel 99 SE 中创建 PCB 文件,可以利用 PCB 向导规划电路板,具体步骤可以参照第 7 章中实例 7-1,此处不再赘述。

9.4 加载网络表

在 PCB 编辑器中加载网络表的操作步骤如下。

(1)原理图绘制完毕后,对原理图中的每个元件逐一添加元件封装,选择"Design"→"Create Netlist"命令,系统将会弹出如图 9-4 所示的对话框,生成网络表文件。

(2)打开已经创建的 PCB 文件,进入 PCB 编辑器。选择"Design"→"Load Nets"命令,将会弹出如图 9-5 所示的对话框。单击"Browse..."按钮,将弹出如图 9-6 所示的网络表文件选择对话框,在该对话框中,用户选取需要加载的网络表文件,单击"OK"按钮。

(3)随即弹出如图 9-7 所示的对话框,当状态栏"status"中显示"All macros validated"时,表示网络表加载成功,否则表示网络表加载失败,需要重新回到原理图进行修改,按照前面的步骤生成新的网络表,再重新加载。

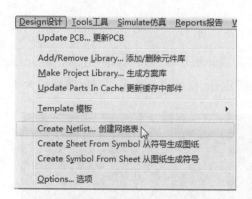

图 9-4 选择"Creat Netlist"命令

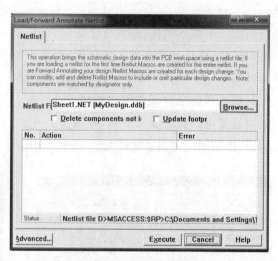

图 9-5 加载网络表对话框

（4）在图 9-7 中单击"Execute"按钮，即可实现网络表载入，如图 9-8 所示。

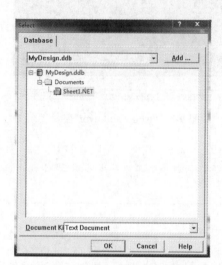

图 9-6 网络表文件选择对话框

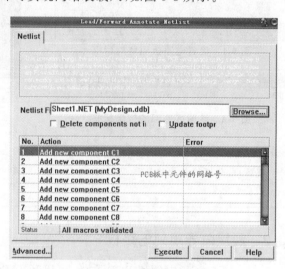

图 9-7 网络表加载完毕

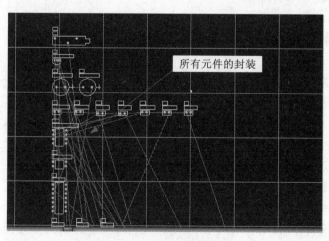

图 9-8 实现网络表的载入

9.5 应用实例

9.5.1 实例9-1——制作555振荡电路PCB

将3.8小节实例3-7中555振荡电路原理图,采用人工布线的方式生成PCB。

该实例的最终结果如图9-9所示。

操作步骤

(1)准备工作。打开实例3-7中绘制好的"555振荡电路原理图"后,对原理图中的每一个元件定义PCB封装。首先,双击该元件会弹出一个如图9-10所示的元件属性设置对话框,在"Footprint"一栏中添加该元件的引脚封装号,本例分别选用 DIP8、AXIAL0.3、RAD0.1作为555元件、电阻、电容的PCB封装,使其与PCB编辑环境中的封装相对应。

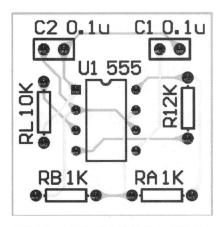

图 9-9 555振荡电路的PCB板设计

图 9-10 元件属性设置对话框

(2)新建PCB文件。将所有元件的封装添加完毕后,按7.2.2小节中介绍的方法建立好PCB文件,在"KeepOutLayer"中人工定义电路板的大小为:1 000mil×1 000mil,如图9-11所示。

(3)生成网络表。回到555振荡电路原理图编辑界面,选择"Design 设计"→"Create Netlist...创建网络表"命令,如图9-12所示,弹出如图9-13所示的对话框,单击"OK"按钮,生成如图9-14所示的网络表。

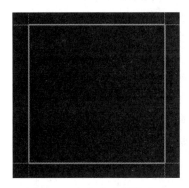

图 9-11 定义电路板的尺寸

图 9-12 选择"Creat Netlist... 创建网络表"命令

图 9-13 创建网络表属性 设置对话框

（4）导入网络表。打开 PCB 编辑界面，选择"Design 设计"→"Netlist...网络表"命令，如图 9-15 所示，弹出如图 9-16 所示的"Load/Forward Annotate Netlist"对话框。单击"Browse"按钮，选择网络表，如图 9-17 所示。然后单击"OK"按钮，随即弹出如图 9-18 所示的对话框，表示网络表添加成功。在对话框中单击"Execute"按钮便可以将网络表导入到 PCB 中。

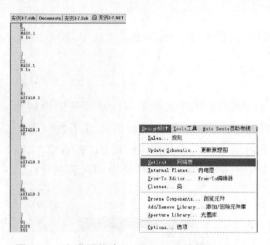

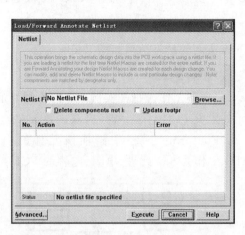

图 9-14　生成网络表　　图 9-15　选择"Netlist...　　图 9-16　"Load/Forward Annotate Netlist"
　　　　　　　　　　　网络表"命令　　　　　　　　　对话框

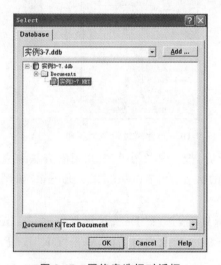

图 9-17　网络表选择对话框

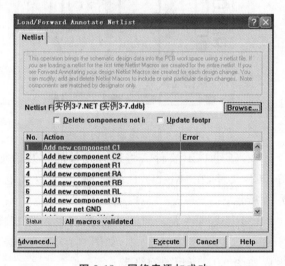

图 9-18　网络表添加成功

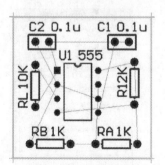

图 9-19　元件封装的布局

（5）布局。打开导入网络表后的 PCB 文件，首先将元件封装移进电气边界线中，然后按照一定的规则调整好元件封装，使其布局合理，如图 9-19 所示。

（6）人工布线。对于一般的双面板来说，元件都是默认地导入"TopLayer"顶层，如有其他需求，可以单击如图 9-20 所示的图层选项卡选择图层。例如当选项卡图示为"TopLayer"顶层，则使用布线工具所布之线皆处于顶层。对于默认设置来说，"TopLayer"顶层布线为红色，"BottomLayer"底层布线为蓝色，"TopOverLayer"丝印层布线为黄色，"KeepOutLayer"禁止布线层布线为紫色等。采用人工布线,布线结果如图 9-21 所示。

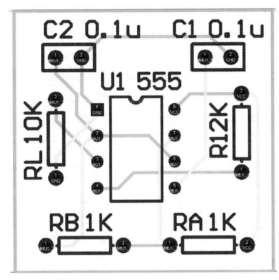

图 9-20　图层选项卡

(7)布线完成后,如果导线相对于焊盘来说比较细,这时可以选择"泪滴"的方式处理一下,对其进行一定的优化。如图 9-22 所示,选择"Tools"→"Teardrops"命令,弹出如图9-23所示的对话框,一般默认为针对所有元件与过孔进行泪滴处理,单击"OK"按钮,结果如图9-24 所示。最后单击"Save"按钮,这样 555 振荡电路的 PCB 就制作完成了,如图9-9所示。

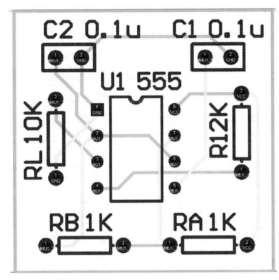

图 9-21　人工布线完成后示意图

图 9-22　选择"泪滴"命令

图 9-23　"泪滴"属性设置对话框

图 9-24　完成"泪滴"处理的效果图

9.5.2　实例 9-2——制作共发射极放大电路 PCB

将 3.8 小节实例 3-8 中的共发射极放大电路原理图,采用人工布线的方式生成 PCB。该实例的最终结果如图 9-25 所示。

操作步骤

(1)准备工作。打开实例 3-8 中已绘制完成的"共发射极放大电路原理图"后,对原理图中的每一个元件定义 PCB 封装。首先,双击该元件会弹出一个如图 9-26 所示的元件属性设置对话框,在"Footprint"一栏中添加该元件的引脚封装号,本例分别选用 AXIAL0.3、RAD0.1、TO-18、SIP2 作为电阻、电容、三极管、插座的 PCB 封装,使其与 PCB 编辑环境中的封装相对应。

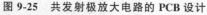

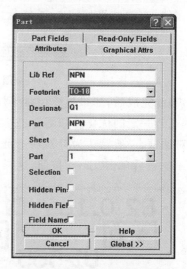

图 9-25 共发射极放大电路的 PCB 设计　　　图 9-26 元件属性设置对话框

图 9-27 人工定义电路板尺寸

（2）新建 PCB 文件。将所有元件的封装添加完毕后，按 7.2.2 小节中介绍的方法建立好 PCB 文件，在"KeepOutLayer"中人工定义电路板的大小为：1 000 mil×1 000 mil，如图 9-27 所示。

（3）生成网络表。回到 555 振荡电路原理图编辑界面，选择"Design 设计"→"Create Netlist...创建网络表"命令，如图 9-28 所示。弹出如图 9-29 所示的对话框，单击"OK"按钮，生成如图 9-30 所示的网络表。

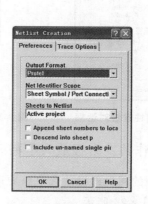

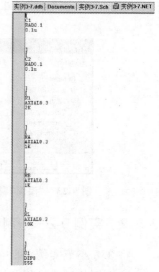

图 9-28 选择"Create Netlist...　　图 9-29 创建网络表属性　　图 9-30 生成网络表
创建网络表"命令　　　　　　设置对话框

（4）导入网络表。打开 PCB 编辑界面，选择"Design 设计"→"Netlist...网络表"命令，如图 9-31 所示。弹出如图 9-32 所示的"Load/Forward Annotate Netlist"对话框，单击"Browse…"按钮，选择网络表，如图 9-33 所示。然后单击"OK"按钮，弹出如图 9-34 所示的对话框，表示网络表添加成功，此时单击"Execute"按钮便可以将网络表导入 PCB 中。

图 9-31　选择"Netlist...网络表"命令

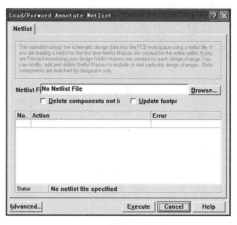

图 9-32　"Load/Forward Annotate Netlist"对话框

图 9-33　选择网络表

图 9-34　网络表添加成功

（5）布局。打开导入网络表后的 PCB 文件，首先将元件封装移进电气边界线中，然后按照一定的规则调整好元件封装，使其布局合理，如图 9-35 所示。

（6）人工布线。对于一般的双面板来说，元件都是默认地导入"TopLayer"顶层，采用人工布线，其结果如图 9-36 所示。

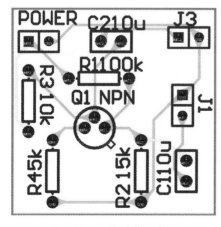

图 9-35　元件封装的布局

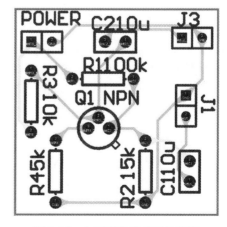

图 9-36　人工布线完成后的结果

（7）布线完成后，如果导线相对于焊盘来说比较细，这时可以选择"泪滴"的方式处理一下，对其进行一定的优化。如图 9-37 所示，选择"Tools"→"Teardrops"命令，弹出如图9-38所示的对话框，一般默认为针对所有元件与过孔进行泪滴处理，单击"OK"按钮。共发射极放大电路的最终 PCB 效果如图 9-39 所示，最后单击"Save"按钮。

图 9-37　选择泪滴命令

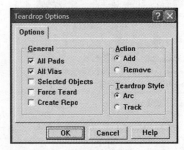

图 9-38　泪滴属性设置对话框

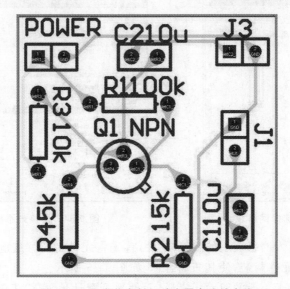

图 9-39　完成共发射极放大器电路的布线

本 章 小 结

　　本章主要介绍了在印制电路板的设计过程中，定义电路板的步骤和放置设计对象的具体方法，这是人工布线制作 PCB 板的基础，并让初学者在真正进入到电路板设计之前能够学会 PCB 板设计中的一系列基本操作，为后面电路板的设计打下基础。同时本章通过实例讲解，让读者在实际操作中学会人工布线制作 PCB。

第10章 自动布线制作PCB板

通过前面几章的学习我们已经基本掌握了原理图的设计方法,在原理图绘制及封装完毕后,接下来的工作就是制作PCB板。在这一章中我们将介绍自动布线制作PCB板,它涉及的知识点比较多,工作比较复杂,相信初学者通过逐步的学习可以全面掌握制作PCB板的方法。

本章要点

- 加载网络表
- 元件布局
- 自动布线

本章案例

- 元件布局
- 自动布线
- 制作晶体测试电路PCB
- 制作分频电路PCB

10.1 布线前的准备

选择"File"→"New"命令,弹出如图10-1所示的对话框。选择"PCB Document"图标,单击"OK"按钮,新建一个PCB文件。

按照以下方式对PCB板的参数进行设置。

(1)选择mil为尺寸单位。

(2)选择工业用标准板的轮廓和尺寸。

(3)定义电路板的外形参数。

(4)设置切角。

(5)设置所需要的板层数。

(6)选择穿透式导孔,一般双面板都选用穿透式导孔。

图 10-1　新建文件对话框

(7)设置元件/导线技术对话框的两种形式。

(8)设置导线的最小宽度、导孔的尺寸和导线之间的安全距离等参数。

10.2 在PCB编辑器中载入网络表

在PCB编辑器中加载网络表,操作步骤请参照第9章9.4节,此处不再赘述。

10.3 元件布局

元件布局主要包括自动元件布局和手工调整元件布局两种方式。下面将分别介绍两种布局方式。

10.3.1 自动元件布局

装载网络表和元件封装后，要把元件封装装入工作区，这就需要对元件封装进行布局。

Protel 99 SE 提供了强大的自动布局功能，用户只要定义好规则，Protel 99 SE 就可以将重叠的元件封装分离开来。元件自动布局的操作步骤如下。

（1）选择"Tools"→"Auto Placement"命令，弹出如图 10-2 所示的对话框，用户可以在对话框中设置有关自动布局参数。一般情况下，直接利用系统的默认值。

Protel 99 SE PCB 编辑器提供了两种自动布线方式，每种方式均使用不同的计算和优化元件位置的方法，两种方法的功能简单介绍如下。

①Cluster Placer 自动布局器。这种布局方式将元件基于其连通属性分为不同的元件族，并且将这些元件按照一定的几何位置布局。这种布局方式适合于元件数量较少（小于 100）的 PCB 板制作。

②Statistical Placer 自动布局器。这种布局方式使用一种统计算法来放置元件，以便使连接长度最优化。一般如果元件数量超过 100，建议使用统计布局器。"Statistical Placer"适用于元件较多的情况，它使用统计算法，使元件间用最短的导线来连接。

"Statistical Placer"选项如图 10-3 所示，下面简单介绍一下各项的功能。

图 10-2　自动元件布局设置对话框

图 10-3　"Statistical Placer"选项

①Group Components：该项的功能是将当前网络中连接密切的元件归为一组。排列时，将该组中的元件作为群体而不是个体来考虑。

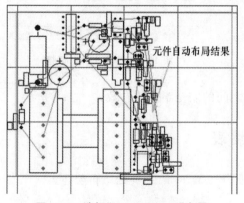

图 10-4　选择"Cluster Placer"布局
方式完成布局的效果

②Rotate Components：该项的功能是依据当前网络连接与排列的需要，使元件重组转向。如果不选用该项，则元件将按原始的位置布置，不进行元件的转向动作。

③Power Nets：定义电源网络名称。

④Ground Nets：定义接地网络名称。

⑤Grid Size：设置元件自动布局时的栅格间距的大小。

（2）选择"Cluster Placer"布局方式，然后单击"OK"按钮，系统出现如图 10-4 所示的画面，该画面为元件自动布局完成后的状态。

10.3.2　手工调整元件布局

通常自动布局总会存在不完善的地方,这就需要进行手动调整。进行位置调整,实际上就是对元件进行排列、移动和旋转等操作。下面简单介绍一下如何进行手动布局。

1)选择元件

选择元件最简单的方法是直接用鼠标框选所要拖动的文件。Protel 99 SE也提供了专门的选择对象和释放对象的命令,选择"Edit"→"Select"命令选择对象,选择"Edit"→"Deselect"命令释放对象。

2)旋转元件

将鼠标指针移到所需旋转的元件上,当鼠标指针变为"十"字形时,按空格键,便可旋转元件。

3)移动元件

左键单击需要移动的元件,并按住不放,此时鼠标指针变为"十"字形,拖动鼠标,将元件移动到适当的位置后松开鼠标左键即可。

4)排列元件

拖动鼠标选中元件,选择"Tools"→"Interactive Placement"→"Align"命令,在水平操作框中选中"No Changed"单选项,而在垂直操作框中选中"Bottom"单选项,选中各列的元件,对其进行左右对准排列。

用户可以根据需要,选择以上几种不同的方式对被选择的元件进行排列。

10.3.3　实例10-1——元件布局

绘制一个MSP430单片机最小系统,将原理图转化为PCB,然后对元件进行布局,通过实际操作来了解元件布局的过程。

操作步骤

(1)绘制MSP430单片机最小系统的原理图,绘制完成后的原理图如图10-5所示。

(2)为所有元件添加PCB封装,图10-5中的元件都是常见元件,故元件封装在PCB库中都可以找到,请读者自己思考和完成。所有封装添加完成后,对原理图进行电气检查,顺利通过检查后,生成网络表,以备绘制PCB板时使用。

(3)新建一个PCB文件。接下来在禁止布线层绘制电气边界,电气边界根据实际要求的电路板大小绘制,绘制完成的电气边界如图10-6所示。

(4)导入网络表后,将元件封装全部移入电气边界线内,利用Protel 99 SE自动布局工具,进行自动布局,选择"Tools"→"Auto Place"命令,自动布局后的效果如图10-7所示。

(5)可以看到自动布局后的效果并不理想,接下来进行手动布局,布局完成后的效果如图10-8所示。

在元件布局的过程中,要注意关键器件的布局。本例中的单片机就需要放置在居中的位置,并且晶振需要离单片机引脚尽量近一些,从而最大限度地减少干扰。

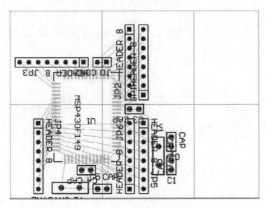

图 10-5　MSP430 单片机最小系统的原理图

图 10-6　绘制电气边界

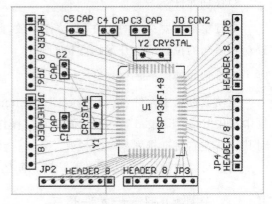

图 10-7　自动布局效果图

图 10-8　布局完成后的效果

10.4　自动布线

通过对自动布线之前的必要设计、自动布线和自动布线后电路板资料等几个方面的内容的讲解，掌握如何自动布线。

10.4.1　自动布线之前的必要设计

1）工作层的设置

在布线之前应该设置工作层，以便布线时可以合理安排线路的布局。工作层的设置方法如下。

选择"Design"→"Options"命令，弹出如图 10-9 所示的对话框。在该对话框中进行工作层的设置，双面板需要选定信号层的"Top Layer"和"Bottom Layer"复选框，其他项选择系统的默认值即可。

2）自动布线参数的设置

Protel 99 SE 为用户提供了自动布线的功能，可以用来进行自动布线。在自动布线之前，必须先对其参数进行设置，下面介绍自动布线参数的设置方法。

选择"Design"→"Rules"命令，弹出如图 10-10 所示的对话框，在此对话框中可以设置布线参数。单击图 10-10 所示对话框中的"Routing"选项卡,即可进入布线参数的设置,布线规则一般都集中在规则类(Rule Classes)中。在该选项卡中可以设置:走线间距约束(Clearance Constraint)、布线拐角模式(Routing Corners)、布线工作层(Routing Layers)、布线优先级(Routing Priority)、布线拓扑结构(Routing Topology)、过孔的类型(Routing Via Style)、SMD 走线拐弯处约束距离(SMD To Corner Constraint)、走线宽度(Width Constraint)等参数。

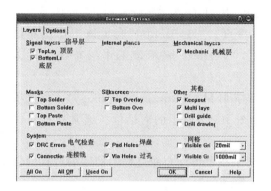

图 10-9　工作层参数设置对话框　　　　图 10-10　自动布线参数设置对话框

下面分别介绍这些选项的设置方法。

(1)走线间距约束(Clearance Constraint)。该选项用于设置走线与其他对象之间的最小距离。将鼠标指针移动到"Clearance Constraint"处右击,选择"Add"命令,弹出如图 10-11 所示的对话框。

"Clearance Rule"对话框需要设置以下两项。

● 规则范围(Rule scope):主要用于指定本规则使用的范围,一般指定为该规则适用于整个电路板(Whole Board)。

● 规则属性(Rule Attributes):用户可以根据设计的情况输入允许的元件之间的最小间距。

(2)布线拐角模式(Routing Corners):设置走线拐弯的样式,双击"Routing Corners"选项,弹出如图 10-12 所示的对话框。

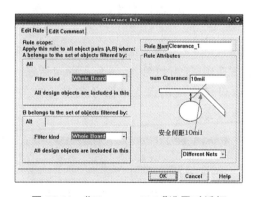

图 10-11　"Clearance Rule"设置对话框

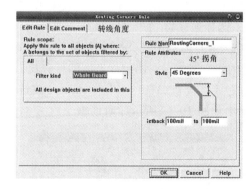

图 10-12　"Routing Corners Rule"设置对话框

"Routing Corners Rule"对话框需要设置以下两项。

● 规则范围(Rule scope):主要用于指定本规则使用的范围,一般指定为该规则适用于整个电路板(Whole Board)。

● 规则属性(Rule Attributes):主要用于设定拐角模式,拐角模式有 45°、90°和圆弧等,这里均取 Protel 99 SE 中的默认值。

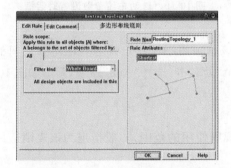

图 10-13　布线工作层设置对话框

（3）布线工作层（Routing Layers）。该选项用来设置在自动布线过程中哪些信号层可以使用。双击"Routing Layers"选项，弹出如图 10-13 所示的对话框。该对话框中"Top Layer"代表顶层，"MidLayer1～14"代表中间层，"Bottom Layer"代表底层，其中各项一般可以设置为"Horizontal"（水平）或"Vertical"（垂直），"Horizontal"表示该工作层布线以水平为主，"Vertical"表示该工作层布线以垂直为主。

（4）布线拓扑结构（Routing Topology）。该选项用来设置布线的拓扑结构。双击该选项后，弹出如图 10-14 所示的对话框。通常自动布线时，以整个布线的线长最短为目标。

（5）过孔的类型（Routing Via Style）。该选项用来设置自动布线过程中使用的过孔的样式。双击"Routing Via Style"选项，弹出如图 10-15 所示的对话框。

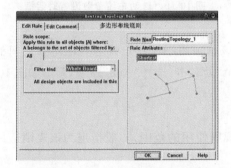

图 10-14　布线拓扑结构设置对话框

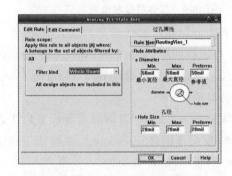

图 10-15　过孔类型设置对话框

通常过孔类型包括通孔（Trough Hole）、层附近隐藏式盲孔（Blind Buried［Adjacent Layer］）和任何层对的隐藏式盲孔（Blind Buried［Any Layer Pair］）。层附近隐藏式盲孔只穿过相邻的两个工作层，任何层对的隐藏式盲孔可以穿透指定工作层对的任何工作层。本实例中选择通孔。

（6）SMD 瓶颈限制（SMD Neck-Down Constraint）。该选项用于定义 SMD 的瓶颈限制，即 SMD 的焊盘宽度与引出导线宽度的百分比。双击该选项，弹出如图 10-16 所示的对话框。

（7）走线宽度（Width Constraint）：该选项可以设置走线的最大和最小宽度。双击该选项，弹出如图 10-17 所示的对话框。

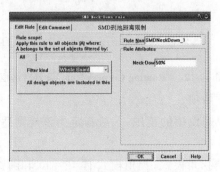

图 10-16　SMD 瓶颈限制设置对话框

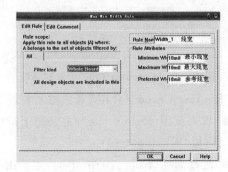

图 10-17　走线宽度设置对话框

用户可以在"Minimum Width"编辑框中设置最小走线宽度,在"Maximum Width"编辑框中设置最大走线宽度。

10.4.2 自动布线

布线参数设置好后,就可以利用 Protel 99 SE 中提供的布线器进行自动布线了,执行自动布线的操作主要有以下几种方式。

1.全局布线

(1)选择"Auto Route"→"All"命令,对整个电路板进行布线。

(2)执行该命令后,弹出如图 10-18 所示的对话框。通常情况下,用户采用对话框中的默认值进行设置,就可以自动实现 PCB 板的自动布线功能。如果用户需要设置某些项,可以通过勾选对话框中的各选项来实现,用户可以分别设置"Router Passes"(走线通过)中的各选项和"Manufacturing Passes"(制造通过)中的各选项。如果用户需要设置测试点,则可以选中"Add Testpoints"(添加测试点)复选框;如果用户已经采用手动布线的方式实现了一部分布线,而且不想让自动布线处理这部分的话,可以选中"Lock All Pre-route"(锁定所有预拉线)复选框。在"Routing Grid"(布线间距)编辑框中可以设置布线间距,如果设置不合理,Protel 99 SE 会分析并通知设计者。

图 10-18 自动布线设置对话框

(3)单击"Route All"按钮,程序就开始对电路板进行自动布线。

2.对选定网络进行布线

用户首先定义需要自动布线的网络,然后选择"Auto Route"→"Net"命令,由程序对选定的网络进行布线工作。

(1)选择"Auto Route"→"Net"命令。

(2)执行该命令后,鼠标指针变为"十"字形,用户可以使用鼠标选择需要进行布线的网络。当鼠标指针单击的地方靠近焊盘时,系统可能会弹出如图 10-19 所示的菜单(该菜单的内容可能会由于焊盘的不同而不同)。一般应该选择"Pad"和"Connection"选项,而不选择"Component"选项,因为"Component"选项仅仅局限于当前元件的布线。

3.对两连接点进行布线

(1)选择"Auto Route"→"Connection"命令。

(2)执行该命令后,鼠标指针变为"十"字形,用户可以用鼠标选择需要进行布线的一条连线,对部分连接点布线后的结果如图 10-20 所示。

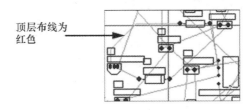

顶层布线为红色

图10-19 光标在焊盘附近时弹出的提示　　图10-20 两连接点间布线效果图

4.指定元件布线

（1）选择"Auto Route"→"Component"命令。

（2）执行该命令后，鼠标指针变为"十"字形，用户可以用鼠标选择需要进行布线的元件。对指定元件布线后的结果如图 10-21 所示。

5.指定区域进行布线

（1）选择"Auto Route"→"Area"命令。

（2）执行该命令后，鼠标指针变为"十"字形，用户可以拖动鼠标选择需要进行布线的区域，选择的区域包括 PCC2、PCC3、par2 和 par1 等元件，Protel 99 SE 将会对此区域进行自动布线，如图 10-22 所示。

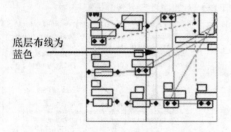

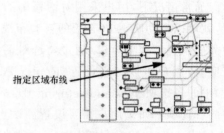

图 10-21　指定元件布线效果图　　　　图 10-22　对指定区域进行布线后的效果图

6.其他布线命令

（1）Stop：终止自动布线过程。

（2）Reset：对终止自动布线进行复位。

（3）Pause：暂停自动布线过程。

（4）Restart：重新开始暂停的自动布线过程。

10.4.3　自动布线后电路板资料

选择"Reports"→"Board Information"命令，弹出如图 10-23 所示的电路板资料。该对话框主要包括三个选项卡，分别是"General"、"Components"和"Nets"。

图 10-23 中所示的"General"选项卡上的内容如下。

图 10-23　电路板资料对话框

（1）Arcs：5 条圆弧。

（2）Fills：0 个填充区。

（3）Pads：94 个焊盘。

（4）Strings：0 个字符串。

（5）Tracks：300 条走线。

（6）Vias：0 个过孔。

（7）Polygons：没有屏蔽层。

（8）Coordinates：没有坐标标示。

（9）Dimensions：没有比例尺。

（10）Board Dimensions：144.614 mm×66.294 mm。

（11）Pad/Via Holes：94 个钻孔。

（12）DRC Violations：没有违反设计规则。

在"Components"选项卡中显示出了电路板中的元件，其中共有 29 个元件，顶层 29 个，底层没有元件,如图 10-24 所示。在"Nets"选项卡中显示了所有的网络信息,如图 10-25 所示。

图 10-24 "Components"选项卡

图 10-25 "Nets"选项卡

10.4.4 实例 10-2——自动布线

在实例 10-1 中已经布局好的电路板的基础上,进行电路板的自动布线。

操作步骤

(1)未布线前的 PCB 板如图 10-26 所示。

(2)对电路板进行自动布线,选择"Auto Route"→"All"命令,如图 10-27 所示,随即弹出如图 10-28 所示的对话框,单击"Route All"按钮,然后等待布线,可能需要几分钟时间。自动布线后的效果如图 10-29 所示,该电路板为双面板,红色代表顶层的布线,蓝色代表底层的布线。

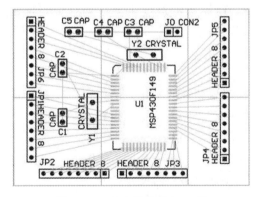

图 10-26 未布线前的 PCB 板

图 10-27 选择自动布线命令

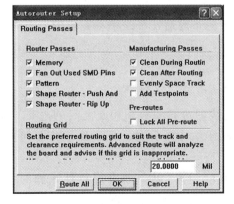

图 10-28 自动布线设置对话框

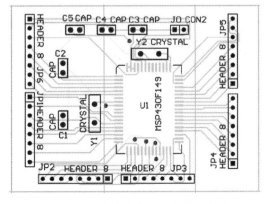

图 10-29 自动布线完成后的效果图

（3）当然，自动布线并不一定每次都会一次性成功，对于没有布通的部分导线需要进行手动调整，直到所有的元件都完成布线为止。

10.5 电路板设计的一些经验

电路板设计过程中，会涉及电路板的材料选择、电路板的尺寸设置、元件布局、布线、焊盘等方面的内容，下面主要针对这些方面的设计介绍一些经验。

10.5.1 电路板的材料选择

电路板一般用覆铜层压板制成，板层的选用需要从电气性能、可靠性、加工工艺要求和经济指标等方面考虑。常用的覆铜层压板有覆铜酚醛纸质层压板、覆铜环氧纸质层压板、覆铜环氧玻璃布层压板、覆铜酚醛玻璃布层压板、覆铜聚四氟乙烯玻璃布层压板和多层印制电路板用环氧玻璃布等。使用不同材料的层压板有不同的特点。

环氧树脂与铜箔之间有极好的黏合力，因此使用环氧树脂做电路板材料时铜箔的附着强度和工作温度都较高，可以在 260 ℃ 的熔锡中不起泡。环氧树脂浸过的玻璃布层压板受潮气的影响较小。

超高频电路板最好选用覆铜聚四氟乙烯玻璃布层压板。在要求阻燃的电子设备上，还需要选用可以阻燃的电路板，这些电路板都是浸入了阻燃树脂的层压板。

电路板的厚度应该根据电路板的功能、所装元件的质量大小、电路板插座的规格、电路板的外形尺寸和承受的机械负荷等来决定。电路板的厚度主要应该保证足够的刚度和强度。

10.5.2 电路板的尺寸设置

电路板的尺寸一般情况下是越小越好，但是电路板的尺寸太小会导致散热不良，并且相邻的导线容易产生干扰。电路板的制作费用是和电路板的面积相关的，面积越大，造价越高。

在设计具有机壳的电路板时，电路板的尺寸还受机箱外壳大小的限制，一定要在确定电路板的尺寸前先确定机壳的大小，否则就无法确定电路板的尺寸。

10.5.3 元件布局

虽然在软件中能够自动布局，但是实际上电路板的布局通常都是手动完成的。布局时，一般遵循以下规则。

1. 特殊元件的布局

特殊元件的布局从以下几个方面考虑。

（1）高频元件之间的连线越短越好，设法减少连线的分布参数和相互之间的电磁干扰，易受干扰的元件不能离得太近。隶属于输入和隶属于输出的元件之间的距离应尽可能大一些。

（2）应该加大具有高电位差的元件和连线之间的距离，以免当出现意外短路时损坏元件。

（3）质量太大的元件应该有支架固定。

(4)注意发热元件应该远离热敏元件。

(5)对于电位器、可调电感线圈、可变电容、微动开关等可调元件的布局应该考虑整机的结构要求。若是机内调节,应该放在电路板上容易调节的地方;若是机外调节,其位置要与调节旋钮在机箱面板上的位置相对应。

(6)应该预留出电路板的安装孔和支架的安装孔,这些孔和孔的附近不能布线。

2.按照电路功能布局

(1)应尽可能按照原理图的元件安排对元件进行布局。例如,信号从左边进入、从右边输出,从上边输入、从下边输出。

(2)按照电路流程,安排各个功能电路单位的位置,使信号流通更加顺畅并保持方向一致。

(3)以每个功能电路为核心,围绕这个核心电路进行布局,元件安排应该均匀、整齐、紧凑,布局的原则是尽量减少和缩短各个元件之间的引线和连接。

(4)数字电路部分应该与模拟电路部分分开布局。

3.元件离电路板边缘的距离

所有元件均应该放置在离电路板边缘至少 3 mm 的位置,或者至少与电路板边缘的距离应等于板厚,这是为了在大批量生产中进行流水线插件和波峰焊时,提供给导轨槽使用,同时也是为了防止在外形加工过程中由于电路板边缘破损,而引起铜膜线断裂导致出废品。

10.5.4 布线

(1)电路中的线应该尽可能短,在高频电路中更应该如此。在拐弯处应设计成圆角或斜角,如果设计成直角或尖角,在高频电路和布线密度高的情况下会影响电路的电气性能。当进行双面板布线时,两面的导线应该相互垂直、斜交或弯曲走线,避免导线相互平行,以减少寄生电容。

(2)导线的宽度应以能满足电气特性要求而又便于生产为准则,它的最小值取决于通过它的电流的大小。一般情况下,1~1.5 mm 的线宽,允许通过 2 A 的电流。在集成电路座焊盘(焊盘直径为 50 mil)之间走两根线时,线宽和线间距都是 10 mil,当焊盘之间走一根线时,线宽和线间距都是 12 mil(1000 mil=25.4 mm)。

(3)相邻导线之间的间距应该满足电气安全要求,同时为了便于生产,其间距应该越宽越好。导线间的最小间距应至少能够承受所加电压的峰值。在布线密度低的情况下,导线间距应该尽可能大一些。

(4)屏蔽与接触:公共地线应该尽可能放在电路板的边缘部分。在电路板上地线应该尽可能多,这样可以增强其屏蔽能力。

10.5.5 焊盘

1)尺寸

焊盘的内孔尺寸必须从元件的引线直径、公差尺寸、锡镀层厚度、孔径公差及孔金属化电镀层厚度等方面考虑,通常情况下以引脚直径加上 0.2 mm 作为焊盘的内孔直径。例如,电阻的金属引脚直径为 0.5 mm,则焊盘孔的直径应为 0.7 mm。而焊盘的外径应该为焊盘孔径加 1.2 mm,最小应该为焊盘孔径加 1.0 mm。

当焊盘直径为 1.5 mm 时,为了增加焊盘的抗剥离强度,可采用方形焊盘。

2）注意事项

设计焊盘时的注意事项如下。

①焊盘补泪滴。当与焊盘连接的导线较细时，要将焊盘与导线之间的连接设计成泪滴状，这样可以使焊盘不容易被剥离，并且线与焊盘之间的连线不易断开。

②相邻的焊盘要避免有锐角出现。

10.5.6 跨接线

在单面电路板的设计中，当有些点和线无法连接时，通常的做法是使用跨接线。所谓的跨接线就是指用一根导线焊接这些无法连接的点和线。

10.6 高频布线

高频电路板的设计比较复杂，需要综合考虑高频布线、抗干扰、信号完整性分析等问题。

10.6.1 高频布线时要注意的问题

为了使高频电路板的设计更合理、抗干扰性能更好，进行高频电路板的 PCB 设计时应注意考虑以下几个方面的内容。

（1）利用中间内层平面作为电源和地线层，可以起到屏蔽的作用，并且能降低寄生电感、缩短信号线长度、减少信号间的交叉干扰。

（2）走线要拐弯时其拐弯角必须为 45°，这样可以减少高频信号的发射和导线相互之间的耦合。

（3）走线长度越短越好，两根导线并行时其距离越短越好。

（4）过孔数量越少越好。

（5）层间布线方向应该互相垂直，就是顶层布线如果为水平方向，则底层布线应该为垂直方向，这样可以减少信号间的干扰。

（6）增加接地的覆铜可以减少信号间的干扰。

（7）对重要的信号线进行包地处理，可以显著提高该信号的抗干扰能力，当然还可以对干扰源进行包地处理，使其无法干扰其他信号。

（8）导线的走线不能形成环路，而需要按照菊花链的方式布线。

（9）去耦电容。在集成电路的电源段应跨接去耦电容。

（10）数字地、模拟地连接公共地线时要接入高频扼流器件，一般使用中心孔穿有导线的高频铁氧体磁珠。

10.6.2 高频布线时的抗干扰问题

电路中含有微处理器的电子系统，其抗干扰能力和电磁兼容性是电路设计过程中必须考虑的问题，对于时钟频率高、总线周期快的系统，含有大功率、大电流驱动电路的系统，以及含微弱模拟信号及高精度 A/D 变换电路的系统等需要特别注意以上问题。为了增加系统的抗电磁干扰能力应考虑采取以下措施。

（1）只要控制器性能能够满足要求，那么时钟频率则越低越好，低的时钟频率可以有效降低噪声和提高系统的抗干扰能力。由于方波中含有各种频率成分，其中的高频部分很容易成为噪声源。一般情况下,频率为时钟频率三倍的高频噪声是最具有危险性的。

（2）当高速信号在铜膜线中传输时,由于铜膜线中电感和电容的影响,会使信号产生畸变,当畸变过大时,就会使系统工作不可靠。所以,信号在电路板上传输时通过的铜膜线越短越好,过孔数目越少越好。

（3）当一条信号线中通过脉冲信号时,会对另一条具有高输入阻抗的弱信号线产生干扰,这时需要对弱信号线进行隔离。

（4）电源在向系统提供能源的同时,也会将其噪声加到所供电的系统中,系统中的复位、中断及其他一些控制信号最易受外界噪声的干扰,因此,应该适当增加一些电容来滤掉这些来自电源的噪声。

（5）在高频的情况下,电路板上的铜膜线、焊盘、过孔、电阻、电容、接插件中的分布电感和电容不容忽略。

（6）排列元件在电路板上的位置时要充分考虑电路的抗电磁干扰问题。排列的原则之一是各个元件之间的铜膜线应尽量短,在布局上,要把模拟电路、数字电路和产生大噪声的电路合理分开,使它们相互之间的信号耦合最小。

（7）按照前面提到的单点接地或多点接地的方式处理地线。将模拟地、数字地、大功率器件的地分开连接,再连接到电源的接地点。电路板以外的导线要使用屏蔽线:对于高频和数字信号,屏蔽电缆两端都要接地;对于低频模拟信号,屏蔽线一般单端接地。对噪声和干扰非常敏感的电路或高频噪声特别严重的电路应该用金属屏蔽罩屏蔽。

（8）去耦电容中瓷片电容和多层陶瓷电容的高频特性较好。设计电路板时,每个集成电路的电源和地线之间都要加一个去耦电容。一般情况下,选择 $0.01 \sim 0.1 \, \mu F$ 的电容。

一般要求每 10 片左右的集成电路增加一个 $10 \, \mu F$ 的充放电电容。

另外,在电源端、电路板的四角等位置应该跨接一个 $10 \sim 100 \, \mu F$ 的电容。

10.6.3 信号完整性分析

信号完整性分析用来分析高频电路中比较重要的信号的波形畸变程度。选择"Tools"→"Signal Integrity"命令,启动信号完整性分析过程即可。

 ## 10.7 应用实例

10.7.1 实例 10-3——制作晶振测试电路 PCB

将 3.8 节实例 3-9 中的晶振测试电路原理图,采用自动布线的方式生成 PCB。

该实例的最终结果如图 10-30 所示。

操作步骤

（1）准备工作。打开实例 3-9 中已经绘制好的"晶振测试电路原理图"后,对原理图中的每一个元件定义其 PCB 封装。首先,双击该元件,弹出如图 10-31 所示的元件属性对话框,在"Footprint"一栏中添加该元件的引脚封装号。本例选用 PCB 元件封装,电阻为AXIAL0.3,无极性电容为 RAD0.1,普通二极管为 AXIAL0.4,发光二极管为 DIODE0.4,三极管为 TO-18,场效应管为 TO-18,晶振为 XTAL1,电感为 0402,使所有元件的封装与PCB 编辑环境里的封装相对应。

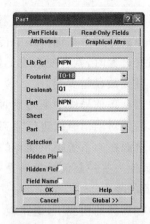

图 10-30　晶振测试电路的 PCB 效果图　　　　图 10-31　元件属性对话框

（2）新建 PCB 文件。将所有元件的封装添加完毕后，按 10.1 小节介绍的方法建立好 PCB 文件，在"KeepOutLayer"中人工定义电路板的大小为：2 000 mil×1 000 mil，如图10-32所示。

（3）生成网络表。回到晶振测试电路原理图编辑界面，选择"Design 设计"→"Create Netlist...创建网络表"命令，如图 10-33 所示，弹出如图 10-34 所示的对话框，单击"OK"按钮，生成如图 10-35 所示的网络表。

（4）导入网络表。打开 PCB 编辑界面，选择"Design 设计"→"Netlist...网络表"命令，如图 10-36 所示，弹出如图 10-37 所示的"Load/Forward Annotate Netlist"对话框，单击"Browse"按钮，选择网络表，如图 10-38 所示，然后单击"OK"按钮，最后单击"Execute"按钮便可以将网络表导入 PCB 中。

图 10-32　建立 PCB 文件　　　　图 10-33　选择"Create Netlist...
　　　　　　　　　　　　　　　　　　　　创建网络表"命令

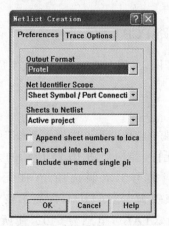

图 10-34　"Netlist Creation"设置对话框　　　图 10-35　生成网络表

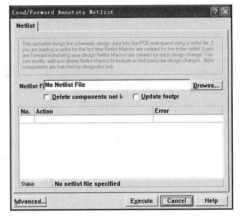

图 10-36 选择"Netlist...网络表"命令　　图 10-37 "Load/Forward Annotate Netlist"对话框

（5）自动元件布局。打开导入网络表后的 PCB 文件，首先将元件封装移进电气边界线中，然后选择"Tools 工具"→"Auto Placement...自动布局"命令，如图 10-39 所示，弹出如图 10-40 所示的元件自动布局对话框，单击"OK"按钮。如果元件自动布局后的效果不理想，那么可以手动调整一下元件的布局，布局后的效果如图 10-41 所示。

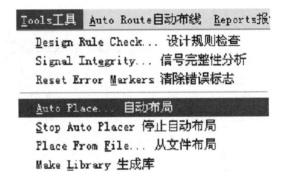

图 10-38 选择要导入的网络表　　　　　　图 10-39 选择自动布局命令

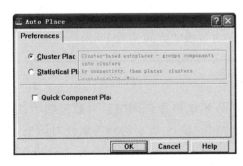

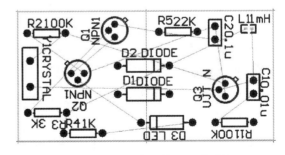

图 10-40 元件自动布局对话框　　　　　　图 10-41 自动布局的 PCB 效果图

（6）布线规划的设置。请参照 10.4 节进行布线规划设置。

（7）自动布线。选择"Auto Route"→"All"命令，弹出如图10-42所示的对话框，单击"Route All"按钮，自动布线后的结果如图10-43所示。

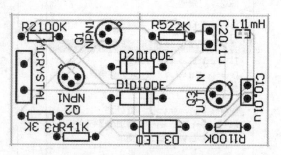

图 10-42　自动布线设置对话框　　　　图 10-43　自动布线后的 PCB 效果图

（8）布线完成后，如果导线相对于焊盘来说比较细，这可以选择"泪滴"的方式过渡一下，对其进行一定的优化。如图 10-44 所示，选择"Tools"→"Teardrops"命令，弹出如图 10-45 所示的对话框，一般默认为针对所有元件与过孔进行泪滴操作，单击"OK"按钮，晶振测试电路的 PCB 效果如图 10-46 所示，最后单击"Save"按钮。

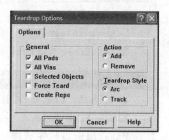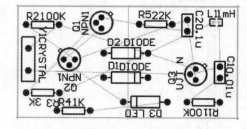

图 10-44　选择泪　　图 10-45　泪滴设置对话框　　图 10-46　晶振测试电路的最终 PCB 效果图
　　　　滴命令

10.7.2　实例 10-4——制作分频电路 PCB

将 3.8 节实例 3-10 中的分频电路原理图，采用自动布线的方式生成 PCB。

该实例的最终结果如图 10-47 所示。

操作步骤

（1）准备工作。打开实例 3-10 中已经绘制好的"分频电路原理图"后，对原理图中的每一个元件定义其 PCB 封装。首先，双击该元件，弹出如图 10-48 所示的元件属性对话框，在"Footprint"一栏添加该元件的引脚封装号。本例选用 PCB 元件封装，电阻为 AXIAL0.3，无极性电容为 RAD0.1，TL082 为 DIP8，CON3 为 SIP3，使所有元件的封装与 PCB 编辑环境里的封装相对应。

（2）新建 PCB 文件。将所有元件的封装添加完毕后，按 7.2.2 小节中介绍的方法建立好 PCB 文件，在"KeepOutLayer"中人工定义电路板的大小为：1 500 mil×1 000 mil，如图 10-49所示。

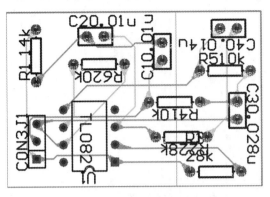

图 10-47　分频电路的 PCB 效果图　　　　图 10-48　元件属性对话框

（3）生成网络表。回到晶振测试电路原理图编辑界面,选择"Design 设计"→"Create Netlist...创建网络表"命令,如图 10-50 所示,弹出如图 10-51 所示的对话框,单击"OK"按钮,生成如图 10-52 所示的网络表。

图 10-49　建立 PCB 文件　　　　图 10-50　选择"Create Netlist...创建网络表"命令

（4）导入网络表。打开 PCB 编辑界面,选择"Design 设计"→"Netlist...网络表"命令,如图 10-53 所示,弹出如图 10-54 所示的"Load/Forward Annotate Netlist"对话框,单击"Browse"按钮,选择网络表,如图 10-55 所示,然后单击"OK"按钮,最后单击"Execute"按钮便可以将网络表导入 PCB 中。

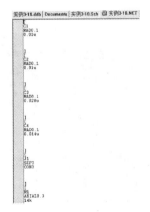

图 10-51　"Netlist Creation"属性设置对话框　　图 10-52　生成网络表　　图 10-53　选择"Netlist...网络表"命令

图 10-54 加载网络表对话框　　　　　图 10-55 选择要导入的网络表

（5）自动元件布局。打开导入网络表后的 PCB 文件，首先将元件封装移进电气边界线中，然后选择"Tools 工具"→"Auto Placement... 自动布局"命令，如图 10-56 所示，弹出如图 10-57 所示的元件自动布局对话框，单击"OK"按钮。如果元件自动布局后的效果不理想，那么可以手动调整一下元件的布局，布局后的效果如图 10-58 所示。

图 10-56 选择"Auto Place... 自动布局"命令

图 10-57 元件自动布局对话框

（6）布线规则的设置。请参照 10.4 节进行布线规则设置。

（7）自动布线。选择"Auto Route"→"All"命令，弹出如图 10-59 所示的对话框，单击"Route All"按钮，自动布线后的效果如图 10-60 所示。

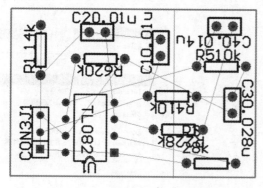

图 10-58 自动布局的 PCB 效果图

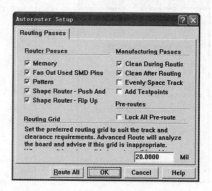

图 10-59 自动布线设置对话框

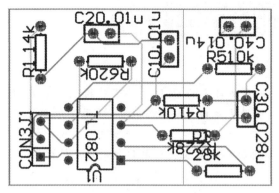

图 10-60　自动布线后的 PCB 效果图

图 10-61　选择泪滴命令

　　(8)布线完成后,如果导线相对于焊盘来说比较细,这时可以选择"泪滴"的方式过渡一下,对其进行一定的优化。如图 10-61 所示,选择"Tools"→"Teardrops"命令,弹出如图 10-62所示的对话框,一般默认为针对所有元件与过孔进行泪滴操作,单击"OK"按钮,分频电路 PCB 的效果如图 10-63 所示,最后单击"Save"按钮。

图 10-62　泪滴设置对话框

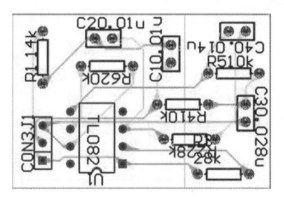

图 10-63　分频电路的最终 PCB 效果图

本 章 小 结

　　本章介绍了 PCB 板的制作的基本知识、一些制作经验,以及高频布线时需要注意的问题,本章的最后通过两个典型实例学习了完整的 PCB 制作过程。通过本章的学习,相信读者已经对 PCB 板的制作步骤有了一定的认识并掌握了一些设计方法。

第11章　制作元件封装

　　元件封装一般都是使用 Protel 99 SE 系统自带的 PCB 元件库中的元件封装，但是由于技术的快速发展，元件的品种越来越多，有很多元件封装经常在 PCB 元件库中找不到，这时就需要使用 PCB 元件库编辑器来生成一个新的元件封装。在本章中，主要介绍使用 PCB.LIB 来制作元件封装的两种方法，即手动绘制元件封装和利用向导制作元件封装。

本章要点

- PCB 元件库编辑器
- 手动制作元件封装
- 利用向导制作元件封装

本章案例

- 添加 PCB 元件封装库
- 电阻封装的制作
- 电容封装的制作
- USB 接口座封装的制作

11.1　制作 PCB 元件封装

　　本节主要介绍以下内容：创建 PCB 元件的步骤、PCB 元件库编辑器、PCB 元件库绘制工具及命令、PCB 元件库管理命令、手动绘制元件封装和利用向导绘制元件封装。

11.1.1　创建 PCB 元件的步骤

　　在 Protel 99 SE 中，创建 PCB 元件的步骤如下。
- 创建元件库。
- 设定栅格和焊层等属性。
- 放置焊盘。
- 编辑元件轮廓图。
- 设定元件名称。
- 存盘。

11.1.2　启动 PCB 元件库编辑器

　　启动 Protel 99 SE 中的 PCB 元件库编辑器的步骤如下。
　　(1)进入 Protel 99 SE，选择"File"→"New"命令，在新建文件对话框中选择 PCB 元件库编辑器图标，如图 11-1 所示。
　　(2)选择"PCB Library Document"图标后，单击"OK"按钮，新建 PCB 元件库文件，如图 11-2 所示。此时系统默认的文件名为"PCBLIB.LIB"，用户可根据自己的需要更改文件名。
　　(3)双击设计管理器中的 PCB 文件库文件图标，进入 PCB 元件库编辑工作界面，如图 11-3 所示。

图 11-1　新建文件对话框

图 11-2　新建 PCB 元件库文件

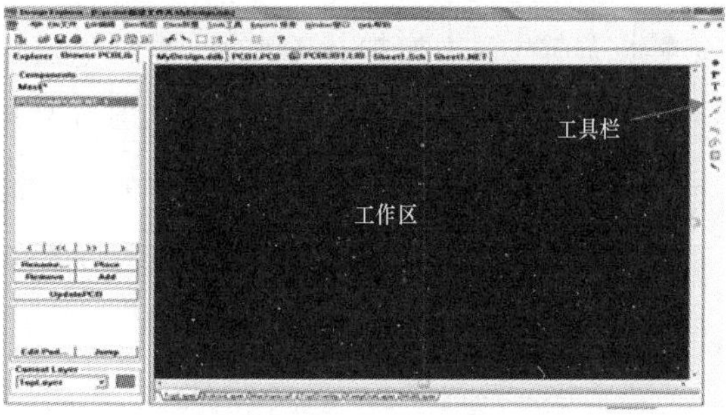

图 11-3　PCB 元件库编辑工作界面

11.1.3　PCB 元件库绘制工具及命令介绍

PCB 元件库编辑器与其他编辑器类似,下面对图 11-4 所示的 PCB 元件库绘制工具栏做详细介绍。

PCB 元件库绘制工具栏中各工具图标的功能说明如下。

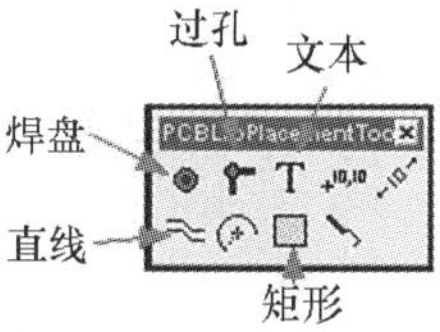

(1) ⬤:放置焊盘。

(2) ⌐:放置过孔。

(3) T:放置文本。

(4) +⁰,⁰:放置坐标。

(5) ⦠:放置标准尺寸。

(6) ≈:放置直线。

(7) ⊙:放置中心弧。

(8) □:放置矩形框。

(9) ╲:粘贴焊盘。

图 11-4　PCB 元件库绘制工具栏

11.1.4　PCB 元件库管理命令介绍

PCB 元件编辑界面中的元件库管理命令主要包括屏蔽查询框、封装列表框、编辑按钮、焊盘列表。

(1)屏蔽查询框:在该框中输入要查询的字符后在封装列表框中将显示封装名称。

(2)封装列表框:在该框中显示符合屏蔽查询要求的所有封装的名称。单击该框中的封

第 11 章　制作元件封装

195

装名称,元件的封装形式就会显示在工作区里。

（3）编辑按钮:在此元件管理命令中包含了 11 个按钮,各按钮的功能说明如下。

● **<** :指向上一个。

● **<<** :指向第一个。

● **>>** :指向最后一个。

● **>** :指向下一个。

● **Rename...** :给当前封装更名。

● **Place** :将选中的封装放置在最近建立的 PCB 文件中。

● **Remove** :将选中的封装删除。

● **Add** :增加新的封装。

● **UpdatePCB** :更新 PCB 元件库。

● **Edit Pad...** :编辑焊盘,对选中的焊盘的属性进行设置。

● **Jump** :跳转按钮,可将选中的焊盘在工作区放大。

11.1.5 手动绘制元件封装

手动绘制元件封装是利用 Protel 99 SE 中提供的工具,按照实际的元件尺寸绘制元件封装。下面通过绘制如图 11-5 所示的示意图,介绍创建元件封装的步骤如下。

（1）新建 PCB 元件库文件,其步骤与 11.1.2 小节中介绍的方法相同。

（2）环境设置。在设计管理器中双击"PCBLIB. LIB"图标进入元件库编辑器界面。选择"Tools"→"Library"命令,弹出如图 11-6 所示的对话框,按照图中的数据设置好各种参数。

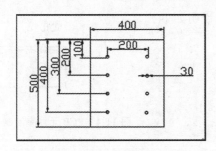

图 11-5 元件封装的示意图

图 11-6 环境参数设置对话框

（3）创建元件封装。

● 放置焊盘。单击 PCB 元件库绘制工具栏中的图标 ◉ ,进入放置焊盘状态。移动鼠标,将第一个焊盘放置在任意位置后再移动鼠标,放置另外三个焊盘。为了方便起见,我们将第一个焊盘所在的坐标位置设置为(0,0),选择"Edit"→"Set Reference"→"Location"命令,鼠标指针变成"十"字形,在第一个焊盘放置处单击即可。双击第一个焊盘,弹出如图 11-7 所示的焊盘设置属性对话框,按照图中的数据设置好各参数。"X-Size"和"Y-Size"设置为"60mil","Shape"设置为"Rectangle"(矩形),"Designator"设置为"1","Hole Size"设置为"30mil"。单击"OK"按钮,设置完毕。对于其他几个焊盘,"Shape"设置为"Round","Designator"依次设置为"2"、"3"、"4"、"5"、"6"、"7"、"8",焊盘坐标依次设置为(0,−100)、(0,−200)、(0,−300)、(200,−300)、(200,−200)、(200,−100)、(200,0),其他属性的设置与第一个焊盘相同。

● 放置走线。首先将工作层切换到"Top Overlay"层,元件封装的外形为矩形,需要放置四条走线。单击 PCB 元件库绘制工具栏中的图标 ≋,进入放置走线状态。在第一个焊盘附近处单击,确定矩形框的起点位置,拖动鼠标绘制一个矩形框,根据元件的实际尺寸,矩形的四个顶点坐标分别为(-100,100)、(300,100)、(-100,-400)、(300,-400),绘制完成后的结果如图 11-8 所示。

(4)重命名和保存。单击工作界面左侧的"Rename"按钮,弹出重命名对话框,默认名为"PCBCOMPONENT_1",将此封装重命名为 IC8,如图 11-9 所示,单击"OK"按钮。然后单击菜单下的保存图标,保存文件。

图 11-7 焊盘设置属性对话框

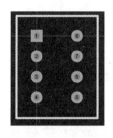

图 11-8 元件的外形框绘制完成后的结果

图 11-9 重命名对话框

11.1.6 实例 11-1——添加 PCB 元件库

利用 Protel 99 SE 提供的 PCB 元件库编辑环境制作 PCB 元件封装库,实际操作中添加该库文件就可以使用元件封装。

操作步骤

(1)新建 PCB 文件,命名为"main",如图 11-10 所示。

(2)打开 PCB 文件,浏览 PCB 库管理器,一般有一个默认的元件封装库 PCB Footprints.lib,如图 11-11 所示。

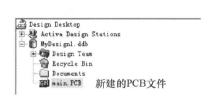

图 11-10 新建 PCB 文件

图 11-11 打开 PCB 管理器

（3）单击"Add/Remove"按钮，向工程中添加 PCB 元件封装库，添加库文件之后的界面如图 11-12 所示。

（4）先单击"Add"按钮，再单击"OK"按钮，返回到 PCB 编辑器界面，在设计管理器中可以看到新添加的元件封装库，如图 11-13 所示。

图 11-12　添加 PCB 元件封装库

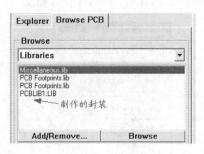

图 11-13　完成添加

11.2　利用向导制作 PCB 元件封装

Protel 99 SE 提供的向导是电子设计领域里的新概念，它允许用户先定义设计规则，然后 PCB 元件库编辑器会自动生成相应的 PCB 元件封装。

11.2.1　创建 PCB 元件封装的基本步骤

下面以图 11-14 为例，介绍利用向导创建 PCB 元件封装的基本步骤。

（1）启动并进入 PCB 元件库编辑器，选择"Tools"→"New Component"命令，弹出如图 11-15 所示的 PCB 元件创建向导界面，在此界面中可以选择封装形式，并可以定义设计规则。

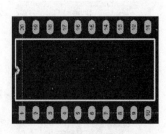

图 11-14　元件封装的示意图

图 11-15　PCB 元件制作向导界面

（2）单击"Next"按钮，弹出如图 11-16 所示的对话框。在该对话框中，可以设置元件的外形。Protel 99 SE 提供了 11 种元件的外形供用户选择，其中包括"Ball Grid Arrays"（球栅阵列封装）、"Capacitors"（电容封装）、"Diode"（二极管封装）、"Dual in-line Package"（DIP 双列直插封装）、"Edge Connectors"（边连接样式）、"Leadless Chip Carrier"（无引线芯片载体封装)、"Pin Grid Arrays"(引脚网格阵列封装)、"Quad Packs"(四边引出扁平封装 PQFP)、"Small Outline Package"(小尺寸封装 SOP)、"Resistors"(电阻样式)等。根据本例要求,选择 DIP 封装外形。另外,在对话框的下面还可以选择元件封装的度量单位,有 Metric(mm)(米制)和 Imperial(mil)(英制)。

(3)单击"Next"按钮,会弹出如图 11-17 所示的对话框。在该对话框中,可以设置焊盘的相关尺寸,用户只需要单击尺寸框,然后输入尺寸即可完成修改。

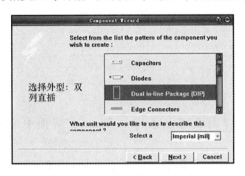

图 11-16　元件外形设置对话框　　　　图 11-17　焊盘尺寸修改对话框

(4)单击"Next"按钮,弹出如图 11-18 所示的对话框。在该对话框中,可以设置元件的轮廓线宽,设置方法同上。

(5)单击"Next"按钮,弹出如图 11-19 所示的对话框。在该对话框中,可以设置引脚数量,用户只须在对话框中的指定位置输入元件的引脚数量即可。

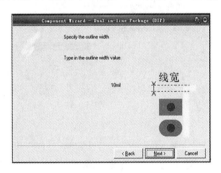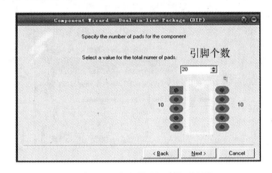

图 11-18　元件轮廓线宽设置对话框　　　　图 11-19　引脚数量设置对话框

(6)单击"Next"按钮,弹出如图 11-20 所示的对话框。在该对话框中,用户可以设置元件的名称,在此设置为"DDIP20"。

(7)单击"Next"按钮,弹出如图 11-21 所示的对话框。

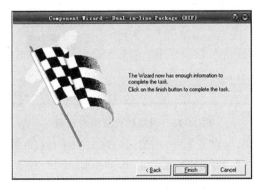

图 11-20　元件名称设置对话框　　　　图 11-21　设置完成对话框

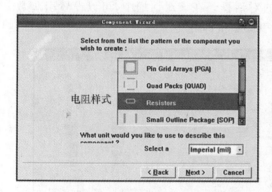

图 11-22　生成新元件封装

（8）单击图 11-21 所示的对话框中的"Finish"按钮，即可完成对新元件封装设计规则的定义，同时程序按设计规则生成了新元件封装。完成后的元件封装如图 11-22 所示。

（9）保存。使用向导创建元件封装结束后，Protel 99 SE 将会自动打开生成的新元件封装，以供用户进行进一步修改，其操作与设计 PCB 板的过程类似。

11.2.2　实例 11-2——利用向导制作电阻封装

利用向导制作一个电阻对应的元件封装。

操作步骤

（1）启动元件封装编辑器。

（2）选择"Tools"→"New Component"命令，在弹出的"Component Wizard"界面中单击"Next"按钮。

（3）选择封装样式，在如图 11-23 所示的界面上选择电阻样式。单击"Next"按钮，弹出如图 11-24 所示的对话框。

（4）在图 11-24 所示的对话框中，选择"Though hole"，然后单击"Next"按钮，弹出如图 11-25 所示的对话框。

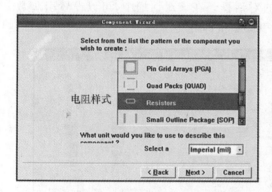

图 11-23　选择封装样式对话框

图 11-24　选择电阻类型

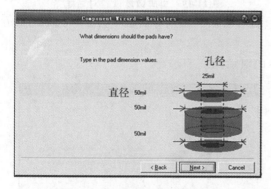

图 11-25　设置过孔直径对话框

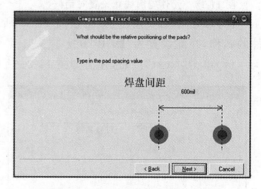

图 11-26　设置过孔间距对话框

（5）单击"Next"按钮，弹出如图 11-26 所示的对话框，可以设置两孔之间的距离。

（6）单击"Next"按钮，弹出如图 11-27 所示的对话框。

（7）单击"Next"按钮，弹出如图 11-28 所示的对话框，输入"DIANZU"。

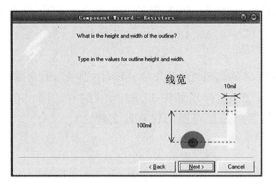

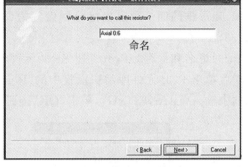

| 图 11-27 设置线宽对话框 | 图 11-28 命名对话框 |

（8）单击"Next"按钮,在弹出的对话框中再单击"Finish"按钮,即可完成封装的设置,如图 11-29 所示。

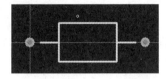

图 11-29 设置完成元件的封装

11.3　制作简单的元件封装

制作一个简单的元件封装的步骤为,首先进入元件编辑器,然后根据元件资料对元件封装有一定的了解,最后制作元件封装。

11.3.1　进入元件编辑器

首先,在 Protel 99 SE 的工作界面下,用户需要建立一个 PCB 元件封装文件,并在这个文件中定义自己的文件名,其步骤与 11.1.2 小节相同。

11.3.2　元件资料

制作一个如图 11-30 所示的电容。

11.3.3　制作元件封装

图 11-30　元件封装示意图

下面根据元件资料在元件编辑器中制作元件,其步骤如下。

（1）放置焊盘。用鼠标单击 PCB 元件绘制工具栏上的 图标,进入放置焊盘状态,屏幕中出现一个随鼠标指针移动的焊盘,单击鼠标左键,将焊盘放置在任意的一个位置,移动鼠标,再单击左键,放置另一个焊盘,然后单击鼠标右键结束放置焊盘状态。双击第一个焊盘,弹出其属性编辑对话框,如图 11-31 所示,在其中可以编辑焊盘的属性。

在对话框中的"X-Size"和"Y-Size"栏中输入焊盘的外形尺寸,均设为"2 mm";在"Designator"栏输入焊盘的名称,设为"1";在"Hole Size"栏输入孔径大小,设为"1 mm";在"X-Location"和"Y-Location"栏中指定焊盘位置,均设为"0 mm"。

通常打开焊盘属性编辑对话框后,所看到的单位符号不是"mm"而是"mil",此时只需要选择"View"→"Toggle Units"命令,便可将单位符号转换成 mm。

然后编辑另一个焊盘属性,此焊盘名称为 2,焊盘位置为(10,0),其他属性与焊盘 1 相同。

（2）放置走线。在放置走线之前,首先要将工作板层切换到"TopOverLay"层,单击板层下面的"TopOverLay"即可，然后单击工具栏上的 ≋ 图标，进入放置走线状态。图中有四条走线，矩形框的四个顶点坐标分别设置为(−2.5,−2.5)、(12.5,−2.5)、(−2.5,−2.5)、(12.5,2.5)。

(3)更名和保存。Protel 99 SE 为元件预定义的名称为"PCBCOMPONT_1"，封装制作完毕后单击 PCB 元件库编辑面板中的"Rename"按钮，弹出如图 11-32 所示的对话框。在对话框中输入"DIANRONG"，单击"OK"按钮，然后单击保存图标保存此文件。

图 11-31　焊盘属性编辑对话框

图 11-32　重命名文件

11.3.4　实例 11-3——制作简单的元件封装

本实例以制作一个 USB 接口座的封装为例，讲解 PCB 元件封装的制作过程。

操作步骤

(1)测量器件具体尺寸。图 11-33 为一 USB 接口的实物图，它有四个引脚，外加两个固定用的引脚。经具体测量得到如下参数：长 14 mm、宽 13 mm，两侧引脚距离边沿 3 mm，1、2 两引脚间距 2.5 mm，2、3 引脚间距为 2 mm。

(2)新建 PCB 库文件及 PCB 文件。进入 PCB 库文件编辑环境，如图 11-34 所示。新建一个 PCB 库文件，命名为"USB"，同时新建一个 PCB 文件，命名为"Main"。

图 11-33　USB 接口实物图

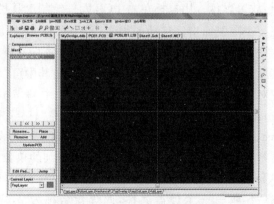

图 11-34　PCB 库文件编辑环境

(3)绘制器件封装轮廓。依照测量尺寸，绘制一个长 14 mm，宽 13 mm 的矩形轮廓，绘制完成的轮廓如图 11-35 所示。

（4）放置焊盘。依照尺寸信息，放置焊盘，在图 11-36 所示的焊盘属性设置对话框中，修改每个焊盘的属性，如过孔大小、外径大小等，确定焊盘流水号。放置焊盘完成后的封装如图 11-37 所示。

图 11-35　绘制矩形轮廓　　　　图11-36　焊盘属性设置对话框

（5）保存元件封装，并修改元件封装名称为"USB"，如图 11-38 所示。

（6）打开 PCB 文件"Main"，在该文件中添加 USB 封装库，添加后的状态如图 11-39 所示。从图 11-39 中看到库文件一栏中已经添加了"USB.LIB"封装库，还可以同时在下面的浏览窗口中看到刚才绘制完成的 USB 接口封装。

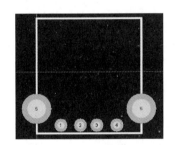

图11-37　放置焊盘完成后的效果图　　图 11-38　修改元件封装名称　　图 11-39　添加 USB 封装库

本 章 小 结

PCB 元件库是 Protel 99 SE 系统中的一个重要组成部分，本章详细介绍了 PCB 元件库编辑器及其绘制工具与管理命令，使读者能够通过本章的介绍对 PCB 元件库编辑器有一个详细的了解。在对 PCB 元件库认识的基础上学会自己制作 PCB 元件库是非常重要的，因为在设计中经常会遇到一些元件库中没有的元件。本章通过实例介绍了制作 PCB 元件库的两种方法，即手动绘制元件库和利用向导制作元件库。此外，本章还简单介绍了将 Protel 99 SE 中的元件库转换到 Protel 2004 中的方法，这种方法非常实用，即使用户使用的是 Protel 2004，通过这种转换方法仍然能使用 Protel 99 SE 中的元件库。

第12章 制作 PCB 工程实例

本章将结合两个工程实例：I/V 变换信号调理电路的 PCB 设计和单片机最小系统电路的 PCB 设计，来具体讲解如何制作和生成 PCB。制作和生成 PCB 的步骤为：首先根据设计的原理图生成网络表文件，在 PCB 设计中引入网络表文件将元件封装连接起来，从而制作出印制电路板。具体内容主要包括：生成网络表、建立 PCB 文件、确定 PCB 尺寸大小、导入网络表、元件布局、PCB 布线、补泪滴和覆铜、DRC 规则检查等。

本章要点

- 生成网络表
- 确定 PCB 板的尺寸大小
- 在 PCB 中导入网络表
- 元件布局
- PCB 布线
- DRC 规则检查
- 补泪滴和覆铜
- 生成元件清单

本章案例

- I/V 变换信号调理电路 PCB
- 小型调频发射机电路 PCB

12.1 I/V 变换信号调理 PCB 设计实例

本节主要是根据第 6 章设计的 I/V 变换信号调理电路的原理图，设计与之对应的 PCB。

12.1.1 建立 PCB 文件和确定 PCB 的尺寸

（1）打开第 6 章中建立的"IV.ddb"文件，在该文件夹下，右击，选择"New"选项，在弹出的对话框中选择"Wizards"选项卡，如图 12-1 所示，这个选项卡是一个 PCB 设计的向导，对于初学者来说我们建议采用向导来新建 PCB 文件和确定 PCB 尺寸，当 PCB 制作熟练后，可以选择采用人工方式定义 PCB 尺寸。

（2）单击图 12-1 所示对话框中的"OK"按钮，弹出如图 12-2 所示对话框。单击窗口中的"Next"按钮，弹出如图 12-3 所示的对话框，本实例选择"mil"作为单位符号，读者可以根据自己的绘图习惯来选择，两种单位之间的换算关系为：1 mm＝40 mil。

图 12-1　PCB 设计向导窗口

图 12-2　PCB 板设计向导的欢迎窗口

（3）单击"Next"按钮,弹出如图 12-4 所示的对话框,在该对话框中设置电路板的尺寸。电路板的尺寸的选择原则是大小合适,将全部的元件平铺后的面积基本上就等于电路板的面积。

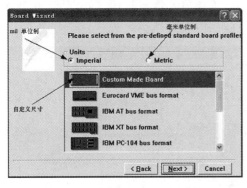

图 12-3　选择单位和 PCB 板模板

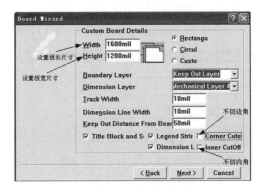

图 12-4　电路板的尺寸设置窗口

（4）单击"Next"按钮,弹出如图 12-5 所示的对话框,图中示意了电路板的大小和形状。本实例设置电路板为矩形,长度为 1 600 mil,宽度为 1 200 mil。

（5）单击"Next"按钮,弹出如图 12-6 所示的对话框。这个对话框中主要包括:设计文件名、公司名称、PCB 序号、第一设计人姓名等一般描述性信息,本实例的这个对话框不作设置。单击"Next"按钮后,弹出图 12-7 所示的对话框,在这个对话框中主要设置电路板的层数和过孔中间是否加焊锡,本例选用双层板,并且设置过孔中间带焊锡。设置完成后单击"Next"按钮,弹出如图 12-8 所示的对话框,因为选择的是双层板,所以不需要打盲孔,因此这里选择第一个选项"Thruhole Vias only"。在实际多层板设计的过程中,由于打盲孔成本太高,一般情况下将需要打盲孔的地方都用打过孔代替。

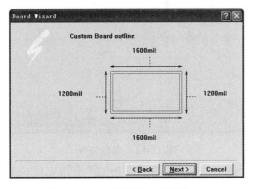

图 12-5　电路板尺寸示意窗口

图 12-6　设计者的一般描述性信息

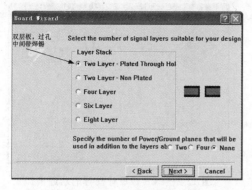

图 12-7　选择板层数

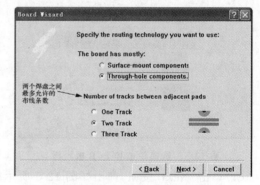

图 12-8　选择孔的类型

（6）单击"Next"按钮，弹出图 12-9 所示的对话框，这个对话框主要选择电路板上的元件大多数是贴片元件还是直插式元件。当大多数元件是贴片式元件时，分别选择"Surface-mount components"和"No"选项，如图 12-9 所示；当大多数元件是直插式元件时，分别选择"Through-hole components"和"Two Track"选项，如图 12-10 所示。

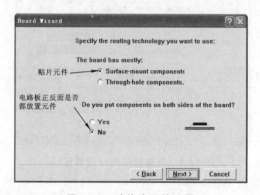

图 12-9　贴片式元件设置

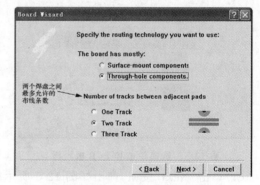

图 12-10　直插式元件设置

（7）单击"Next"按钮，弹出如图 12-11 所示的对话框，在该对话框中进行电路板上的信号线的宽度和最小线距参数的设置，还有过孔的大小参数的设置，一般在双层板的设计中过孔的最小内径不要小于 20 mil，外径的宽度一般为内径的两倍，最小不能小于 30 mil 信号线的线宽一般在 8～15mil 之间。

（8）单击"Next"按钮，弹出如图 12-12 所示的向导对话框。

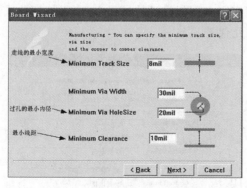

图 12-11　线宽及过孔尺寸设置

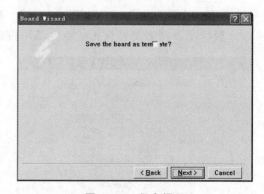

图 12-12　保存提示

（9）单击"Next"按钮，弹出如图 12-13 所示的对话框，这时单击"Finish"按钮完成向导的设置，在文件夹中将会出现一个 PCB 文件。

设置完成后,可以看到该 PCB 文件如图 12-14 所示。从图 12-14 中可以看到两个边框,一个是内层的紫色矩形框,即禁止布线层的边界,表示只能在该边界内走线,另一个是外层的黄色的矩形框,即裁剪的参考线,也是加工 PCB 板时,设置电路板的尺寸大小。不过在实际的制作电路板的过程中,很多厂家都直接将禁止布线层的边界作为标准裁板依据,在实际操作中需要注意这个问题。

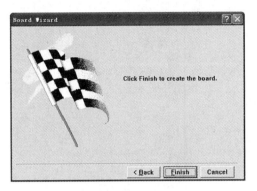

图 12-13 完成设置

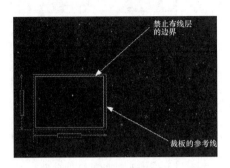

图 12-14 生成的 PCB 文件示意图

12.1.2 生成网络表

1.添加元件封装

对原理图中的每一个元件添加其 PCB 封装。下面以运放 OP07 为例,双击该元件会弹出一个如图 12-15 所示的元件属性对话框,在"Footprint"文本框中添加该元件封装 DIP8,然后单击"OK"按钮。用同样的方法,添加其他元件的 PCB 封装。本例中 OP07 的封装为 DIP8,电阻的封装为 AXIAL0.3,电容的封装为 RAD0.1,滑动变阻器的封装为 VR5,二极管的封装为 AXIAL0.3,二脚插座的封装为 SIP2,三脚插座的封装为 SIP3。

2.生成网络表

选择"Design"→"Create Netlist"命令,如图 12-16 所示,弹出如图 12-17 所示的对话框,单击"OK"按钮,生成如图 12-18 所示的网络表。

图 12-15 元件属性对话框

图 12-16 选择创建网络表命令

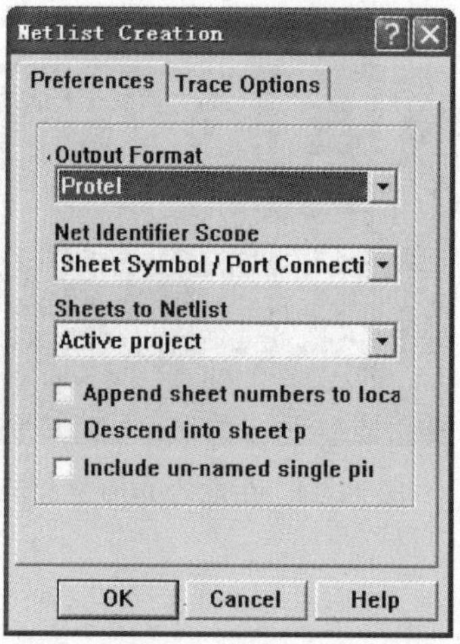

图 12-17 “Netlist Creation”对话框

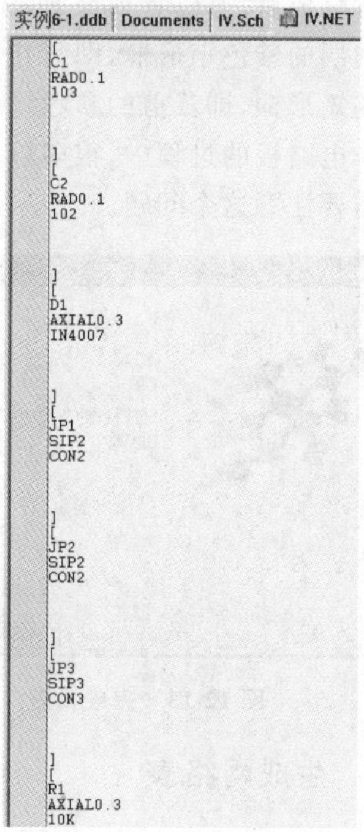

图 12-18 网络表生成完毕

12.1.3 在 PCB 中导入网络表

在 PCB 文件中导入网络表，选择“Design 设计”→“Netlist... 网络表”命令，如图 12-19 所示，弹出如图 12-20 所示的网络表导入对话框，将修改路径栏下面的两个复选框选中，这样可以每次在导入网络表的时候都同时更新，单击“Browse”按钮，找到原理图的网络表文件，如图 12-21 所示，然后单击“OK”按钮，弹出如图 12-22 所示的对话框，提示所有元件的封装匹配成功，网络表导入成功后的 PCB 如图 12-23 所示。

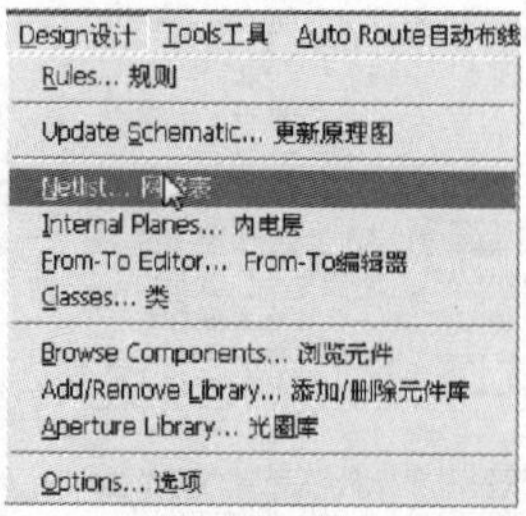

图 12-19 选择“Netlist... 网络表”命令

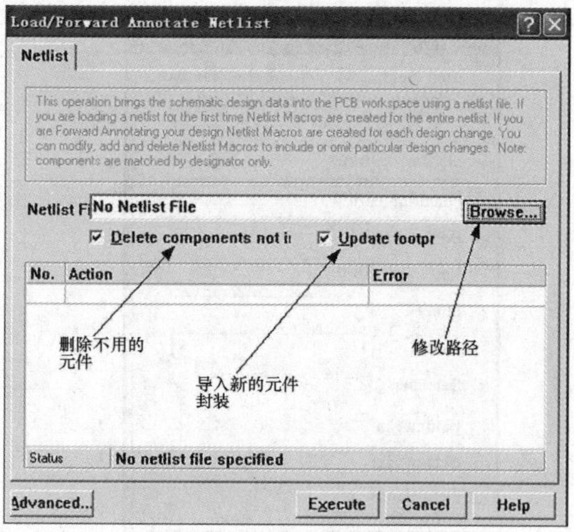

图 12-20 网络表导入对话框

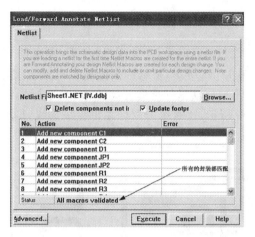

图 12-21 选择需要导入的网络表　　图 12-22 元件封装匹配成功后提示对话框

提示：当在图 12-22 中，"Status"栏中显示 All macros validated 表示所有封装加载成功，如果显示 * errors found 则表示封装加载不成功，这时通过双击错误提示进行修改。在本例中，可能有读者会出现这种问题，比如滑动变阻器添加元件封装 VR5，系统提示滑动变阻器未与网络相连接，如果出现这种情况那么请读者仔细观察，可以发现元件封装 VR5 三个焊盘分别对应的名字为 1、2、3，而元件滑动变阻器三个管脚分别对应 A、B、TAP，读者只需选中滑动变阻器 RESISTOR TAPPED，单击"Edit"按钮，进入元件编辑器界面，分别将三个管脚的名字改为 1、2、3 即可，这样就不会出现错误。当系统提示滑动变阻器未与网络相连接，还有一种比较简便的方法，就是将滑动变阻器的封装改为 SIP3，请读者自己动手试一下。

12.1.4 元件布局

在 PCB 的设计过程中，元件布局决定电路板的整体性能，因此元件布局在 PCB 设计中有着至关重要的作用。本实例仅针对一般的规则讨论一下，更多复杂的规则需要在实践中掌握。在元件的布局过程中，连接器一定要放在电路板的边缘，这样有利于接线和拔插，核心元件一般放置在电路板中心，与之相关的电阻电容元件就近放置，去耦电容要尽量接近电源端，同时还需要注意整个电路板设计美观。元件重新布局后的 PCB 如图 12-24 所示。

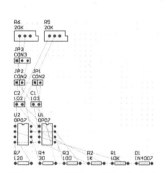

图 12-23 网络表导入成功后的 PCB 示意图

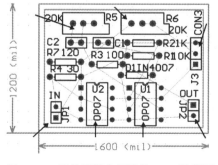

图 12-24 元件重新布局后的 PCB 示意图

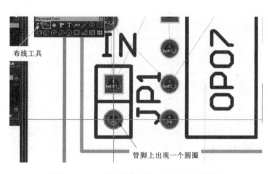

图 12-25 选择布线工具开始布线

12.1.5 人工布线

元件布局完成后，开始 PCB 布线，本实例采用人工布线。单击布线工具栏中的布线工具，如图 12-25 所示，将鼠标指针放置在要连线的引脚上，当引脚上出现一个圆圈时，按住鼠标左键不放拖动鼠标指针开始走线，当鼠标指针移动到另一个引脚上时，再次变成圆形，如图 12-26 所示，这时单击鼠标左键完成连线，最后单击鼠标右键结束布线状态。

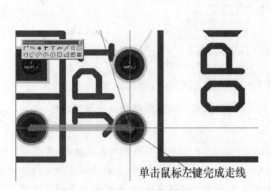

单击鼠标左键完成走线

图 12-26 完成走线

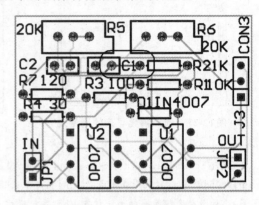

图 12-27 布线完成后的 PCB 板

在布线过程中需要注意的是，在双层电路板走线的过程中，分别在顶层和底层走线，在顶层的走线是红色，在底层的走线是蓝色，如果需要在两个层面之间切换就直接按"＊"键。一般的走线规则是顶层走水平线，底层走垂直线。布线完成后的 PCB 如图 12-27 所示。

12.1.6 设计规则检查(DRC)

PCB 布线完成后，还需要用设计规则检查所有的连线是否连接成功和布线是否违反设计规则。选择"Tools 工具"→"Design Rule Check... 设计规则检查"，如图 12-28 所示，弹出如图 12-29 所示"Design Rules Check"对话框。单击"Run DRC"按钮，开始执行设计规则检查，检查的结果如图 12-30 所示。

图 12-28 选择"Design Rule Check...
设计规则检查"命令

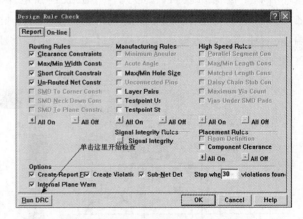

图 12-29 "Design Rule Check"对话框

从图 12-30 的描述中可以看出走线的宽度违反了已设置规则，这时需要改变规则的设置，选择"Design 设计"→"Rules... 规则"菜单命令，如图 12-31 所示。随即将弹出如图12-32

```
IV.ddb | Pcb | PCB1.PCB | Sheet1.Sch | Sheet1.NET | PCB1.DRC

Protel Design System Design Rule Check
PCB File : Documents\Pcb\PCB1.PCB
Date    : 29-Mar-2009                              违反了规则
Time    : 16:27:18

Processing Rule : Clearance Constraint (Gap=10mil) (On the board) (On the board )
Rule Violations :0

Processing Rule : Width Constraint (Min=8mil) (Max=8mil) (Prefered=10mil) (On the board )
    Violation    Track (2420mil,4020mil)(2520mil,4020mil)  TopLayer  Actual Width = 10mil
    Violation    Track (2980mil,4000mil)(3080mil,4000mil)  TopLayer  Actual Width = 10mil
    Violation    Track (3400mil,3720mil)(3480mil,3400mil)  TopLayer  Actual Width = 10mil
    Violation    Track (3100mil,3720mil)(3480mil,3720mil)  TopLayer  Actual Width = 10mil
    Violation    Track (3020mil,3340mil)(3120mil,3340mil)  TopLayer  Actual Width = 10mil
    Violation    Track (2650mil,3340mil)(3020mil,3340mil)  TopLayer  Actual Width = 10mil
    Violation    Track (3120mil,3340mil)(3120mil,3390mil)  TopLayer  Actual Width = 10mil
    Violation    Track (3270mil,3390mil)(3480mil,3600mil)  TopLayer  Actual Width = 10mil
    Violation    Track (2600mil,3340mil)(2650mil,3390mil)  TopLayer  Actual Width = 10mil
    Violation    Track (2450mil,3770mil)(2520mil,3840mil)  TopLayer  Actual Width = 10mil
    Violation    Track (2170mil,3770mil)(2450mil,3770mil)  TopLayer  Actual Width = 10mil
    Violation    Track (2120mil,3720mil)(2170mil,3770mil)  TopLayer  Actual Width = 10mil
    Violation    Track (2300mil,3340mil)(2610mil,3550mil)  TopLayer  Actual Width = 10mil
    Violation    Track (2510mil,3550mil)(2730mil,3550mil)  TopLayer  Actual Width = 10mil
    Violation    Track (2730mil,3550mil)(2800mil,3620mil)  TopLayer  Actual Width = 10mil
    Violation    Track (2730mil,3890mil)(2800mil,3820mil)  TopLayer  Actual Width = 10mil
    Violation    Track (2430mil,3890mil)(2730mil,3890mil)  TopLayer  Actual Width = 10mil
    Violation    Track (2380mil,3840mil)(2430mil,3890mil)  TopLayer  Actual Width = 10mil
    Violation    Track (2320mil,3340mil)(2120mil,3340mil)  TopLayer  Actual Width = 10mil
    Violation    Track (2120mil,3340mil)(2220mil,3240mil)  TopLayer  Actual Width = 10mil
    Violation    Track (2220mil,3240mil)(2300mil,3240mil)  TopLayer  Actual Width = 10mil
    Violation    Track (2140mil,3140mil)(2530mil,3140mil)  TopLayer  Actual Width = 10mil
    Violation    Track (2570mil,3140mil)(3440mil,3100mil)  TopLayer  Actual Width = 10mil
    Violation    Track (2820mil,3100mil)(2920mil,3140mil)  TopLayer  Actual Width = 10mil
    Violation    Track (2140mil,3100mil)(3480mil,3140mil)  TopLayer  Actual Width = 10mil
    Violation    Track (2530mil,3140mil)(3570mil,3100mil)  TopLayer  Actual Width = 10mil
    Violation    Track (3080mil,3940mil)(3080mil,4000mil)  BottomLayer  Actual Width = 10mil
    Violation    Track (3080mil,3940mil)(3320mil,3700mil)  BottomLayer  Actual Width = 10mil
    Violation    Track (3320mil,3700mil)(3480mil,3700mil)  BottomLayer  Actual Width = 10mil
Rule Violations :30

Processing Rule : Short-Circuit Constraint (Allowed=Not Allowed) (On the board ) (On the board )
Rule Violations :0

Processing Rule : Broken-Net Constraint ( (On the board ) )
Rule Violations :0

Processing Rule : Short-Circuit Constraint (Allowed=Not Allowed) (On the board ) (On the board )
Rule Violations :0
```

图 12-30   检查结果

所示的对话框,在"Rule Classes"中选择"Width Constraint"选项,双击"Width Constraint"选项或单击"Properties"按钮,弹出如图 12-33 所示的对话框,在该对话框中将最小的信号线设置为 8 mil,最宽设置为 60 mil,推荐值设置为 10 mil,设置好后再次执行设计规则检查命令。检查结果如图 12-34 所示,从检查结果可以看出 PCB 设计没有错误,绘制成功。

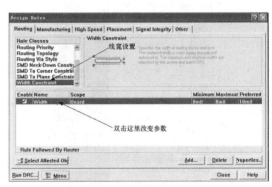

图 12-31   选择"Rules...规则"命令   图 12-32   线宽设置对话框

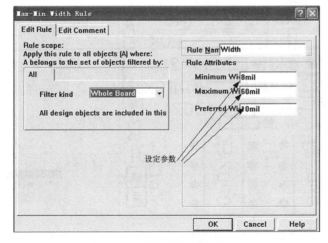

图 12-33   设置信号线的宽度

```
IV.ddb | Pcb | PCB1.PCB | Sheet1.Sch | Sheet1.NET | 🗐 PCB1.DRC |
Protel Design System Design Rule Check
PCB File : Documents\Pcb\PCB1.PCB
Date    : 29-Mar-2009
Time    : 16:30:34

Processing Rule : Clearance Constraint (Gap=10mil) (On the board ).(On the board )
Rule Violations :0

Processing Rule : Width Constraint (Min=8mil) (Max=60mil) (Prefered=10mil) (On the board )
Rule Violations :0

Processing Rule : Short-Circuit Constraint (Allowed=Not Allowed) (On the board ).(On the board )
Rule Violations :0

Processing Rule : Broken-Net Constraint ( (On the board ) )
Rule Violations :0

Processing Rule : Short-Circuit Constraint (Allowed=Not Allowed) (On the board ).(On the board )
Rule Violations :0

Processing Rule : Broken-Net Constraint ( (On the board ) )
Rule Violations :0


Violations Detected : 0
Time Elapsed        : 00:00:00
```

图 12-34   PCB 设计规则检查结果

12.1.7　补泪滴和覆铜

为了增加电路板的机械性能和抗干扰能力，在 PCB 设计完成之后，还要进行补泪滴和覆铜操作。

（1）如图 12-35 所示，选择"Tools 工具"→"Teardrops 泪滴焊盘"→"Add 添加"命令，弹出如图 12-36 所示的对话框，在对话框中设置泪滴的属性，补完泪滴后的电路板如图 12-37 所示。

图 12-35   选择添加泪滴焊盘

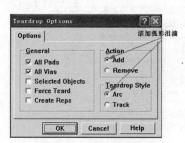

图 12-36   设置泪滴属性

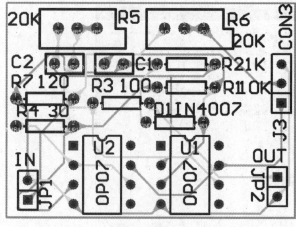

图 12-37   补泪滴操作完之后的电路板

覆铜工具

图 12-38   选择覆铜工具

（2）开始给电路板覆铜,覆铜的基本规则是覆铜的网络一定要和接地网络连接起来。单击图12-38所示的覆铜工具,弹出覆铜属性的对话框,如图12-39所示。设置覆铜和接地网络连接,覆铜层选择顶层,然后用鼠标在电路板周围绘制一个矩形将电路板包围起来,如图12-40所示。顶层覆铜成功后如图12-41所示。

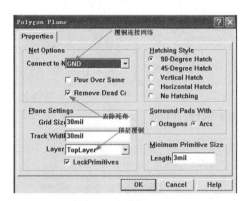

图 12-39　设置覆铜属性

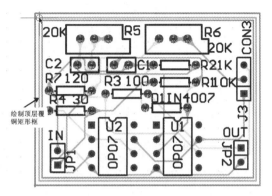

图 12-40　绘制矩形框包围电路板

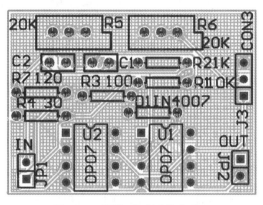

图 12-41　覆铜成功后的电路图

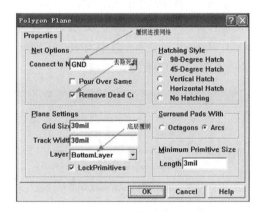

图 12-42　设置覆铜属性

（3）给底层覆铜,其设置方法和顶层基本一样,如图12-42所示。只是覆铜层选择为底层,然后也同样绘制一个矩形框将电路板围起来,如图12-43所示。底层覆铜成功后如图12-44所示。

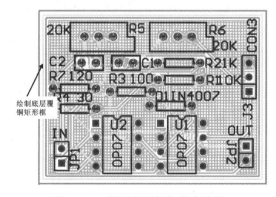

图 12-43　绘制矩形框包围电路板

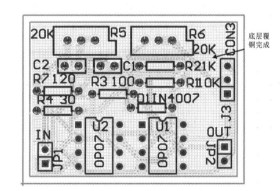

图 12-44　覆铜成功后的电路图

覆铜完成后,仍然需要做一次设计规则检查,检查的结果如图12-45所示,可以看出设计的电路板没有错误,到此整个电路板设计完成。

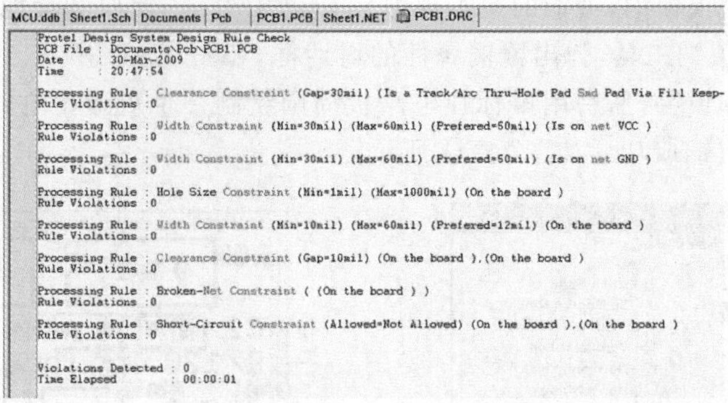

MCU.ddb | Sheet1.Sch | Documents | Pcb | PCB1.PCB | Sheet1.NET | PCB1.DRC
Protel Design System Design Rule Check
PCB File : Documents\Pcb\PCB1.PCB
Date : 30-Mar-2009
Time : 20:47:54
Processing Rule : Clearance Constraint (Gap=30mil) (Is a Track/Arc Thru-Hole Pad Smd Pad Via Fill Keep-
Rule Violations :0
Processing Rule : Width Constraint (Min=30mil) (Max=60mil) (Prefered=50mil) (Is on net VCC)
Rule Violations :0
Processing Rule : Width Constraint (Min=30mil) (Max=60mil) (Prefered=50mil) (Is on net GND)
Rule Violations :0
Processing Rule : Hole Size Constraint (Min=1mil) (Max=1000mil) (On the board)
Rule Violations :0
Processing Rule : Width Constraint (Min=10mil) (Max=60mil) (Prefered=12mil) (On the board)
Rule Violations :0
Processing Rule : Clearance Constraint (Gap=10mil) (On the board),(On the board)
Rule Violations :0
Processing Rule : Broken-Net Constraint ((On the board))
Rule Violations :0
Processing Rule : Short-Circuit Constraint (Allowed=Not Allowed) (On the board),(On the board)
Rule Violations :0
Violations Detected : 0
Time Elapsed : 00:00:01

图 12-45 对覆铜完成后的电路板做设计规则检查

12.1.8 生成元件清单

为了方便元件的购买，在电路板设计完成之后要生成元件清单。

(1)在原理图编辑界面中，选择"Reports"→"Bill of Material"命令，如图 12-46 所示，出现如图 12-47 所示的"BOM Wizard"对话框，选中"Project"，单击"Next"按钮，将弹出如图 12-48 所示的对话框。

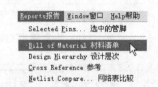

Reports报告 Window窗口 Help帮助
Selected Pins... 选中的管脚
Bill of Material 材料清单
Design Hierarchy 设计层次
Cross Reference 参考
Netlist Compare... 网络表比较

图 12-46 选择材料清单命令

BOM Wizard
Welcome To Schematic BOM Wizard
This wizard will help you generate custom Bill of Material documents that are automatically loaded into the Spread Sheet or
Do you want to generate BOM for the current sheet or project?
Project
Sheet
< Back
Next >
Cancel

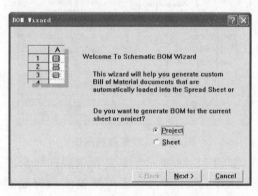

图 12-47 "BOM Wizard"对话框一

BOM Wizard
Select the fields which you want to include in the BOM. The Part Type and Designator fields will always be included
General
Footprint
Description
Library
Field 1
Field 2
Field 3
Field 4
Field 5
Field 6
Field 7
Field 8
Part
Field 9
Field 10
Field 11
Field 12
Field 13
Field 14
Field 15
Field 16
All On
All Off
Include components with blank Part Types.
< Back
Next >
Cancel

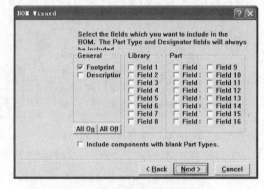

图 12-48 "BOM Wizard"对话框二

(2)在图 12-48 中，单击"Next"按钮，将弹出如图 12-49 所示的设置元件列标题的对话框，单击"Next"按钮，将弹出如图 12-50 所示的设置元件列表输出格式的对话框。

BOM Wizard
Enter the column title for the following
Part Type: Part Type
Designator: Designator
Footprint: Footprint
< Back
Next >
Cancel

图 12-49 设置元件列标题对话框

BOM Wizard
Select the report format you wish to genera
Protel Format
CSV Format
Client Spreadsheet
< Back
Next >
Cancel

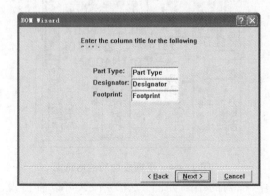

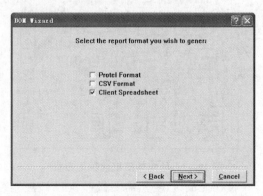

图 12-50 设置元件列表输出格式对话框

（3）在图 12-50 中单击"Next"按钮，将弹出如图 12-51 所示的对话框，单击"Finish"按钮，将完成元件列表设置，系统自动进入表格编辑器，并生成一个与原理图同名、文件后缀名为".XLS"的元件列表文件，如图 12-52 所示。

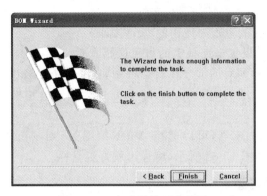

图 12-51　完成元件列表设置　　　　图 12-52　生成元件列表文件

12.2　小型调频发射机 PCB 设计

本节主要是在第 6 章设计的小型调频发射机电路原理图的基础上，设计与之对应的 PCB。

12.2.1　建立 PCB 文件并确定 PCB 的尺寸

在上一节 I/V 信号变换调理电路 PCB 实例中，采用向导确定电路板的尺寸。通过这么长时间的学习，大家对电路板的绘制也有了深入的了解，本节将采用人工方式确定电路板的尺寸。打开第 6 章建立的"实例 6-1.ddb"文件，在文件夹下新建一个名为"实例 12-2.PCB"的文件，双击该文件后系统将弹出如图 12-53 所示的窗口，这就是 PCB 编辑器。

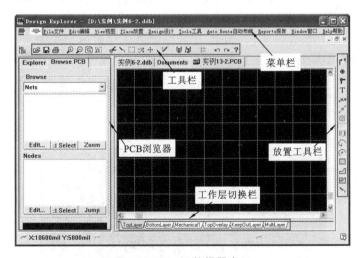

图 12-53　PCB 编辑器窗口

PCB 设计的一些基本概念虽然在前面的章节中已经进行了详细介绍，但是为了使后文的表述更清晰，这里再重复介绍一下。

● TopLayer（顶层）：主要用于放置电路板上的元件和布信号线。

● BottomLayer（底层）：其作用和顶层的作用基本一致，只是一般放在其表面的元件比较少。

● MechanicalLayer（机械层）：用于画裁板的参考线层（现在一般不用）。

● TopOverLayer（丝印层）：主要用于在电路板上打印一些标识符（电路板上的文字都加在这一层）。

● KeepOutLayer（禁止布线层）：表示只能在该边界内布线。

● MultiLayer（复合层）：其为在加工孔的过程中使用的一个层面。

为了让电路板文件便于观察，这里需要设置电路板上的可见网格参数。选择"Design"→"Options"命令，系统会弹出如图 12-54 所示的对话框。在对话框中将"Visible Grid"的参数改为 100mil，这样每一个网格的尺寸就是标准的 100 mil×100 mil，这为确定电路板的尺寸提供了参考标准。

在 PCB 编辑界面中，如果没有看见绘图工具，可以选择"View 视图"→"Toolbars 工具条"→"Placement Tools 放置工具"命令，如图 12-55 所示，将弹出放置工具栏。

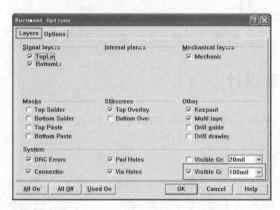

图 12-54 设置可见网格的参数

图 12-55 选择放置工具命令

上一节中介绍过，在设计电路板的过程中，实际电路板的尺寸是以禁止布线层上的尺寸为基准的。在 PCB 编辑界面下方，单击"KeepOutLayer"切换到禁止布线层，如图 12-56 所示。然后单击工具栏中的布线工具，在 PCB 文件视图工作窗口中绘制一个矩形，根据设计的需要，确定电路板的尺寸大小为 7.5cm×5cm（3000mil×2000mil），如图 12-57 所示。

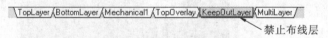

图 12-56 切换到禁止布线层

图 12-57 设置电路板的尺寸

12.2.2 绘制 PCB 封装

确定电路板的尺寸之后,再对原理图中的元件添加封装。12.1 节的实例中所有元件封装都是从系统自带的 PCB Footprints. lib 中调用的,但是本实例中有三个元件封装在系统自带的 PCB 封装库中找不到,它们分别是可变电容的封装、天线的封装和音频变压器的封装,这时就需要读者自己来绘制 PCB 封装。

选择"File 文件"→"New…新建文件"命令,如图 12-58 所示,弹出如图 12-59 所示的对话框,选中"PCB Library Document"文件,单击"OK"按钮,这样就建立了一个新的 PCB 库文件,将其命名为"发射机 PCB 封装. Lib"。

图 12-58 选择新建文件命令

图 12-59 选择 PCB 库文件

双击新建的 PCB 库文件,弹出如图 12-60 所示的 PCB 封装库文件操作界面,在界面工作区域中可以绘制 PCB 封装。打开封装库之后可以看到系统为其设置了一个默认的元件名,右击该元件,在弹出的右键快捷菜单中选择重命名命令,可以给元件重命名。在图 12-60 中可以看到一个位置参考点,绘制的 PCB 封装应放置于该参考点附近。

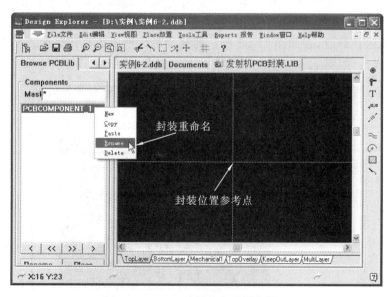

图 12-60 PCB 封装库文件操作界面

1. 绘制可变电容的封装

下面介绍绘制可变电容的封装,将其命名为"CAPVAR",如图 12-61 所示。可变电容由一组定片和一组动片组成，它的容量随着动片的转动可以连续改变，其外形如图 12-62 所示，用游标卡尺测量 2 个管脚之间的间距为 1.25 cm，即 500 mil。

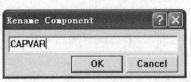

图 12-61　重命名可变电容的封装

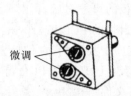

图 12-62　可变电容的外形

在实际绘图的过程中，如果找不到绘制的元件封装，可以通过选择"Edit 编辑"→"Jump 跳转"→"Absolute Origin 绝对原点"命令，跳回到参考点，如图 12-63 所示。

图 12-63　选择跳转回原点命令

当光标跳回到原点之后，保持光标的位置不变，通过按"PageUp"键将图纸放大，看到网格之后，开始绘制可变电容的封装。本实例中可变电容是两个管脚，因此需要放置两个焊盘。单击工具栏中的放置焊盘的工具，在参考点附近放置第一个焊盘，其坐标为(0,0)，如图 12-64 所示。双击该焊盘，在如图 12-65 所示的属性对话框中修改其属性。接着放置第二个焊盘并修改其属性，如图 12-66 所示，放置完成后的效果如图 12-67 所示。

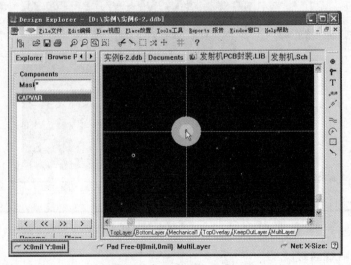

图 12-64　放置第一个焊盘

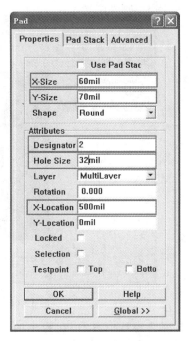

图 12-65　设置第一个焊盘的属性　　　　图 12-66　设置第二个焊盘的属性

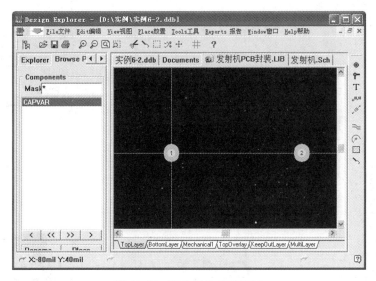

图 12-67　两个焊盘放置完毕

至此,可变电容的封装基本上绘制完成,但是为了更加清楚地表示该封装,还需要在 "TopOverLayer"(丝印层)绘制标识图。首先在界面中将 PCB 库文件视图切换到"Top Overlager"(丝印层),接着单击布线工具,在两个焊盘周围绘制一个矩形,如图 12-68 所示。 丝印层布线的颜色是黄色,这样一个可变电容的封装绘制完成,最后单击"Save"按钮保存该 封装。

2. 绘制天线的封装

天线是一种变换器,它把传输线上传播的导行波,变换成在无界媒介(通常是自由空间) 中传播的电磁波,或者进行相反的变换,其外形如图 12-69 所示。下面介绍绘制天线的封

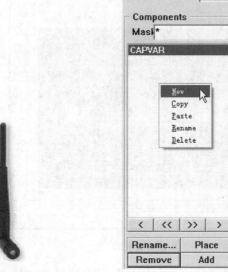

图 12-68　在丝印层绘制标识图

装,在 PCB 库管理器中右击,在弹出的右键快捷菜单中选择"New"命令,如图 12-70 所示。系统弹出一个新的元件封装,如图 12-71 所示,单击"Rename"按钮,将元件封装命名为"ANT"。

图 12-69　天线的外形　　　图 12-70　选择新建命令　　　图 12-71　重命名元件封装

　　天线的封装其实很简单,其实就是一个焊盘,只是比普通焊盘的面积大一些而已。在元件封装库编辑器界面,在参考点处放置一个焊盘。双击该焊盘,将弹出焊盘属性对话框,修改其属性,如图 12-72 所示。为了更加清楚地表示该封装,还需要在"TopOverLayer"绘制标识图。首先在编辑界面将 PCB 库文件视图切换到丝印层,接着使用布线工具,在焊盘周围绘制一个矩形,如图 12-73 所示,最后单击"Save"按钮保存该封装。

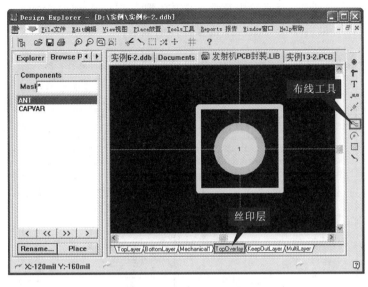

图 12-72　设置焊盘属性　　　　　图 12-73　在丝印层中绘制标识图

3.绘制音频变压器的封装

音频变压器是工作在音频范围的变压器,又称低频变压器,工作频率一般为 10~20000Hz,常用于变换电压或变换负载的阻抗,在无线电通信、广播电视、自动控制中作为电压放大、功率输出等电路的元件,其外形如图 12-74 所示。下面绘制音频变压器的封装,在PCB 库管理器中,新建一个名为"AUDIO"的元件封装,如图 12-75 所示。

图 12-74　音频变压器的外形

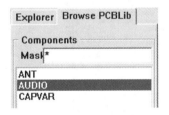

图 12-75　重命名音频变压器

本实例中音频变压器有 5 个管脚,经过测量得到如下参数:长 1 000 mil,宽 800 mil,两侧管脚与边缘的距离为 200 mil,1 脚与 4 脚的距离为 600 mil,2 脚与 5 脚的距离为 600 mil,2 脚与 3 脚的距离为 300 mil。在编辑界面中放置 5 个焊盘,使用放置焊盘的工具,在参考点附近放置第 1 个焊盘,其坐标为(0,0),双击该焊盘,在如图 12-76 所示的属性对话框中修改其属性;放置第 2 个焊盘并修改其属性,如图 12-77 所示;放置第 3 个焊盘并修改其属性,如图 12-78 所示;放置第 4 个焊盘并修改其属性,如图 12-79 所示;放置第 5 个焊盘并修改其属性,如图 12-80 所示。为了更加清楚地表示该封装,还需要在"TopOverLayer"绘制标识图。首先在编辑界面中将 PCB 库文件视图切

图 12-76　设置第一个焊盘的属性

换到丝印层，接着使用布线工具，在焊盘周围绘制一个矩形，绘制完成后的结果如图 12-81 所示，最后单击"Save"按钮保存该封装。

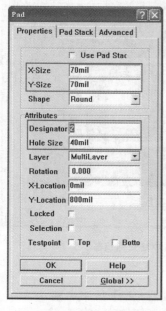 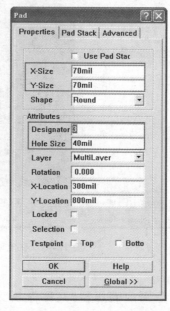 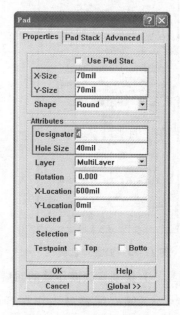

图 12-77　设置第二个焊盘的属性　图 12-78　设置第三个焊盘的属性　图 12-79　设置第四个焊盘的属性

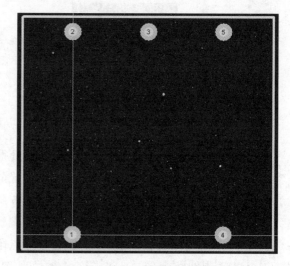

图 12-80　设置第五个焊盘的属性　　　　　**图 12-81　完成音频变压器封装的绘制**

12.2.3　添加元件封装库

在 PCB 库管理器中，单击"Add/Remove"按钮，弹出如图 12-82 所示的对话框，向工程中添加 PCB 元件封装库，"发射机 PCB 封装.Lib"在实例 6-2.ddb 中，添加库文件之后的界面如图 12-83 所示。

图 12-82　PCB 元件封装库对话框

图 12-83　添加发射机 PCB 封装库文件

12.2.4　生成网络表

网络表的正确与否决定了 PCB 的成功与否,因此网络表的作用是至关重要的。

1.添加元件封装

对原理图中的每一个元件添加其 PCB 封装,下面以运放 BA1404 芯片为例来介绍。双击该元件,弹出如图 12-84 所示的元件属性对话框,在"Footprint"文本框中添加该元件的封装"DIP18",然后单击"OK"按钮。用同样的方法,添加其他元件的 PCB 封装。本例中电阻的封装为 AXIAL0.3,无极性电容的封装为 RAD0.1,电解电容的封装为 RB.2/.4,电感的封装为 0805,稳压二极管的封装为 AXIAL0.4,滑动变阻器的封装为 SIP3,三极管的封装为 TO-18,可变电容的封装为 CAPVAR,天线的封装为 ANT,音频变压器的封装为 AUDIO。

2.生成网络表

选择"Design 设计"→"Create Netlist... 创建网络表"命令,如图 12-85 所示,弹出如图 12-86 所示的对话框,单击"OK"按钮,生成如图 12-87 所示的网络表。

图 12-84　设置元件的封装

图 12-85　选择创建网络表命令

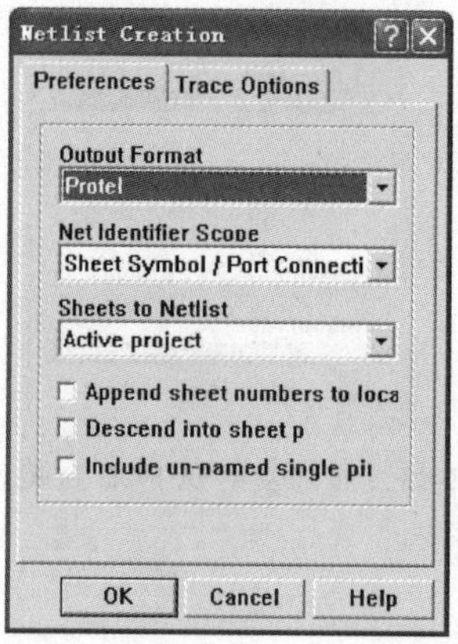

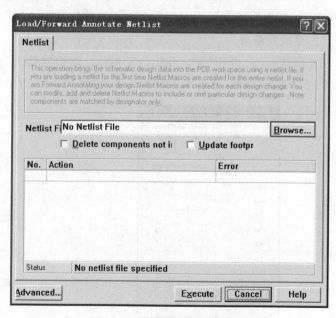

图 12-86 "Netlist Creation"对话框

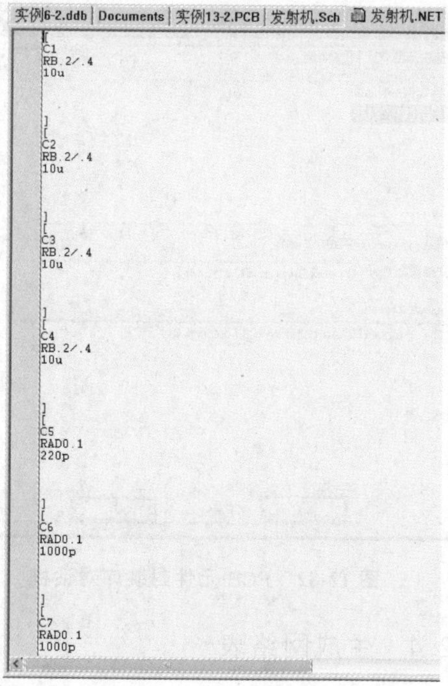

图 12-87 生成网络表

12.2.5 在 PCB 中导入网络表

选择"Design 设计"→"Netlist...网络表"命令，如图 12-88 所示，弹出如图 12-89 所示的网络表导入对话框。在对话框中单击"Browse"按钮，找到网络表文件，如图 12-90 所示；单击"OK"按钮，将弹出如图 12-91 所示的对话框；系统提示所有元件的封装匹配成功，如图 12-92 所示，网络表导入 PCB 后的结果如图 12-93 所示。

图 12-88 选择网络表命令

图 12-89 网络表导入对话框

图 12-90　找到网络表　　　　　　　　　图 12-91　载入网络表

所有元件封装匹配成功

导入

图 12-92　封装匹配成功

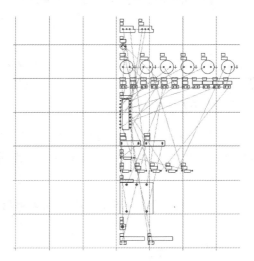

图 12-93　网络表导入 PCB 编辑界面中

12.2.6　元件布局

元件成功导入 PCB 后,可以开始进行元件布局。通过手动调整后,元件重新布局之后的电路如图 12-94 所示。

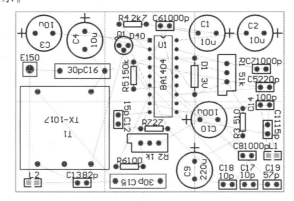

图 12-94　元件布局

12.2.7 设置布线规则

元件布局完成后,在自动布线之前,需要对布线规则进行设置,这里设置的规则主要是实践过程中需要注意和常用的。

(1)选择"Design"→"Rules"命令,系统将弹出如图 12-95 所示的对话框。

(2)在图 12-95 所示的对话框中选中"Clearance Constraint"选项,单击"Properties..."按钮,系统将弹出如图 12-96 所示的对话框,设置整个电路板中导线之间的安全距离为 10mil。

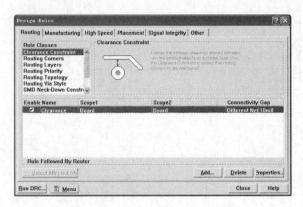

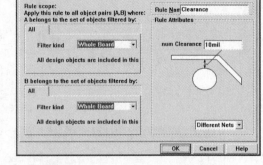

图 12-95 "Design Rules"对话框   图 12-96 "Clearance Rules"对话框

(3)双击"Width Constraint"选项,如图 12-97 所示,系统将弹出如图 12-98 所示的对话框,在该对话框中设置信号线的宽度。一般情况下在双层板中信号线的宽度设置为 10～15 mil,电源线的宽度设置为 30～60 mil,信号线的具体参数设置如图 12-98 所示。

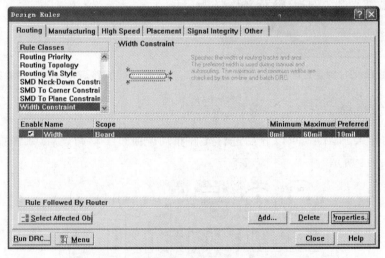

图 12-97 双击"Width Constraint"选项

(4)设置电源和地网络。在图 12-97 所示的对话框中双击"Width Constraint"选项,弹出如图 12-99 所示的对话框,在其中分别选择"Net"和"GND"选项,网络和地的线宽的具体参数设置如图 12-100 所示。

(5)使用同样的方法,添加电源网络的线宽规则。在图 12-101 所示的对话框中分别选择"Net"和"5V"选项,并设置电源和网络的线宽。设置完成后如图 12-102 所示。

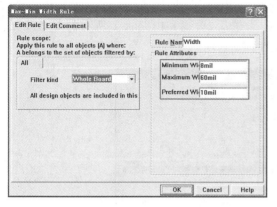

图 12-98　设置信号线宽度

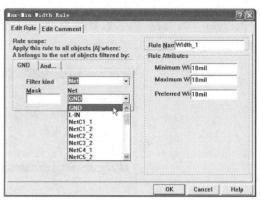

图 12-99　选中"Net"和"GND"选项

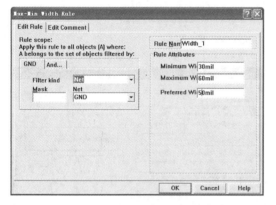

图 12-100　设置网络和地的线宽参数

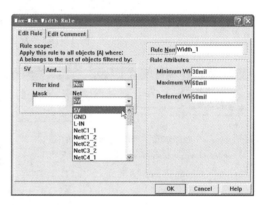

图 12-101　选中"Net"和"5V"

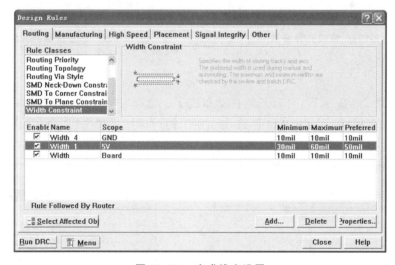

图 12-102　完成线宽设置

（6）设置孔径的大小参数。双击图 12-103 中所示的"Hole Size Constraint"选项,系统将弹出如图 12-104 所示的对话框,在对话框中将孔径的最大值改为 1000mil,该值可根据实际设计情况而定。

（7）接下来的设置主要是为了使绘制的电路板更加美观。双击"Clearance Constraint"

选项,在如图 12-105 所示对话框中,分别都将"Filter kind"设置为"Object Kind",选中
"Polygons"复选框,将参数修改为 30 mil,这样设置后,覆铜和电路板上所有的焊盘及元件
之间的间距为 30mil,可以增加电路板的美观性。

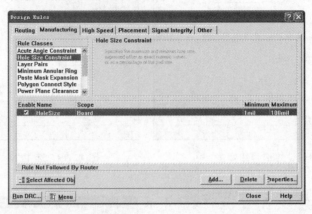

图 12-103　双击"Hole Size Constraint"

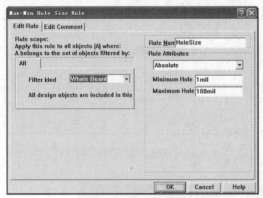

图 12-104　修改孔径参数 　　　　　　　　图 12-105　设置焊盘与元件间距

12.2.8　自动布线

所有的规则设置完成后,可以开始自动布线了。选择"Auto Route 自动布线"→"All 全
部"命令,如图 12-106 所示,弹出如图 12-107 所示的对话框。单击"Route All"按钮,然后等
待布线,可能需要几分钟时间。自动布线后的效果如图 12-108 所示,该电路板为双面板,红
色代表顶层的布线,蓝色代表底层的布线。

图 12-106　选择自动布线命令

图 12-107　单击"Route All"按钮

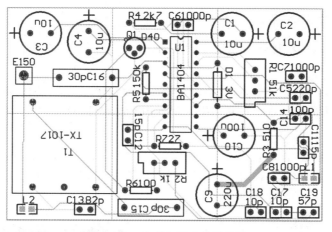

图 12-108　完成自动布线的效果

12.2.9　设计规则检查(DRC)

至此电路板基本上绘制完成,现在用设计规则来检查刚设计的电路板,选择"Tools 工具"→"Design Rule Check...设计规则检查"命令,如图 12-109 所示。

单击如图 12-110 所示的"Run DRC"按钮,开始执行设计规则检查,检查的结果显示没有错误,如图 12-111 所示。

图 12-109　选择设计规则检查命令

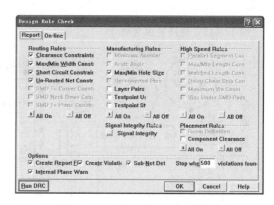

图 12-110　单击"Run DRC"按钮

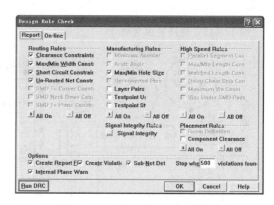

图 12-111　完成设计规则检查

12.2.10　补泪滴和覆铜

为了增加电路板的机械性能和抗干扰能力,在 PCB 设计完成之后,还要进行补泪滴和覆铜操作。

(1)选择"Tools 工具"→"Teardrops 泪滴焊盘"→"Add 添加"命令,如图 12-112 所示,弹出如图 12-113 所示的对话框。在对话框中设置泪滴的属性,补完泪滴后的 PCB 如图 12-114 所示。

图 12-112　选择补泪滴命令

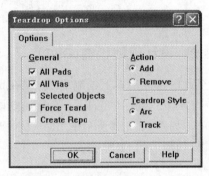

图 12-113　"Teardrop Options"对话框

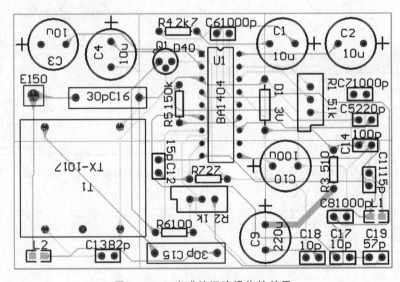

图 12-114　完成补泪滴操作的效果

(2)接着开始给电路板覆铜,覆铜的基本规则是覆铜的网络一定要与地网络连接起来。单击如图 12-115 所示的覆铜工具,系统将弹出覆铜属性对话框,如图 12-116 所示。设置覆铜和地网络连接,覆铜层选择顶层,然后用鼠标在电路板周围绘制一个矩形将电路板包围起来,如图 12-117 所示,顶层覆铜成功后如图 12-118 所示。

(3)接下来给底层覆铜,其设置方法和顶层覆铜操作基本相同,如图 12-119 所示,只是覆铜层选择为底层,底层覆铜成功后如图 12-120 所示。

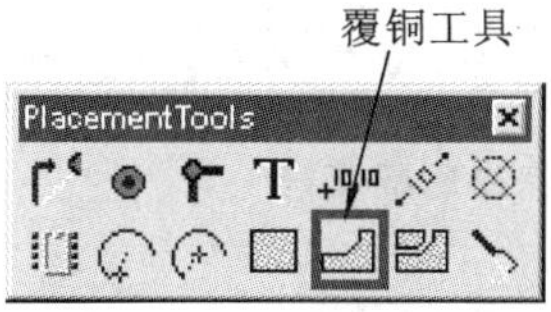

覆铜工具

图 12-115 选择覆铜工具

图 12-116 设置覆铜属性

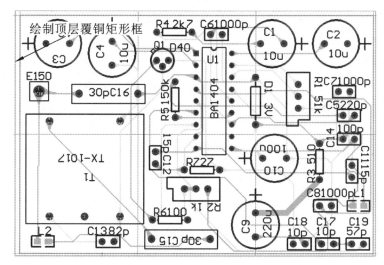

图 12-117 绘制矩形包围电路板

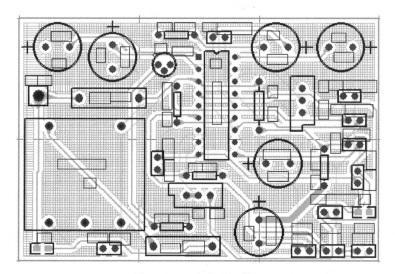

图 12-118 完成顶层覆铜

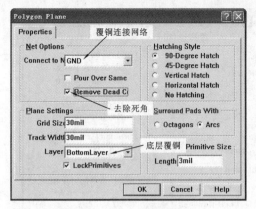

图 12-119　设置覆铜属性

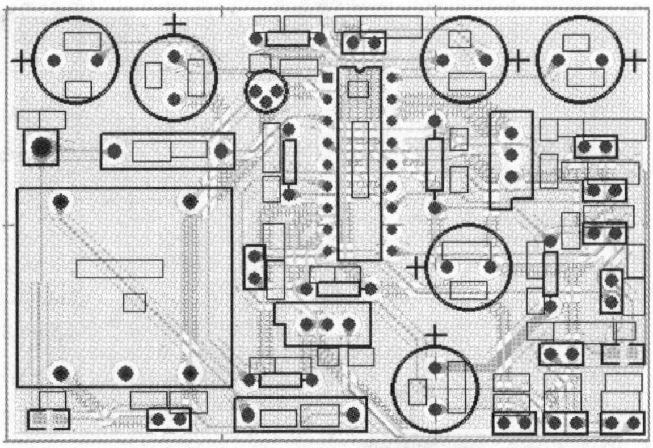

图 12-120　完成底层覆铜

12.2.11　生成元件清单

为了方便元件的购买，在电路板设计完成之后要生成元件清单。选择“Reports 报告”→“Bill of Material 材料清单”命令，如图 12-121 所示，就可以一步一步按照系统的提示自动生成元件清单，如图 12-122 所示。

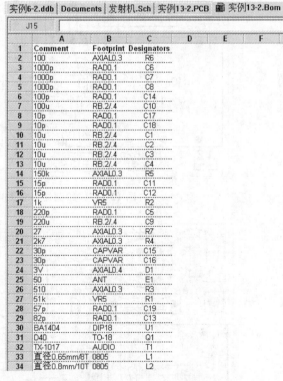

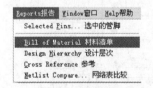

图 12-121　选择材料清单命令

实例6-2.ddb | Documents | 发射机.Sch | 实例13-2.PCB | 实例13-2.Bom

J15

	A	B	C
1	Comment	Footprint	Designators
2	100	AXIAL0.3	R6
3	1000p	RAD0.1	C6
4	1000p	RAD0.1	C7
5	1000p	RAD0.1	C8
6	100p	RAD0.1	C14
7	100u	RB.2/.4	C10
8	10p	RAD0.1	C17
9	10p	RAD0.1	C18
10	10u	RB.2/.4	C1
11	10u	RB.2/.4	C2
12	10u	RB.2/.4	C3
13	10u	RB.2/.4	C4
14	150k	AXIAL0.3	R5
15	15p	RAD0.1	C11
16	15p	RAD0.1	C12
17	1k	VR5	R2
18	220p	RAD0.1	C5
19	220u	RB.2/.4	C9
20	27	AXIAL0.3	R7
21	2k7	AXIAL0.3	R4
22	30p	CAPVAR	C15
23	30p	CAPVAR	C16
24	3V	AXIAL0.4	D1
25	50	ANT	E1
26	510	AXIAL0.3	R3
27	51k	VR5	R1
28	57p	RAD0.1	C19
29	82p	RAD0.1	C13
30	BA1404	DIP18	U1
31	D40	TO-18	Q1
32	TX-1017	AUDIO	T1
33	直径0.65mm/8T	0805	L1
34	直径0.8mm/10T	0805	L2

图 12-122　自动生成元件清单

本 章 小 结

本章结合 I/V 信号变换调理电路 PCB 和小型调频发射机电路 PCB 两个工程实例，系统讲解了如何建立 PCB 文件、确定 PCB 板的尺寸大小、添加元件的 PCB 封装、元件布局、PCB 布线、DRC 规则检查、补泪滴和覆铜等操作，深入浅出地介绍了实际工作中具体的 PCB 设计方法。

第⑬章　电 路 仿 真

电路仿真是电子设计自动化(EDA)中的一项重要技术,在电子产品的分析、设计、检测以及技术革新和改造等方面有着广泛的应用。Protel 99 SE 不仅提供了功能完备的电路设计工具,而且具有强大的电路仿真功能。本章主要讲解 SIM 仿真库中的主要元件、SIM 仿真库中的激励源、仿真器的设置和电路仿真,最后详细讲解二极管伏安特性电路的仿真,希望读者能通过这个实例掌握电路仿真的基本方法。

本章要点

- SIM 仿真库中的主要元件
- SIM 仿真库中的激励源
- 仿真器设置
- 电路仿真

本章案例

- 二极管伏安特性电路仿真

13.1　概述

Protel Advanced SIM 99(以下简称 SIM 99)是一个功能强大的数/模混合信号电路仿真器,运行在 Protel 99 SE 集成环境下,与原理图输入程序协同工作,作为 Protel Advanced Schematic 的扩展,为用户提供了一个完整的从设计到验证的仿真设计环境。它的仿真库中包含了数目众多的仿真元件,能很好地满足设计的需要。

在 Protel 99 SE 中执行仿真,需要从仿真元件库中放置所需的元件,连接好原理图,加上激励源,然后单击仿真按钮即可自动开始仿真。作为一个真正的混合信号仿真器,Sim.ddb 集成了连续的模拟信号和离散的数字信号,可以同时观察复杂的模拟信号和数字信号波形,以及得到电路性能的全部波形。

13.2　SIM 仿真库中的主要元件

打开原理图编辑器界面,在如图 13-1 所示的原理图浏览器中单击"Add/Remove"按钮,弹出如图 13-2 所示的对话框,选中"Sim. ddb",然后单击"Add"按钮,最后单击"OK"按钮,则 SIM 仿真元件库全部加载成功,如图 13-3 所示。在 SIM 仿真元件库中,包含了众多的仿真元件,下面主要介绍几种常见的元件。

13.2.1　电阻

在 Simulation Symbols. Lib 中,包含了一些常见的电阻,其对应的符号如图 13-4 所示。在放置元件前,按 Tab 键,可以修改元件的属性。图 13-4 中,各电阻符号对应的含义如下。

图 13-1　添加元件库窗口

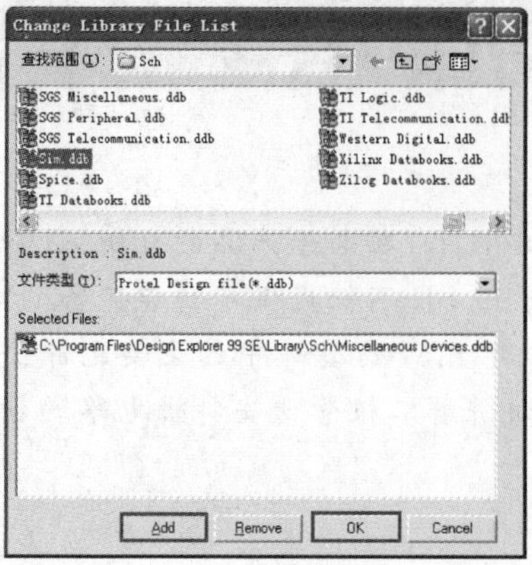

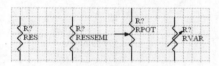

图 13-2　选择添加元件库对话框

图 13-3　SIM 仿真元件库添加完毕

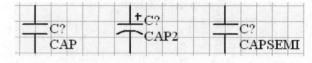

图 13-4　常见的电阻符号

图 13-5　常见的电容符号

- RES：固定电阻。
- RESSEMI：半导体电阻。
- RPOT：电位器。
- RVAR：可变电阻。

13.2.2　电容

在 Simulation Symbols. Lib 中，包含了一些常见的电容，其对应的符号如图 13-5 所示。在放置元件前，按 Tab 键，可以修改元件的属性。图 13-5 中，各电容符号对应的含义如下。

- CAP：定值无极性电容。
- CAP2：定值有极性电容。
- CAPSEMI：可变电容。

13.2.3　二极管

在 Diode. Lib 中，包含了数量众多的按相关标准命名的二极管，如图 13-6 所示，图中简单列出了库中包含的几种二极管。在放置元件前，按 Tab 键，可以修改元件的属性。

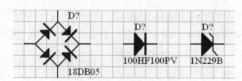

图 13-6　常见的二极管符号

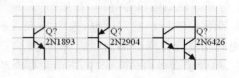

图 13-7　常见的三极管符号

13.2.4　三极管

在 Bjt. Lib 中，包含了数量众多的按相关标准命名的三极管，如图 13-7 所示，图中简单列出了库中包含的几种常见三极管。在放置元件前，按 Tab 键，可以修改元件的属性。

13.2.5 MOS 场效应晶体管

MOS 场效应晶体管是现代集成电路中最常用的元件。Sim.ddb 提供了四种 MOSFET 模型,它们的伏安特性公式各不相同,但它们基于的物理模型是相同的。

在 Mosfet.Lib 中,包含了数量众多的按相关标准命名的 MOS 场效应晶体管,如图 13-8 所示,图中简单列出了库中包含的 MOS 场效应晶体管。在放置元件前,按 Tab 键,可以修改元件的属性。

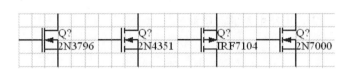

图 13-8 常见的 MOS 场效应管符号

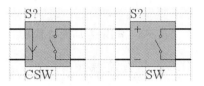

图 13-9 电压、电流控制开关符号

13.2.6 电压、电流控制开关

在 Switch.Lib 中,包含了两种可用于仿真的开关。

- CSW:默认电流控制开关。
- SW:默认电压控制开关。

如图 13-9 所示,图中简单列出了库中包含的电压、电流控制开关。在放置元件前,按 Tab 键,可以修改元件的属性。

13.2.7 继电器

在 Relay.Lib 中,包括了大量的继电器,如图 13-10 所示。在放置元件前,按 Tab 键,可以修改元件的属性。

13.2.8 电感耦合器

在 Transformer.Lib 中,包括了大量的电感耦合器,如图 13-11 所示。在放置元件前,按 Tab 键,可以修改元件的属性。

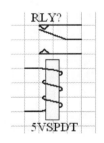

图 13-10 继电器符号

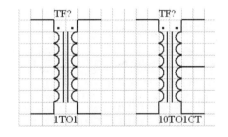

图 13-11 常见的电感耦合器的符号

13.2.9 TTL 和 CMOS 数字电路元件

在 74xx.Lib 中,包含了 74xx 系列的 TTL 逻辑元件。在 CMOS.Lib 中,包含了 4 000 个系列的 CMOS 逻辑元件。设计者可以在设计电路仿真时运用这些数字电路元件。

13.2.10　模块电路

Sim.ddb 中的复杂元件都已使用 SPICE 子电路完全模型化，对于这些元件，设计者只需简单放置元件并设置其标号，所有用于仿真的参数都已经在 SPICE 子电路中被设定好了。

13.3　SIM 仿真库中的激励源元件

在 Sim.ddb 仿真元件库中，包含了以下几种主要的激励源。

13.3.1　直流源元件

在 Simulation Symbols.Lib 中，包含了如下直流源元件。
- VSRC：电压源。
- ISRC：电流源。

仿真库中的电压源和电流源的符号如图 13-12 所示。在放置元件前，按 Tab 键，可以修改元件的属性。

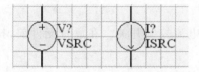  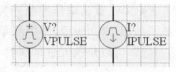

图 13-12　电压源和电流源的符号　　图 13-13　正弦仿真源的符号　　图 13-14　周期脉冲源的符号

13.3.2　正弦仿真源元件

在 Simulation Symbols.Lib 中，包含了如下正弦仿真源元件。
- VSIN：正弦电压源。
- ISIN：正弦电流源。

仿真库中的正弦电压源和正弦电流源符号如图 13-13 所示。在放置元件前，按 Tab 键，可以修改元件的属性。

13.3.3　周期脉冲源元件

在 Simulation Symbols.Lib 中，包含了两种周期脉冲源元件。
- VPULSE：电压脉冲源。
- IPULSE：电流脉冲源。

仿真库中的周期脉冲源符号如图 13-14 所示，利用周期脉冲源可以创建周期性的连续脉冲。在放置元件前，按 Tab 键，可以修改元件的属性。

13.3.4　指数激励源元件

在 Simulation Symbols.Lib 中，包含了两种指数激励源元件。
- VEXP：指数激励电压源。
- IEXP：指数激励电流源。

仿真库中的指数激励源元件如图 13-15 所示,利用指数激励源可创建带有指数上升沿或下降沿的脉冲波形。在放置元件前,按 Tab 键,可以修改元件的属性。

13.3.5 单频调频源元件

在 Simulation Symbols.Lib 中,包含了如下单频调频源元件。
- VSFFM:电压源。
- ISFFM:电流源。

仿真库中的单频调频源元件如图 13-16 所示,利用单频调频源可创建一个单频调频波。在放置元件前,按 Tab 键,可以修改元件的属性。

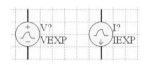  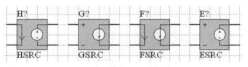

图 13-15 指数激励源的符号 图 13-16 单频调频源的符号　　　**图 13-17 线性受控源符号**

13.3.6 线性受控源元件

在 Simulation Symbols.Lib 中,包含了四种线性受控源元件。
- HSRC:线性电流控制电压源。
- GSRC:线性电压控制电流源。
- FSRC:线性电流控制电流源。
- ESRC:线性电压控制电压源。

仿真库中的线性受控源元件如图 13-17 所示。在放置元件前,按 Tab 键,可以修改元件的属性。

以上是标准的 SPICE 线性受控源,每个线性受控源都有两个输入节点和两个输出节点,输出节点间的电压或电流是输入节点间的电压或电流的线性函数,一般由源的增益、跨导等参数决定。

13.3.7 非线性受控源元件

在 Simulation Symbols.Lib 中,包含了两种非线性受控源元件。
- BVSRC:电压源。
- BISRC:电流源。

仿真库中的非线性受控源元件如图 13-18 所示。在放置元件前,按 Tab 键,可以修改元件的属性。

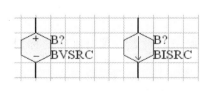 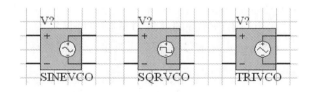

图 13-18 非线性受控源符号　　　**图 13-19 压控振荡源符号**

13.3.8 压控振荡源(VCO)元件

在 Simulation Symbols.Lib 中,包含了三种压控振荡源元件。

- SINEVCO：压控正弦振荡器。
- SQRVCO：压控方波振荡器。
- TRIVCO：压控三角波振荡器。

仿真库中的压控振荡源元件如图 13-19 所示，利用压控振荡源可创建压控振荡器。在放置元件前，按 Tab 键，可以修改元件的属性。

13.4 仿真器的设置

本小节主要介绍以下两方面的内容：一是仿真初始状态的设置，包括节点电压的设置和初始条件设置；二是仿真器的设置。

13.4.1 设置仿真初始状态

设置初始状态是为仿真电路直流偏置点设定一个或多个电压（或电流）值。在仿真非线性电路、振荡电路及触发器电路的直流或瞬态特性中，常出现解的不收敛现象，而实际电路是收敛的，其原因是发散或收敛的偏置点不能适应多种情况。设置初始值最常见的原因是在两个或更多的稳定工作点中选择其中一个，以利于仿真的顺利进行。

在 Simulation Symbols. Lib 中，包含了两个特别的初始状态定义符：NODESET(.NS)、Initial Condition(.IC)。

1. 节点电压设置

节点电压设置(.NS)是使指定的节点固定在所给定的电压下，仿真器按节点电压求得直流或瞬态的初始解，从而使其对双稳态或非稳态电路的计算收敛成为可能。它可使电路摆脱"停顿"状态，而进入设计者所希望的状态。一般情况下，在放置元件前，按 Tab 键，弹出如图 13-20 所示的对话框，可以修改元件属性。

图 13-20 修改属性对话框

在节点电压设置的属性对话框中可设置如下参数。

- "Designator"文本框：用于输入节点名称，每个节点电压设置必须有唯一的标识符，如 NS1。
- "Part Type"文本框：用于输入节点电压的初始幅值，如 12 V。

2. 初始条件设置

初始条件设置(.IC)是用来设置瞬态初始条件的。它仅用于设置偏置点的初始条件，不影响 DC 扫描。

在初始条件设置的属性对话框中可设置如下参数。

- "Designator"文本框：用于输入节点名称，每个初始条件设置必须有唯一的标识符，如 IC1。
- "Part Type"文本框：用于输入节点电压的初始幅值，如 5 V。

初始状态的设置共有三种途径：".NS"设置、".IC"设置和定义元件属性。在电路仿真中，如有这三种或其中两种共存时，在分析中优先考虑的顺序是定义元件属性、".IC"设置、".NS"设置。如果".NS"设置和".IC"设置共存时，则".IC"设置将取代".NS"设置。

13.4.2 仿真器设置

在进行仿真前,设计者必须决定对电路进行哪种分析,要收集哪几个变量的数据,以及仿真完成后自动显示哪些变量的波形等。

1.启动仿真分析

在 Protel 99 SE 原理图编辑的主界面中,选择"Simulate"→"Setup"命令,如图 13-21 所示,进入仿真器的设置。

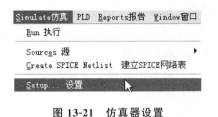

图 13-21　仿真器设置

系统随即弹出"Analyses Setup"(仿真器设置)对话框,如图 13-22 所示。在"General"选项卡中,可以选择欲分析的类别。

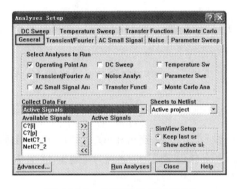

图 13-22　仿真器设置对话框

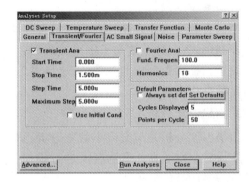

图 13-23　"Transient/Fourier"选项卡

2.瞬态特性分析

瞬态特性分析是从时间零点开始,到用户规定的时间范围内进行的。瞬态分析的输出是在一个类似示波器的窗口中,在设计者定义的时间间隔内计算变量瞬态输出电流值或电压值。如果不使用初始条件,则静态工作点分析将在瞬态分析前自动执行,以测得电路的直流偏置。

瞬态分析通常从时间零点开始。若不从时间零点开始,则在时间零点和开始时间(Start Time)之间,瞬态分析照样进行,只是不保存结果。从开始时间(Start Time)到终止时间(Stop Time)的间隔内的结果将会保存,并用于显示。步长(Step Time)通常是指在瞬态分析中的时间增量。

要在仿真中设置瞬态分析的参数,可以选择"Transient/Fourier"选项卡便得到如图 13-23 所示的设置瞬态分析/傅里叶分析参数对话框。

3.傅里叶分析

傅里叶分析是计算瞬态分析结果的一部分,得到基频、DC 分量和谐波。要进行傅里叶分析,必须选择图 13-23 中所示的"Transient/Fourier"选项卡。

4.交流小信号分析

交流小信号分析将交流输出变量作为频率的函数计算出来。先计算电路的直流工作点,决定电路中所有非线性元件的线性化小信号模型参数,然后在设计者所指定的频率范围内对该线性化电路进行分析。

选择图 13-22 中所示的"AC Small Signal"选项卡便得到交流小信号分析参数设置对话框。

5. 直流分析

直流分析产生直流转移曲线。直流分析将执行一系列静态工作点分析，从而改变前述定义所选择电源的电压，设置中可定义或可选辅助电源。选择图 13-22 中所示的"DC Sweep"选项卡便得到直流分析参数设置对话框。

6. 蒙特卡罗分析

蒙特卡罗分析是使用随机数发生器按元件值的概率分布来选择元件，然后对电路进行模拟分析。

选择图 13-22 中所示的"Monte Carlo"选项卡，便得到蒙特卡罗直流分析参数设置对话框。

7. 扫描参数分析

扫描参数分析允许设计者以自定义的增幅扫描元件的值。扫描参数分析可以改变基本的元件和模式，但并不改变子电路的数据。

设置扫描参数分析的参数，可选择图 13-22 中所示的"Parameter Sweep"选项卡，便得到扫描参数分析对话框。

8. 扫描温度分析

扫描温度分析是与交流小信号分析、直流分析及瞬态特性分析中的一种或几种相联系的。该设置规定了在什么温度下进行模拟。如果设计者设置了几个温度，则对每个温度都要进行一遍所有的分析。

设置扫描温度分析的参数，可选择图 13-22 中所示的"Temperature Sweep"选项卡，便得到扫描温度分析对话框。

9. 传递函数分析

传递函数分析用于计算直流输入阻抗、输出阻抗，以及直流增益。

设置传递函数分析的参数，可选择图 13-22 中所示的"Transfer Function"选项卡，便得到传递函数分析对话框。

10. 噪声分析

电路中产生噪声的元件有电阻器和半导体元件，计算出每个元件的噪声源在交流小信号分析的每个频率中的噪声，并将其传输到一个输出节点，将所有传输到该节点的噪声进行RMS（均方根）相加，就得到了指定输出端的等效输出噪声。

设置噪声分析的参数，可选择图 13-22 中所示的"Noise"选项卡。

13.5 电路仿真

在 Protel 99 SE 中执行电路仿真，需要从仿真用元件库中取出并放置所需的元件，连接好原理图，添加激励源，设置好仿真环境，然后单击"Run Analyses"按钮即可自动开始仿真，最后分析仿真结果。

13.5.1 电路仿真设计流程图

采用 SIM 99 进行混合信号仿真，总体设计流程如图 13-24 所示。

13.5.2　仿真原理图设计步骤

1.加载仿真元件库

在 Protel 99 SE 中加载仿真元件库,仿真原理图所用到的库在"C:\Program Files Design Explorer 99 SE\Library\Sch\Sim.ddb"路径下,如图 13-25 所示。

仿真库 Sim.ddb 加载后,所有的后缀名为".Lib"的仿真原理图库将出现在"Browse"栏中,如图 13-26 所示。

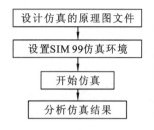

图 13-24　混合信号仿真流程图　　　　图 13-25　选择元件库　　　　图 13-26　元件库加载完毕

2.选择仿真元件

创建仿真原理图的简单方法是使用 Protel 仿真库中的元件。Protel 99 SE 中包含了大约 6 400 个元件模型,这些模型都是为仿真准备的。

在大多数情况下,设计者只需从如图 13-26 所示的库中选择一个元件,设置它的值,连接好线路,就可以进行仿真。每个元件中包含了 SPICE 仿真中会用到的所有的信息。

最常用的仿真元件如下。

● 激励源:给所设计电路一个合适的激励源,以便仿真器进行仿真。

● 添加网络标号:设计者须在需要观测输出波形的节点处定义网络标号,以便于仿真器识别。

3.启动仿真

在设计完原理图后对该原理图进行 ERC 检查,如有错误则重新设计原理图直到正确为止。然后,设计者就需对该仿真器进行设置,决定对原理图进行何种分析,并确定该分析所采用的参数。若设置不正确,仿真器可能在仿真前报告警告信息。仿真完成后,将输出一系列的文件,供设计者对所设计的电路进行分析,具体步骤详见下面的实例。

13.6　应用实例

13.6.1　实例 13-1——二极管伏安特性电路的仿真

下面通过对二极管伏安特性电路的仿真,介绍 Protel 99 SE 中仿真器的使用方法和步骤。

思路分析

二极管是电子电路中最常用的元件之一,二极管的伏安特性是指通过二极管的电流与电压之间的关系。

Protel 99 SE 仿真中的直流分析可以产生直流转移曲线,直流分析将执行一系列静态工作点分析,显示在不同的电源电压下,包括电路各节点的直流电压和直流电流,以及元件的直流电压、直流电流和功率。因此通过直流分析可以得到二极管两端的电压和电流之间的关系，即得到二极管的伏安特性曲线。

1. 绘制原理图文件

启动 Protel 99 SE，新建一个原理图文档，在原理图浏览管理器中添加库文件 Sim. ddb，如图 13-27 所示，路径为"C：\Program Files\Design Explorer 99 SE\Library\Sch\Sim. ddb"，利用仿真元件库 Sim. ddb 中相关的元件符号，绘制如图 13-28 所示的二极管伏安特性测试电路。

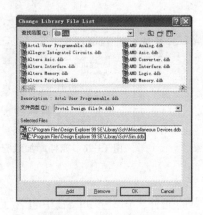

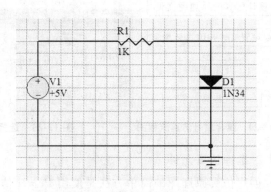

图 13-27　选择元件库　　　　　　图 13-28　二极管伏安特性测试电路

2. 设置仿真器

选择"Simulate"→"Setup"命令，打开"Analyses Setup"对话框，如图 13-29 所示。在"General"选项卡中选中"DC Sweep"（直流扫描）复选框，在"Available Signals"栏中选择"R1[i]"为"Active Signals"（激活信号）。

选择"DC Sweep"选项卡，设置相应的扫描参数如下：①"Source Name"为"V1"；②"Start Value"为"－100.0"；③"Stop Value"为"60.00"；④"Step Value"为"1.000"，如图 13-30 所示。然后单击"Close"按钮完成仿真器的设置。

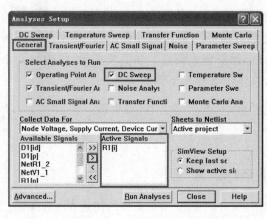

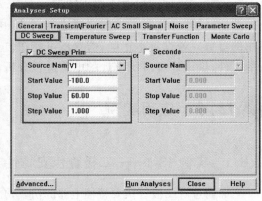

图 13-29　"General"选项卡参数设置　　　图 13-30　"DC Sweep"选项卡参数设置

3. 运行仿真器

选择"Simulate"→"Run"命令运行仿真，得到如图 13-31 所示二极管的伏安特性曲线。

4. 分析仿真结果

从图 13-31 中可以看出当二极管两端所加电压为正向电压时，二极管正向导通，并且随

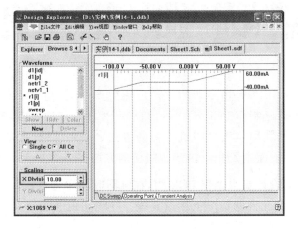

图 13-31　二极管伏安特性曲线

着电压增大,通过二极管的电流也迅速增大;当二极管两端所加电压为负向电压时,其通过的电流为零,即二极管反向截止;当反向电压达到一定值时,其通过的电流迅速增大,即二极管被反向击穿,通过图 13-31 可以清楚地看到该 1N34 型二极管的反向击穿电压为 60 V。

　　在实验室中可以通过实物电路测试二极管的正向电压和电流间的关系,但在实验中很难测得二极管的反向击穿特性,这是因为一方面二极管的反向击穿电压较大,在实验室中的稳压直流电源一般达不到−60 V,另一方面进行反向击穿性能的测试会对二极管造成永久性损坏,造成浪费。利用 Protel 99 SE 仿真功能中的直流分析,可以得到二极管的伏安特性曲线,不仅能很直观地显示其电压和电流之间的关系,还能对整个特性曲线进行定量分析,直观地得到二极管的反向击穿特性和反向击穿电压。

本 章 小 结

　　本小节主要介绍了 SIM 99 仿真库中的主要元件和激励源,以及仿真器设置和电路仿真,通过对二极管伏安特性电路的仿真详细讲解了电路仿真分析的方法和步骤,希望读者通过练习能掌握电路的仿真和分析。

附录 A 热转印法自制 PCB 方法与技巧

在大批量生产中，PCB 板是由专业的生产厂家生产的，但是对于电子爱好者来说，价格有些贵，很多人都考虑自己制作 PCB 板。目前自制 PCB 的方法很多，使用较多的有热转印制板法、感光板制板法和利用喷墨打印机喷板的方法。其中，热转印制板的方法简单易学，成本较低，适合初学者，下面主要介绍热转印制板的方法。

步骤 1 根据设计要求画出 PCB 图，在画图时应注意线宽，最好不要少于 8 mil，一般建议为 10 mil 以上，在允许的情况下尽量宽些。导线间距应适当大一些，间距太小对腐蚀效果会有一定的影响，焊盘也不能太小。

步骤 2 将画好的 PCB 图打印出来，打印前需要设置打印参数，只留下需要打印的层，将表面丝印层的选项都设置为不显示，如图 A-1 所示。将要打印的层设置为黑色，将 PCB 板的背景颜色设置成白色。

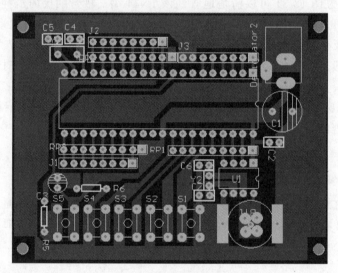

图 A-1 设置打印参数

> **注意：** 如果布线和元件都放在底层的话，可以直接打印，如果布线和元件是放在顶层的话，需要对布线进行镜像翻转，否则做出来的电路板与设计的电路板相比是正好是相反的。

元件和布线都放在底层，将处理好的 PCB 图复制到 Word 里，处理过的顶层图如图 A-2 所示，处理过的底层图如图 A-3 所示。将多余的部分裁剪掉，根据元件大小将图片按照比例缩放，需要注意是进行等比例缩放。在一张纸里尽可能多的放几张图，有的图可能打印得不清晰，可以多打印几个图从中挑选清晰的图使用。如果条件允许，可以使用专门的热转印纸；如果没有专门的热转印纸也不要紧，可以用相片纸代替，把图片打印在光滑面上。打印机可用激光黑白打印机或黑白喷墨打印机，注意一定不能使用彩色打印机，彩色打印机的油墨受热后会脱落，而且彩色油墨在铜皮上遇到水也会脱落。

步骤 3 准备覆铜。市场上可以买到的 PCB 板，基料有很多种，可根据自己的需要，选择合适的 PCB 板。把 PCB 板的尺寸裁成比图稍微大一点的尺寸，然后将边上的毛刺用砂纸或锉刀磨平，以免损伤热转印机的辊子。用细砂纸将覆铜板的表面打磨光，除去表面的氧化层和油渍等。为了获得更好的效果，可以把处理好的板子放在热转印机的盖子上预热一下。

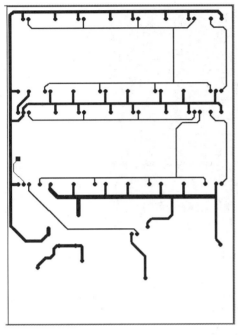

图 A-2　顶层图

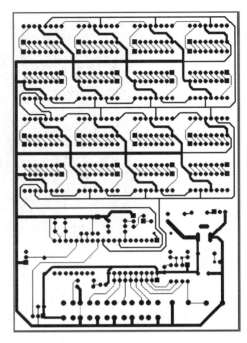

图 A-3　底层图

步骤 4　贴 PCB 转印纸。将打印好的图，按边框剪下，有图的一面朝 PCB 板，贴在 PCB 板上，然后用透明胶带把前面和左右都粘一下，用来定位，如图 A-4 所示，否则在进行热转印的时候在辊子的带动下会发生 PCB 板和转印纸错位的现象，导致产生废品。

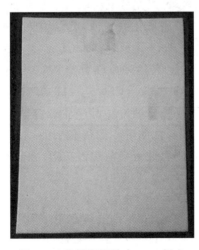

图 A-4　将转印纸粘在 PCB 板上

步骤 5　开转印机预热。转印机开机以后需要预热一定的时间，这时可以把贴好转印纸的 PCB 板放在转印机的盖子上，跟转印机一起预热，这样会得到更好的效果。

步骤6 开始转印。把 PCB 板放在转印机里,注意贴有透明胶的三面分别放在前面和左右,让 PCB 板从转印机经过一遍。稍揭开一点转印纸看一下效果,如果感觉效果不是很好的话,可以重复一遍,如果转印的效果较好的话,可以把纸揭掉,如图 A-5 所示,再进行后面的步骤。

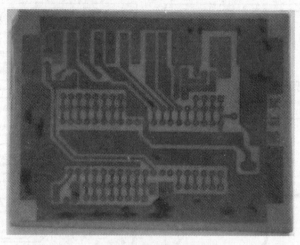

图 A-5 完成转印

注意:不要连续多次加热,防止铜皮过热导致脱落。

步骤7 检查导线。检查导线是否有断线的现象,如果有断线,可以用细的油性记号笔或是指甲油等油性物质涂抹,将断开的导线连接起来。

步骤8 腐蚀。腐蚀的方法有很多种,常见的有氯化铁腐蚀和盐酸双氧水混合液腐蚀等方法。腐蚀液不需要很多,可以充分反应就行了。在腐蚀的时候将覆铜的一面朝上,需要不断晃动,以加快反应。如果用氯化铁腐蚀,可以用热水配置溶液,温度高的情况下反应速度快。其化学反应方程式为 $Cu+2FeCl_3=CuCl_2+2FeCl_2$。使用盐酸双氧水混合液腐蚀应注意:该混合液是挥发性的,对人体和电器都有一定的损害,故应尽量在通风处操作。其化学反应方程式为 $2HCl+H_2O_2+Cu=CuCl_2+2H_2O$。注意盐酸双氧水不能直接滴在铜板上,否则会损坏墨粉。无论用哪种腐蚀方法都应注意容器不能用铁、铜或铝等材料,可以使用厚纸,将其四边折起,用胶布一粘即可。等待多余的铜腐蚀掉,即可取出 PCB 板,不能在腐蚀液里浸泡过长的时间,否则腐蚀液会从边沿扩散,将导线腐蚀掉一部分,影响 PCB 板的质量。

小窍门:将空白的地方用接地的覆铜覆盖,这样,既可以增强其抗干扰性,也可以减少被腐蚀的铜皮的面积,从而节约腐蚀液,减少腐蚀时间,达到一举多得的效果。

步骤9 钻孔。根据需要,选择合适的钻头钻孔。在钻孔的时候,往往会发生钻头跑偏的现象,在这里教大家一个小窍门,就是在设置的时候,将焊盘孔的颜色设置成白色,这样在腐蚀的时候就会把焊盘孔的地方腐蚀掉,形成一个小小的凹陷,正好方便钻头定位。

步骤 10 清除转印留在 PCB 板表面的油。常用的方法是用细砂纸打磨和用汽油等溶剂清洗的方法。用砂纸打磨的方法比较容易实现,不过应注意打磨的尺度,只要导线和焊盘的表面光亮,没有油迹即可,否则可能会把铜皮全磨掉,造成断线的现象。如果条件允许的话,可以利用铣刀,只把焊盘上的油铣掉,其他的地方留作阻焊层。

步骤 11 检查 PCB 板,看是否有断线或是短路等问题,如果有断线,可以用细铜线搭接在一起。短路的地方,可以用刀片将其划开。

步骤 12 涂助焊剂。用无水乙醇作溶剂,制作松香水,用毛刷均匀涂于表面即可。

至此,一块 PCB 板就全部完成,如图 A-7 所示,可以在其上面焊接元件,进行电路调试。在很多情况下,我们手中可用的专业设备不会那么齐全,如果没有热转印机的话,也可以使用过塑机、电熨斗等,小的 PCB 板甚至可以用电烙铁来制作。

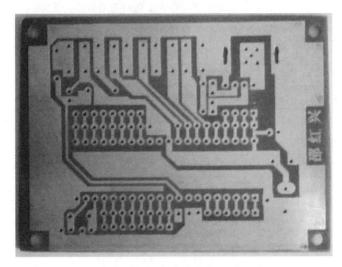

图 A-7　制作完成的 PCB 板

附录 B 快捷键列表

表 B-1 原理图编辑器与 PCB 通用的快捷键

快 捷 键	功 能
Shift	自动平移时，加快平移速度
Y	放置元件时，上下翻转
X	放置元件时，左右翻转
Shift+↑（↓、←、→）	在箭头方向以 10 个栅格为增量移动光标
↑、↓、←、→	在箭头方向以 1 个栅格为增量移动光标
空格键	放弃屏幕刷新
Esc	退出当前命令
End	刷新屏幕
Home	以光标为中心刷新屏幕
Page Down 或 Ctrl+鼠标滑轮	以光标为中心缩小画面
Page Up 或 Ctrl+鼠标滑轮	以光标为中心放大画面
鼠标滑轮	上下移动画面
Shift+鼠标滑轮	左右移动画面
Ctrl+Z	撤销上一次操作
Ctrl+Y	重复上一次操作
Ctrl+A	选择全部
Ctrl+S	存储当前文件
Ctrl+C	复制
Ctrl+X	剪切
Ctrl+V	粘贴
Ctrl+R	复制并重复粘贴选中的对象
Delete	删除
V+D	显示整个文档
V+F	显示所有对象
X+A	取消所有选中
Tab	编辑正在放置的元件属性
Shift+C	取消过滤
Shift+F	查找相似的对象
Y	Filter 菜单
F11	打开或关闭 Inspector
F12	打开或关闭 List 面板

表 B-2　原理图编辑器快捷键

快　捷　键	功　　　能
Alt	在水平和垂直线上限制
空格键	将正在移动的物体旋转 90°；在放置导线、总线和多边形填充时，激活开始或结束模式
Shift＋Spacebar	在放置导线、总线和多边形填充时，设置放置模式
Backspace	在放置导线、总线和多边形填充时移动最后一个顶点
Left-Click，Hold＋Delete	删除选中线的顶点
Left-Click，Hold＋Insert	在选中线上添加顶点
Ctrl＋Left-Click&Drag	拖动选中对象

表 B-3　PCB 编辑器快捷键

快　捷　键	功　　　能
Shift＋R	切换三种布线方式
Shift＋E	打开或关闭捕捉电气栅格功能
Ctrl＋G	弹出捕获栅格对话框
G	弹出捕捉栅格选单
Backspace	放置导线时，删除最后一个拐角
Shift＋Spacebar	放置导线时设置拐角模式
空格键	放置导线时，改变导线的起始或结束模式
Shift＋S	打开或关闭单层模式
O＋D＋D＋Enter	图纸显示模式
O＋D＋F＋Enter	正常显示模式
O＋D	显示或隐藏 Preference
L	浏览 Board Layers
Ctrl＋H	选择连接层
Ctrl＋Shift＋Left－Click	切断层
＋	切换工作层面为下一层
－	切换工作层面为上一层
M＋V	移动分割铜层的顶点
Ctrl	暂时不显示电气栅格
Ctrl＋M	测量距离
Shift＋空格键	旋转移动的物体（顺时针）
空格键	旋转移动的物体（逆时针）
Q	单位切换

附录 C　常见元件封装

表 C-1　常见元件封装

序号	元件	封装	备注
1	电阻	AXIAL0.3～AXIAL0.7	0.4～0.7 指电阻的长度，一般用 AXIAL0.3 或 AXIAL0.4
2	无极性电容	RAD0.1～RAD0.3	0.1～0.3 指电容大小，一般用 RAD 0.1
3	电解电容	RB.2/.4～RB.5/1.0	.2/.4～.5/1.0 指电容大小。一般电容小于 100 μF 用 RB.2/.4,100 μF～470 μF 之间用 RB.2/.4,大于 470 μF 用 RB.3/.6
4	电位器	VR1～VR5	
5	二极管	DIODE0.4(小功率)、DIODE0.7(大功率)	0.4～0.7 指二极管长短
6	三极管	TO-18(普通三极管),TO-22(大功率三极管),TO-3(大功率达林顿管)	
7	发光二极管	RB.1/.2	
8	晶振	XTAL1	
9	整流桥	D-37、D-44、D-46	
10	单排多针插座	SIP2～SIP20	
11	双列直插元件	DIP8-DIP40	8～40 指有多少引脚,8 脚的就是 DIP8
12	串口	DB9/M、 DB9/F、 DB9RA/M、DB9RA/F 等	
13	电源稳压芯片	78 和 79 系列	78 系列有 7805,7812,7820 等,79 系列有 7905,7912,7920 等,TO-126
14	电感	0603、0805、0402、1206（贴片）;1/8W、1/4W、1/2W、1W(插件)	
15	贴片电阻、电容	0402、0603、0805、1206、1210、1812、2225 等	
16	保险丝	FUSE	
17	场效应管	JFETN（N 沟道结型场效应管）,JFETP（P 沟道结型场效应管）,MOSFETN（N 沟道增强型管）,MOSFETP(P 沟道增强型管)	封装形式与三极管相同

参 考 文 献

[1] 邓奕. 电子线路 CAD 实用教程[M]. 2 版. 武汉:华中科技大学出版社,2014.

[2] 邓奕. 电子线路 CAD 实用教程[M]. 武汉:华中科技大学出版社,2012.

[3] 邓奕,马双宝,谢龙汉. Protel 99 SE 原理图与 PCB 设计[M]. 北京:人民邮电出版社,2011.

[4] 王庆. Protel 99 SE & DXP 电路设计教程[M]. 北京:电子工业出版社,2005.

[5] 胡烨,姚鹏翼,江思敏. Protel 99 SE 电路设计与仿真教程[M]. 北京:机械工业出版社,2005.

[6] 全国计算机信息高新技术考试教材编写委员会. Protel 99 SE 职业技能培训教程[M]. 成都:电子科技大学出版社,2004.

[7] 和卫星,李长杰,汪少华. Protel 99 SE 电子电路 CAD 实用技术[M]. 合肥:中国科学技术大学出版社,2008.

[8] 周润景,张丽娜. Protel 99 SE 原理图与印制电路板设计[M]. 北京:电子工业出版社,2008.

[9] 王雅芳. Protel 99 SE 电路设计与制版从入门到提高[M]. 北京:机械工业出版社,2011.